Galileo 科學大圖鑑系列

VISUAL BOOK OF THE WEATHER

天氣與氣象大圖鑑

人人出版

前　言

明天的天氣是晴還是雨？

氣溫、風速等天氣資訊在日常生活中不可或缺。

然而，各位知道為什麼會下雨，

又為什麼會放晴呢？

大致說來，讓天氣發生變化的原因是陽光。

圓形的地球自轉時，角度會稍微傾斜，

因此陽光照射的情況便依地點有所差異。

雖然從廣大的宇宙來看只是毫釐之差，

不過這種差異形成風的流動，也影響到洋流，

造成世界各地不同的氣候。

另外，地球的表面充滿著「大氣」，

大氣的狀態不只受到陽光的作用，

也受到海洋、山脈、陸地等地形很大的影響，

產生千變萬化的大氣現象。

比如大氣頻繁對流，產生風霜雨雪的「對流層」，
範圍是從地表算起，到上方8～16公里的高度。
高度8000公尺（8公里）左右的喜馬拉雅山脈，
就像牆壁一樣擋住吹進來的風。
大多數的風無法越過山脈，就在周邊地區形成雨水。

本書運用圖像，以淺顯易懂的方式
介紹氣象的機制。

另外也會說明了解天氣不可或缺的「天氣圖」判讀法、
天氣圖的種類等相關知識，還可以知道平常沒有特別留意的
天氣預報是如何製作出來的。

由陽光和大氣交織而成，猶如戲劇般精采的氣象機制，
敬請各位拭目以待！

VISUAL BOOK OF THE WEATHER 天氣與氣象大圖鑑

0 照片集錦

1 天氣的成因

4 世界氣象的機制

5 異常氣象與災害

2 雲和雨的機制

3 海洋與氣象

6 天氣預報

雲的名字

照片中的雲是「積雨雲」（cumulonimbus）。雲大致分為10種，個別有專屬的名稱（詳見第62頁）。除了氣象術語之外，日本人也會因為感覺親切或趣味性，以各種詞彙形容。本頁列舉的雲是夏季常見的「積雲」（cumulus）或「積雨雲」。

丹波太郎

日本舊曆6月（現在的6月下旬到8月上旬）出現在京都府丹波地區西邊天空的雨雲。除此之外，日本用人名為雲命名的還有信濃太郎和安達太郎等。

入道雲

入道雲是夏季的季節語，指的是發達的積雲「濃積雲」（cumulus congestus）。

砧狀雲

【incus】
積雲發達之後成為「積雨雲」。積雨雲發達後頂部呈水平擴張，稱為砧狀雲（第27頁）。

峰雲

積雨雲在日本的別名，為夏季的季節語。

條雲

條雲順著高空的強風流動，以十大雲型來說就是「卷雲」（cirrus）。卷雲在日本還有「羽雲」或「報雨雲」之類的別名。

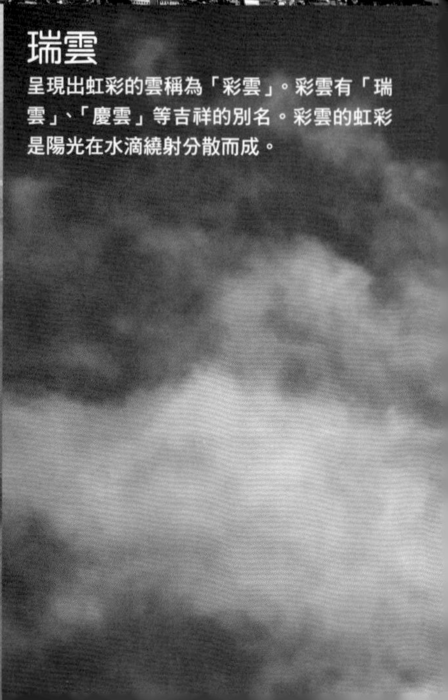

瑞雲

呈現出虹彩的雲稱為「彩雲」。彩雲有「瑞雲」、「慶雲」等吉祥的別名。彩雲的虹彩是陽光在水滴繞射分散而成。

霧

霧也是一種雲。「層雲」（stratus）接觸地面時稱為「霧」。照片是以濃霧聞名而有霧都之名的英國倫敦。

綿羊雲

軟綿綿看似羊群的綿羊雲是一種「高積雲」（altocumulus）。雲塊再小一點就變成「卷積雲」（cirrocumulus）。卷積雲在日本又稱為「沙丁魚雲」（詳見第63頁）。

乳房狀雲

【mammatus】

從底部下垂形狀如腫瘤的雲。從積雨雲的頂部呈水平擴張的砧狀雲，底部常會形成乳房狀雲。

吊雲

越過山丘的風製造出來的雲，又稱為「莢狀雲」（lenticularis）。看起來像是覆蓋在山頂上的雲稱為「笠雲」。

雲海

從高山或飛機可以看到雲廣布在下方。早晨風速弱，氣溫低，層雲和層積雲（stratocumulus）常會擴張開來。陽光一照就會逐漸消散。

雨的名字

形容雨的詞彙諸如毛毛雨、雷雨、濛濛細雨……等，除了雨本身之外，還有像「梅雨」這種並非指雨，而是指經常下雨的時期。

五月雨
日本舊曆5月（現在的5月下旬到7月上旬）期間的長雨。
菜種梅雨
從3月到4月油菜花綻放時所下的雨。
白雨
雨勢猛烈到雨絲發白的雨，是日本夏季的季節語。
梅雨
從夏至為中心前後期間的雨期，為梅子的成熟期，因此稱為梅雨。

風的名字

從微風到突如其來的陣風，有數不清的詞彙用來形容看不見的「風」。讓人覺得舒服的「和風」，威力足以威脅日常生活的「暴風」，都是由於陽光和地球自轉使大氣產生循環（第30頁）。

薰風

初夏時吹送的涼爽南風。

春疾風

春季時驟然捲起沙塵的強風。突然激烈吹送的風稱為「疾風」。

旋風

漩渦狀的風。氣象術語當中，伴隨積雲或積雨雲產生的強烈渦旋稱為「龍捲風」，晴天時因為地面升溫而產生的風則稱之為「塵捲風」。

野分

野分是颱風的日文古稱。照片是從高空看到的颱風，渦旋中心黑色的部分稱為「颱風眼」（詳見第68頁）。

雁渡

從初秋到中秋期間吹送的北風，因為是雁遷徙的季節而得名。

雷的名字

雷是積雨雲中電荷分布不均引起的放電現象（第46頁）。在日本，放電現象有好發季節和地區，4 月到 9 月多半在太平洋側，10月到 3 月則多半在日本海側。

迅雷

在近處猛烈突發的雷鳴。

遠雷

遠處隆隆不絕的雷聲。

神鳴

日文的雷與神鳴同音，指放電引起的閃光或轟鳴，為夏季的季節語。

稻妻

日文的閃電亦稱「稻妻」，發生於稻穗結實時，為秋季的季節語。「雷」伴隨聲音，「稻妻」泛指放電造成的閃電。

虹的名字

虹大多出現在與太陽反方向的天空降雨時（虹的機制見第40頁）。陽光愈強烈，虹的顏色就愈鮮豔。還有看起來有兩道的「雙虹」或看起來有好幾道的「反射虹」（reflection rainbow）等。

虹霓

虹霓出自中文。中國的古人認為這是一種龍，雄者為虹，雌者為霓。

日暈

又稱為白虹。當遍布的雲稀薄透明到能看見太陽時，形成在太陽周圍的光環。

水平虹

【horizontal rainbow】

高度低，呈水平狀的虹。又稱為日承（circumhorizontal arc）。

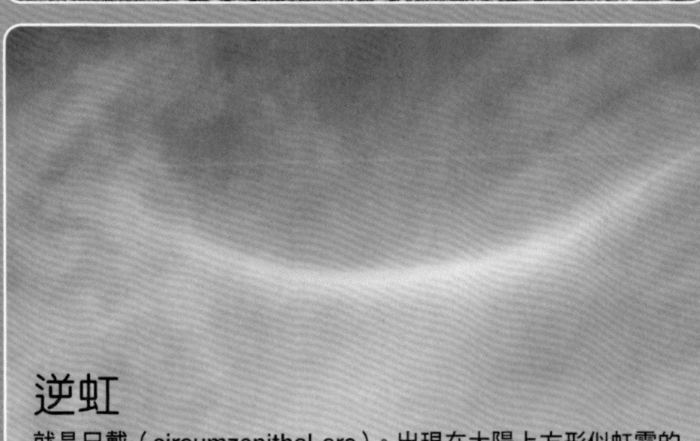

逆虹

就是日戴（circumzenithal arc）。出現在太陽上方形似虹霓的帶狀物。下面看起來像凹陷的弓形，又稱為逆虹。

月虹

夜間月光產生的虹。又稱月光虹。

極光的名字

極光是來自太空的電子與地球大氣相撞而引發的現象。高度愈低，大氣的密度就愈高。進入大氣層的能量愈高，就能進入更低的地方，發出極光。

赤氣

自古日本稱彗星和其他驚人的天體現象為「赤氣」，可以想見極光也是其中之一。研究結果指出，《日本書紀》對於赤氣的描述是「扇形極光」。照片是像窗簾一樣搖擺不定的綠色極光。

擴散極光

【diffuse aurora】

形狀不像普通極光那般清晰，比普通的極光暗。

脈動極光

【pulsating aurora】

以幾秒到幾十秒為週期，忽明忽暗的極光。照片是從太空梭拍攝的極光。

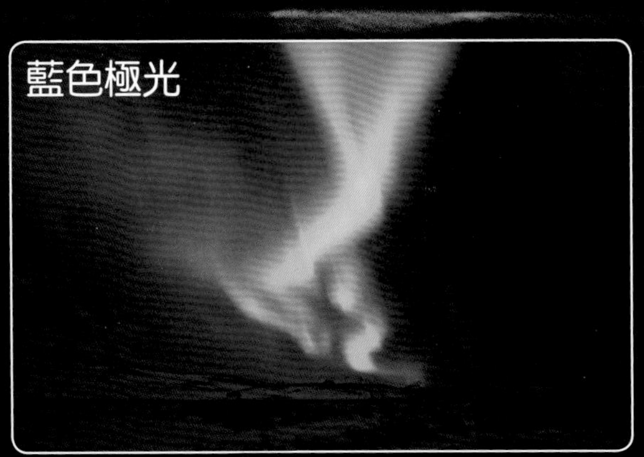

藍色極光

藍色極光位在高度約90～120公里的地方，是氮分子的離子受到激發的產物。

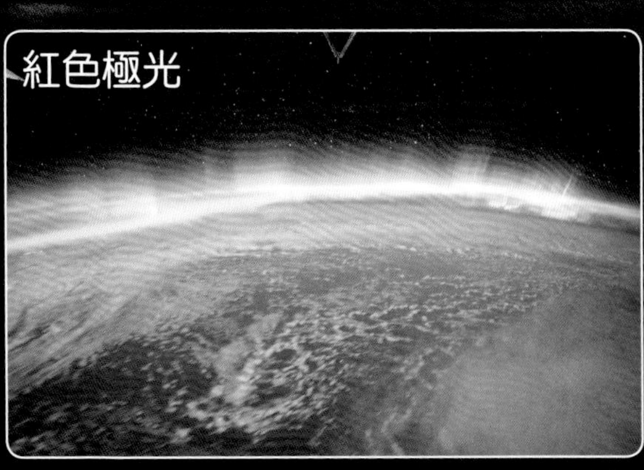

紅色極光

紅色極光位在高度150公里以上的地方，是氧原子受到激發的產物。照片由NASA拍攝出現在北半球的極光。

朝輝

照片是地球美麗的朝輝，由日本氣象廳的同步氣象衛星「向日葵8號」拍攝而成。雲下方的海洋反射陽光，形成璀璨的光輝。另外，每個人都可以從「向日葵8號即時網站」觀看向日葵8號的影像。

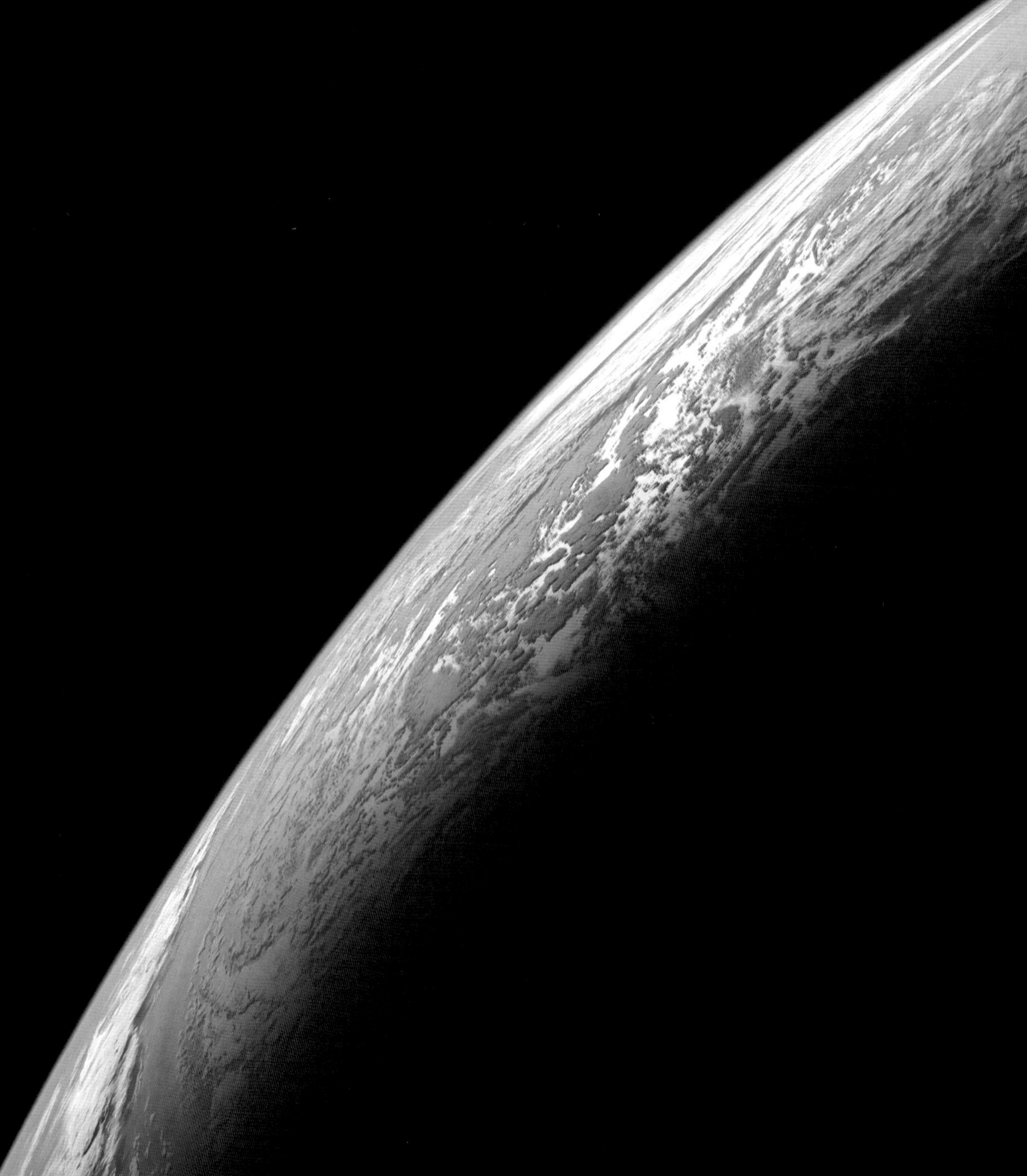

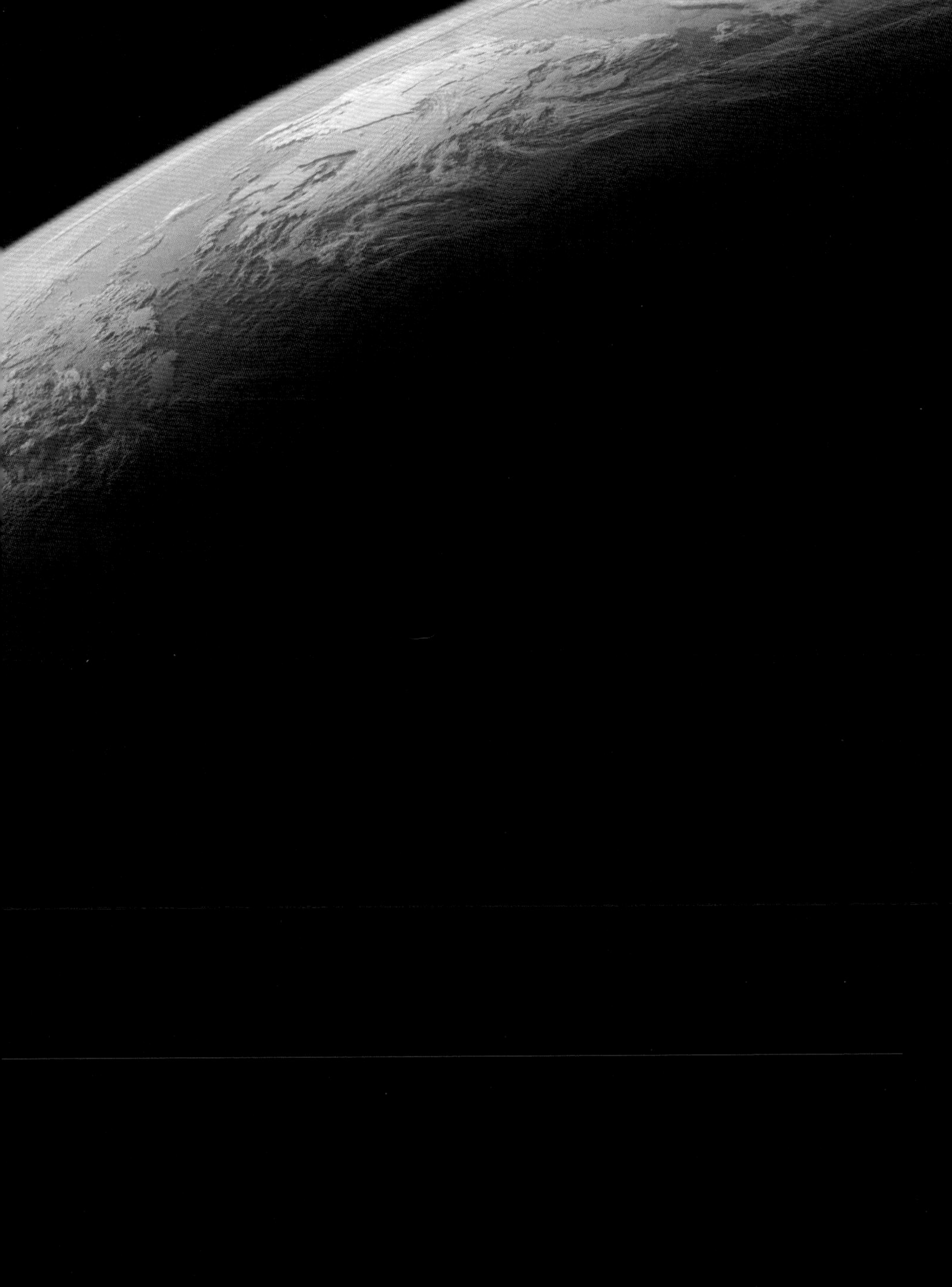

1

天氣的成因

What makes the weather

所有的氣象成因皆來自太陽的能量

天氣是大氣的狀態，指的是雨、風、雪等發生在大氣當中的諸多現象。

為什麼會下雨或降雪？為什麼會刮風？

這種大氣現象多半涉及 3 個要素：大氣的「溫度」(temperature)、大氣的壓力「氣壓」(barometric pressure)，以及表示大氣中水蒸氣含量的「溼度」(humidity)。其中發揮最大作用的是大氣的溫度，也就是「氣溫」。

氣溫會大幅左右氣壓和溼度。氣溫的源頭來自於太陽的「熱能」。

假設從太陽送到地球的能量為100％，就有約49％用來給地表升溫，約20％用來幫雲或大氣中的水蒸氣升溫，而剩下的31％則是反射回太空。反射回太空的部分，其中有22％是從雲反射，9％則是從地表的雪或其他物體反射。

每天地表和大氣接收總共69％的太陽能，卻沒有讓地球無止盡變暖，是因為散逸到太空的熱量和接收到的能量相同。能量會化為肉眼看不見的紅外線，逐漸釋放到太空。

從太陽接收的100％
能量當中……

幫雲或大氣中的水蒸氣
升溫的能量
20％

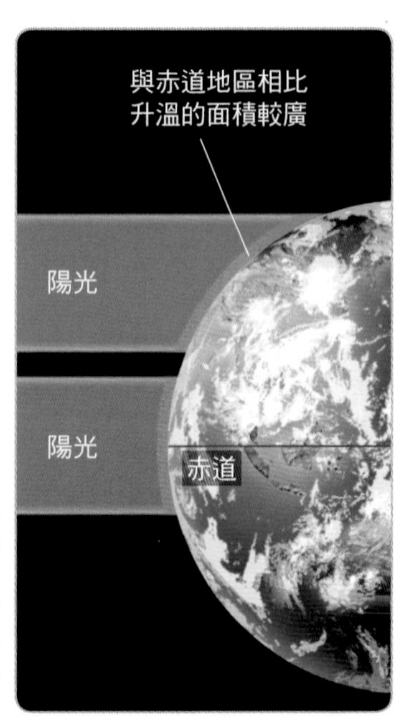

地球從太陽接收能量

這張圖是陽光照射到地球的示意圖。假設陽光照射的寬度（能量）相同，高緯度升溫的範圍會比較廣，因此緯度愈高，每單位面積接收的熱量就愈少。

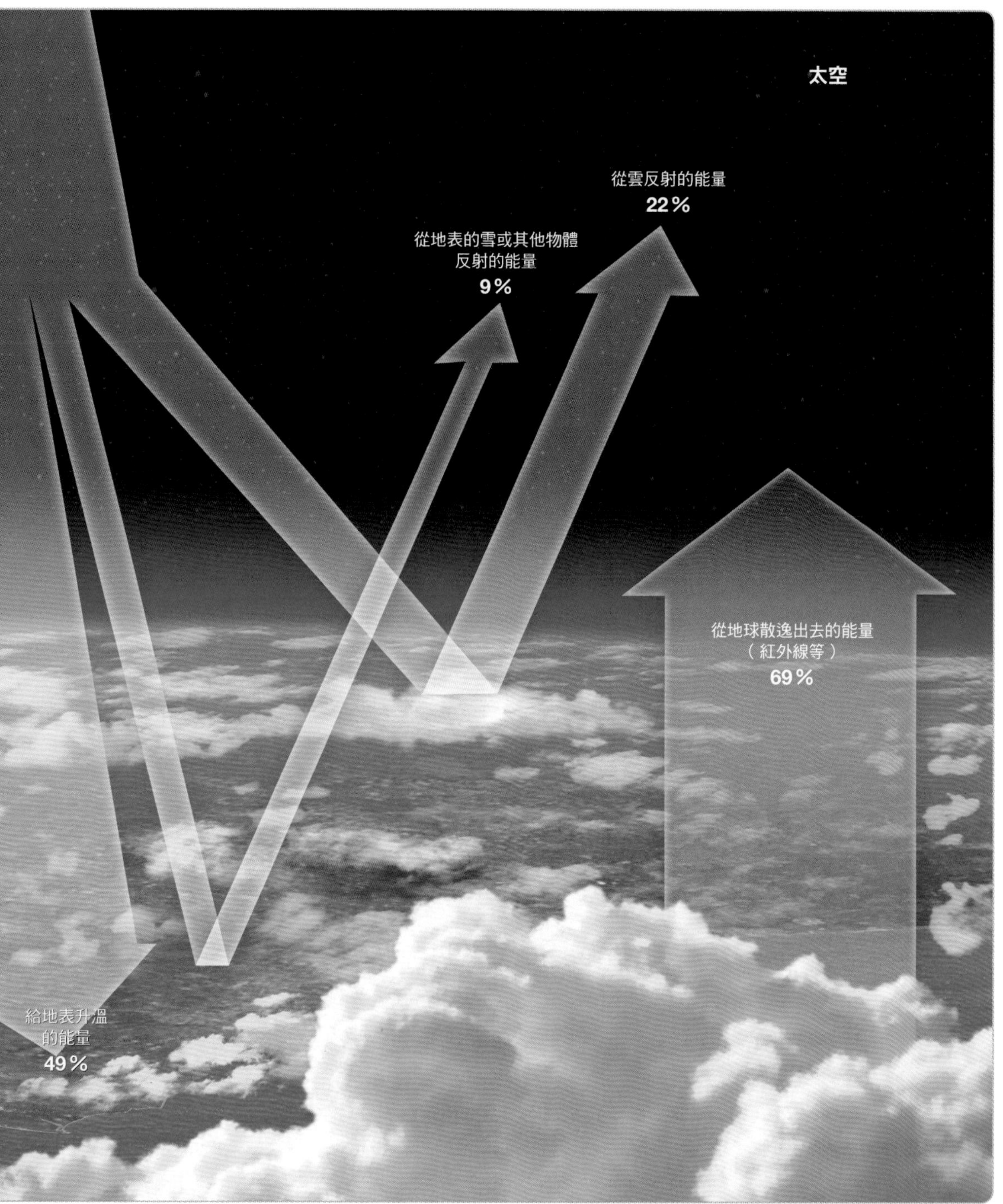

接收量和散逸量相等

地球從太陽接收的能量，與地球散逸到太空的能量幾乎相等。這張圖是標示傳送到地球的能量若設為100時，接收和散逸的比例各有多少。光線的寬度也和數字對應。

地球的大氣由四個「層」所構成

大氣是籠罩在地球表面的氣體總稱。其中涉及氣象學的地球大氣是到高度100公里為止。地球的大氣是由許多氣體組成的混合物，化學成分大致為氮78%，氧21%，氬0.93%，二氧化碳0.03%，另外還有一氧化碳或氦等。

大氣存在的區域稱為「大氣層」(atmosphere)。大氣從地表到高空逐漸變得稀薄，離地表將近500公里之後就接近真空。

大氣層的分布

這張圖描繪出大氣層的四層結構、各層溫度分布，以及能在不同高度看見的現象。圖的縱軸代表高度，刻度並非等間隔，與實際的比例不同。實際的比例標示在圖片的右側。

增溫層

高度愈高，氣溫愈高。其中有大氣分子或原子電離後的電離層。若太陽噴湧而出的「太陽風」(高速的氫原子核或電子)撞擊電離層，就會在高緯度帶產生極光。另外，太陽活動的強弱會讓氣溫大幅變動。

500km

−80℃

85km

中氣層

高度愈高，氣溫愈低。離地面約80公里的中氣層上層，只有白天才會形成電離層。中氣層是從地面起飛的雷送(radiosonde)抵達不了的高度，尚未解開的謎團很多。

50km

平流層

愈往上層氣溫愈高。平流層中，來自太陽的紫外線讓空氣中的氧(O_2)引發化學反應，產生臭氧(O_3)。平流層的中層是臭氧濃度最高的臭氧層，會吸收來自太陽的紫外線。

12km

對流層

大氣頻繁的對流活動帶來天氣的變化。世界最高峰聖母峰(8848公尺)就在對流層內。高度每上升100公尺，氣溫就下降約0.65℃。

0km

專欄 COLUMN 天空和太空的界線在哪裡？

國際航空聯盟(Fédération Aéronautique Internationale，FAI)對太空的定義是高度100公里之上，但是大氣和太空之間並沒有明確的劃分。此外，高度100公里處的氣溫在零下70℃左右。

大氣層從地表往外，可分為「對流層」（troposphere）、「平流層」（stratosphere）、「中氣層」（mesosphere）及「增溫層」（thermosphere）這四層。

這四層並不是依照大氣的稀薄度分類，而是依照氣溫變化。

在最低的對流層中，高度愈高氣溫就愈低。這是因為高度愈高，氣壓就愈低，導致上升的空氣膨脹，消耗掉空氣內含的能量，於是溫度就下降了。然而，更上面的平流層卻突然一變，愈往高空氣溫就愈高，因為這裡有「臭氧層」（ozonosphere），會吸收來自太陽的紫外線並加熱大氣。中氣層沒有臭氧，愈往高空氣溫就愈低。而增溫層的氣溫則會再次隨著高度上升。原因在於來自太陽的X射線和紫外線會加熱大氣。

基本上，用肉眼看不見這四層的界線，不過對流層和的平流層的界線（對流層頂）則有機會親眼目睹。當大氣的狀態非常不穩定時，圖片右下方發達的積雨雲雲頂，正好就位在對流層頂，稱為「砧狀雲」（實際的砧狀雲照片見第6頁）。

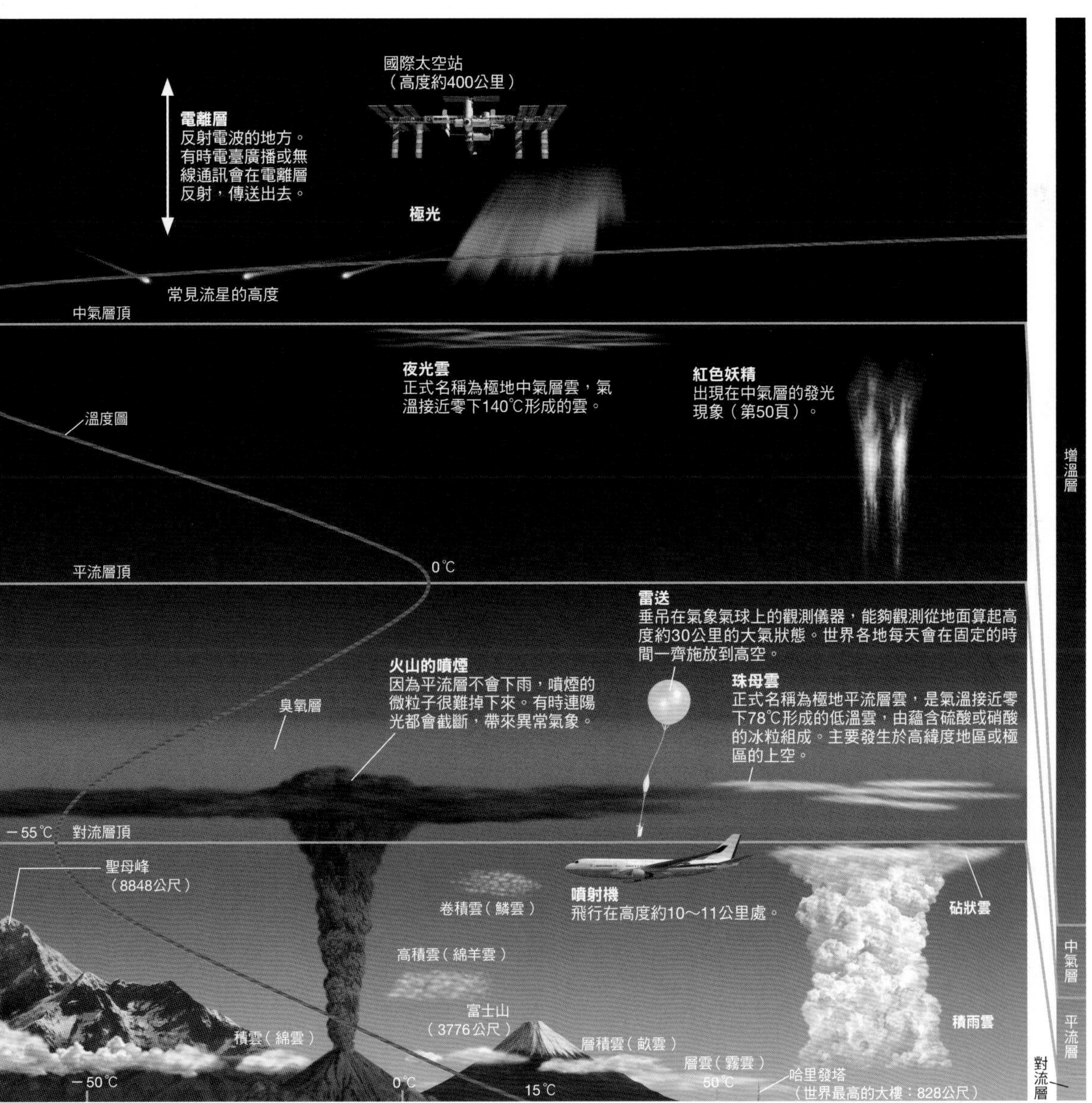

對流層
愈往高空就愈冷

我們就來詳細看看會下雨或降雪的「對流層」。

傳送到地球的太陽熱能，約有一半會用來給地表升溫。

升溫的地表接著就會讓地表附近的空氣升溫。對流層的範圍是從地表算起到高度約10

溫度和高度的關係

這張圖是用來表示從地表算起到高度約10公里的大氣層。藍色愈淺就表示氣溫和氣壓愈低。

世界最高峰聖母峰的山頂為8848公尺

高度	氣溫（每上升100公尺就下降約0.65度）	氣壓（每上升100公尺就下降約12hPa）
10000m（10km）	－50.0度	264.4hPa
9000m	－43.5度	307.4hPa
8000m	－37.0度	356.0hPa
7000m	－30.5度	410.6hPa
6000m	－24.0度	471.8hPa
5000m	－17.5度	540.2hPa
4000m	－11.0度	616.4hPa
3000m	－4.5度	701.1hPa
2000m	2.0度	795.0hPa
1000m	8.5度	898.7hPa
0m	15度	1013.3hPa

公里處，愈往高空，氣溫就愈低。比如地表氣溫為15℃時，高度10公里處的氣溫就會是零下50℃。

不過，要是太陽能讓地表升溫，為什麼聖母峰（珠穆朗瑪峰）和其他高山的山頂氣溫會低呢？

聖母峰的山頂的確是地球最靠近太陽的地表。然而，高山的地表面積和海拔0～1000公尺的平地面積相比只有幾%不到，就像個小點一樣。這個點的四周被冰點以下的冷空氣包圍。換句話說，就是無法升溫。

接近地表並因地表升溫的空氣會變輕，高空的空氣則會變冷和變重。因此地表和高空的空氣容易交替，才產生出千變萬化的大氣現象。

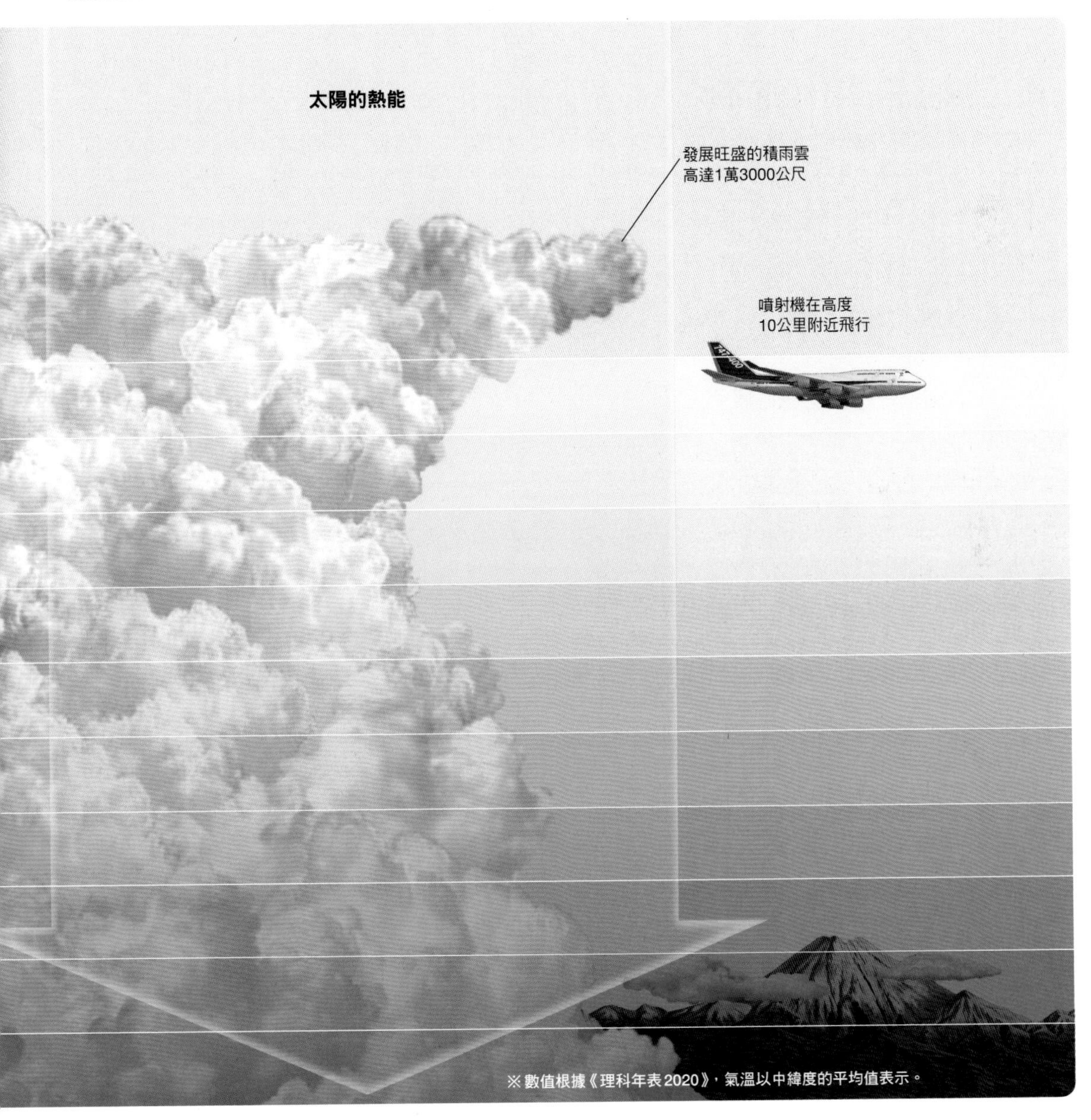

※數值根據《理科年表2020》，氣溫以中緯度的平均值表示。

為什麼會產生大氣環流

地球接收來自太陽的單位面積平均能量，就如第24頁左下方的圖所示，以赤道附近接收到的能量最大，而北極或南極附近接收到的能量最小。因此，赤道附近的大氣升溫後，會產生上升氣流（updraft），相對地，到了北極或南極附近則會產生下降氣流（downdraft）。

18世紀的英國氣象學家哈德里（George Hadley，1685～1768）注意到這一點，設想出類似右圖的「大氣環流模式」。然而，哈德里模式和現實的大氣流動不符。比如15世紀的大航海時代，就藉由低緯度地區從東邊吹來的風進行貿易。這種東西向的大氣流動就無法用這個模式說明。

為什麼實際上的風並不會按照哈德里模式吹送呢？

其實，依南北方向吹送的風，在北半球的行進方向會因為承受往右的力而轉彎，這個往右的力稱為「科氏力」（Coriolis force）。

美國氣象學家羅士比（Carl Rossby，1898～1957）和其他氣象學家發現科氏力適用於地球，並會在地球上產生三個大型的大氣流動。這三個分別是低緯度的「信風」（trade wind）、中緯度的「西風」（westerlies），再來就是高緯度的「極地東風」（polar easterlies）。

我們就從下一頁起，逐一看看大氣中「科氏力」、「信風」、「西風」及「極地東風」的相關知識。

三大環流

地球自轉引發的三大環流稱為「信風」、「西風」及「極地東風」（詳見第34頁）。

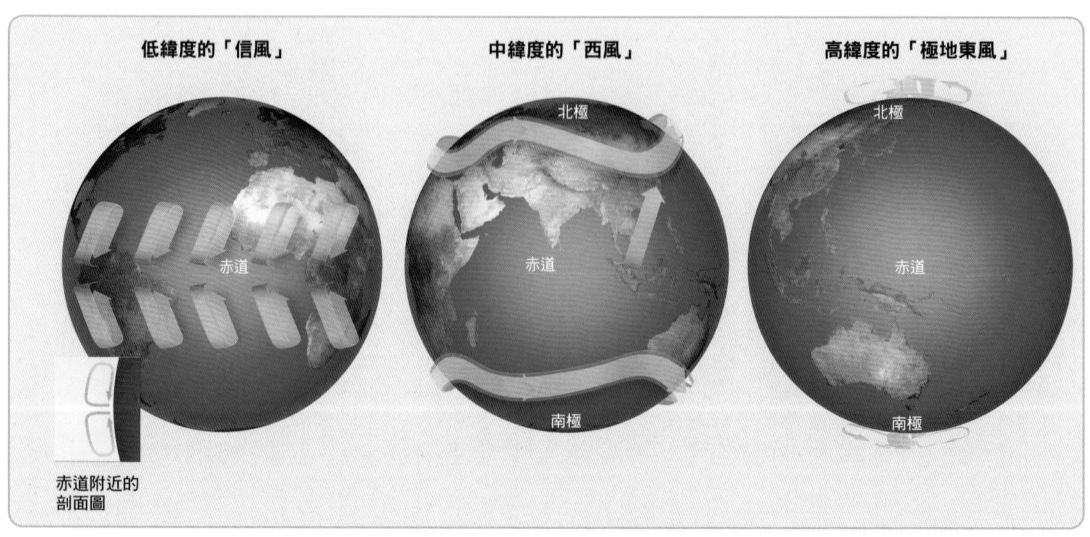

哈德里設想的大氣環流模式

哈德里設想的初期大氣環流模式。哈德里認為於赤道上升的大氣會北上，在極地變冷後，就會再次回到赤道。

看似承受往右之力的「科氏力」

19世紀初的科學家科里奧利（Gaspard Coriolis，1792～1843），發現「在自轉地球上移動的物體，在北半球會受行進方向往右的力而轉彎」。這個力因此命名為「科氏力」。

為什麼會產生科氏力呢？重點就如下圖所示：自轉的速度會依緯度而異。

比如右邊的圖，假設在北緯50度的位置有位捕手，赤道的位置則有位投手。儘管當事人沒有自覺，但若從太空中往下俯瞰，投手實際上是以時速1675公里的猛烈速度往東（右）移動。

投手投出的球，除了具有往北的速度，在慣性定律※之下，同時也具有往東1675公里的時速。然而，捕手只以時速1077公里往東（右）移動。因此，向北投出的球會穿過捕手的東（右）邊。

投出的球沒有施予任何其他力量，然而對於身在自轉地球上的他們來說，就會變成「明明沒做什麼，球卻往右彎」。這種行進方向看似承受往右之力的現象就是「科氏力」。

※慣性定律：要是沒有外力作用，物體就會保持靜止或等速運動的定律。

緯度愈低，速度愈快

地球約24小時轉動一圈，稱為「自轉」。因此離赤道愈近，一天的移動距離就愈長，也就是速度較快。

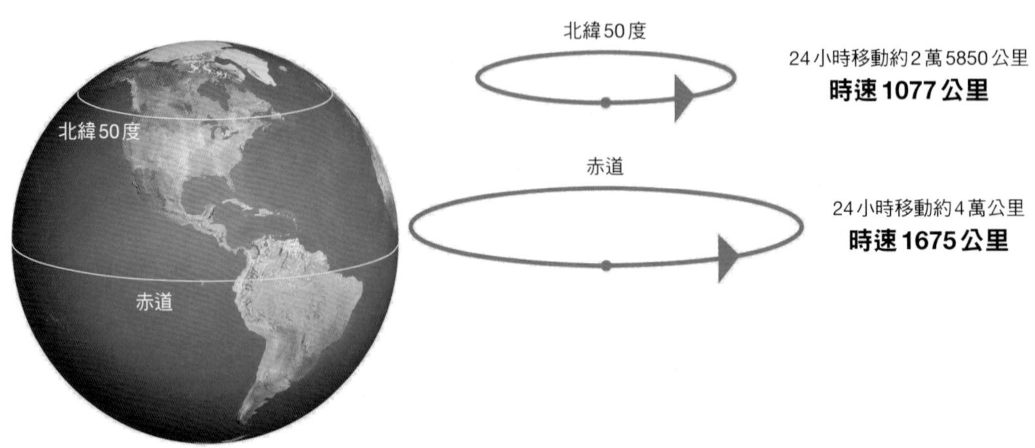

球的行進方向看似往右偏

當緯度造成的自轉速度差異愈大，科氏力的效果就會愈強。這裡為求淺顯易懂，圖示中就假設投手和捕手在赤道和北緯50度的地方傳接球。然而，實際在棒球場傳接球時，自轉速度的差異幾乎不存在，科氏力微乎其微，人無法察覺。

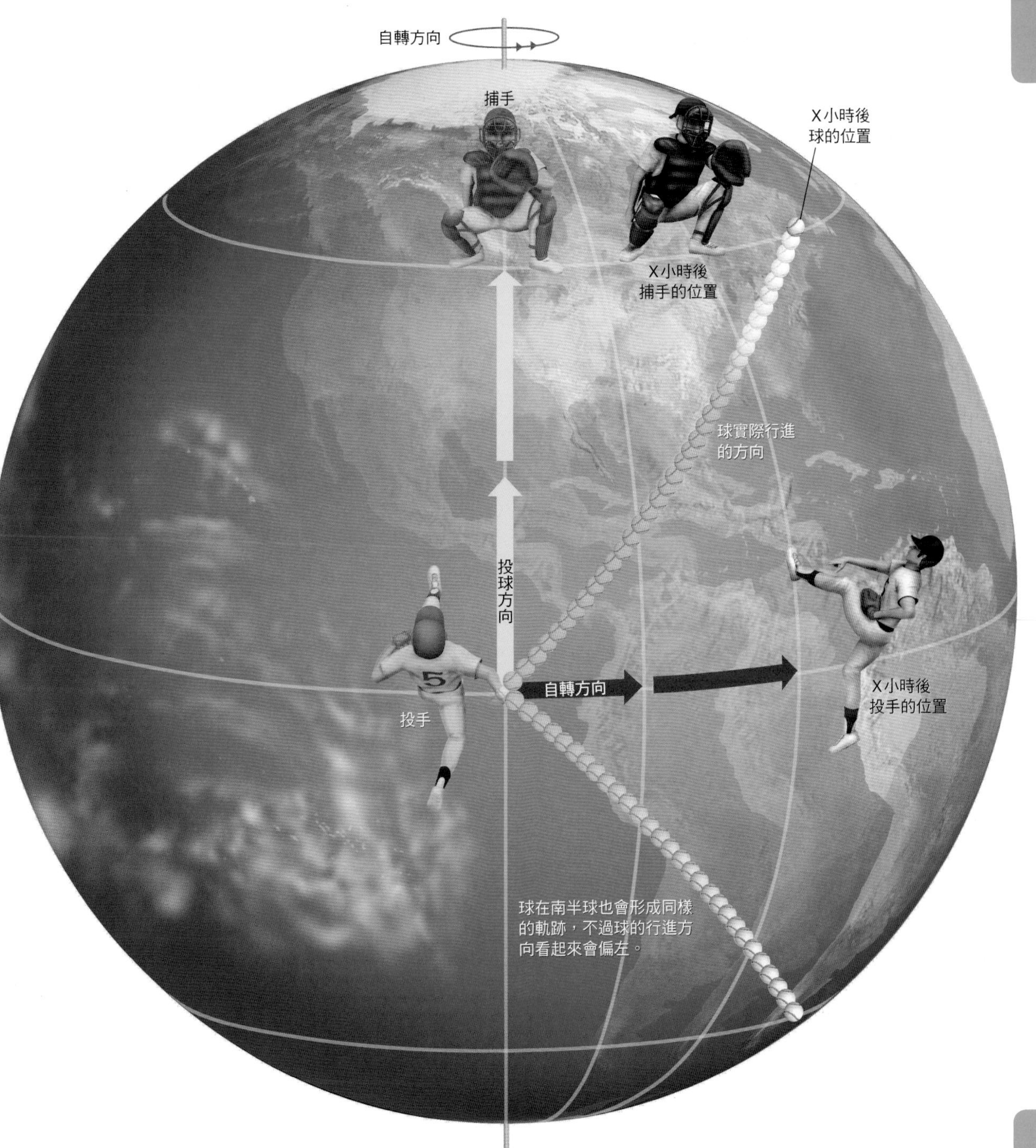

信風、西風、極地東風

大氣的流動大致可分為三種，那就是「信風」、「西風」及「極地東風」。

北半球的「信風」往西南方吹，在溫暖的赤道附近產生上升氣流，接著氣流往北時受到科氏力影響而偏東。氣流在這段時間內，逐漸變冷和變重，抵達北緯30度附近時，部分空氣就會變成下降氣流回到地表。回到地表的氣流受到科氏力影響，就

三大環流

低緯度的信風

信風的大氣流動雖然規模不同，但基本上就和第30頁介紹的哈德里模式一樣。為了表揚哈德里的功勞，就將這個大氣流動稱為「哈德里環流」（Hadley circulation）。

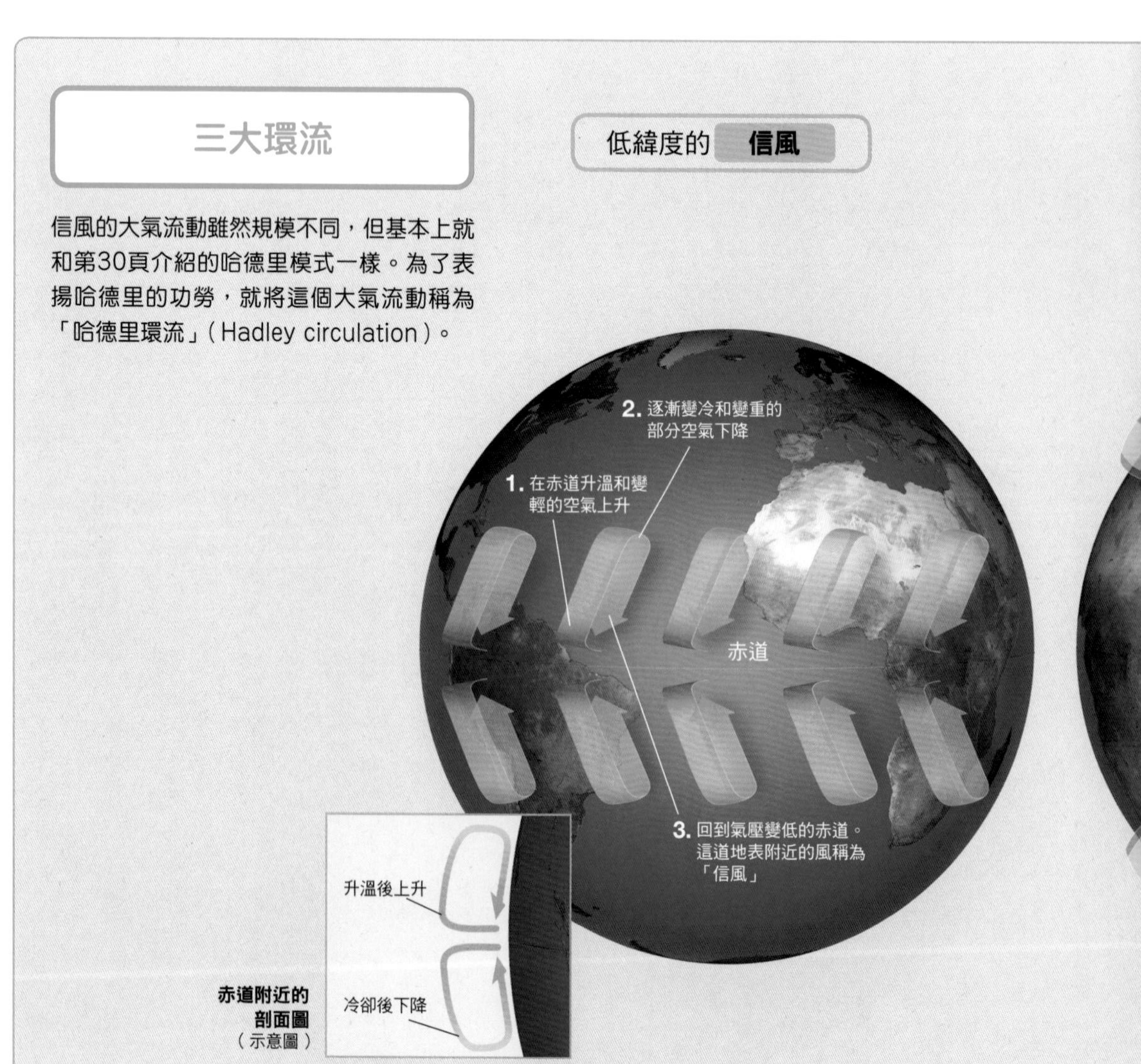

赤道附近的剖面圖（示意圖）

朝西南方赤道的低氣壓行進。這道在低緯度附近朝西南方行進的風就是信風。

超過北緯30度的空氣在科氏力作用下，幾乎都朝正東方吹。結果就形成東西向繞地球1圈的大氣流動，稱為「西風」。從歐洲倫敦往日本東京的飛機利用西風，飛行時間會比反向縮短 1 小時左右。

從高緯度的極地也會吹送氣流。空氣在寒冷的極地變冷和變重後，就會往下滲透到南北緯60度左右。此時這股冷風會受到科氏力的影響，以至於行進方向往右偏，形成從東北往西南方吹的風。這道風就是「極地東風」。

接著，這股空氣會從西風接收暖空氣，形成上升氣流，最後回到極地上空。

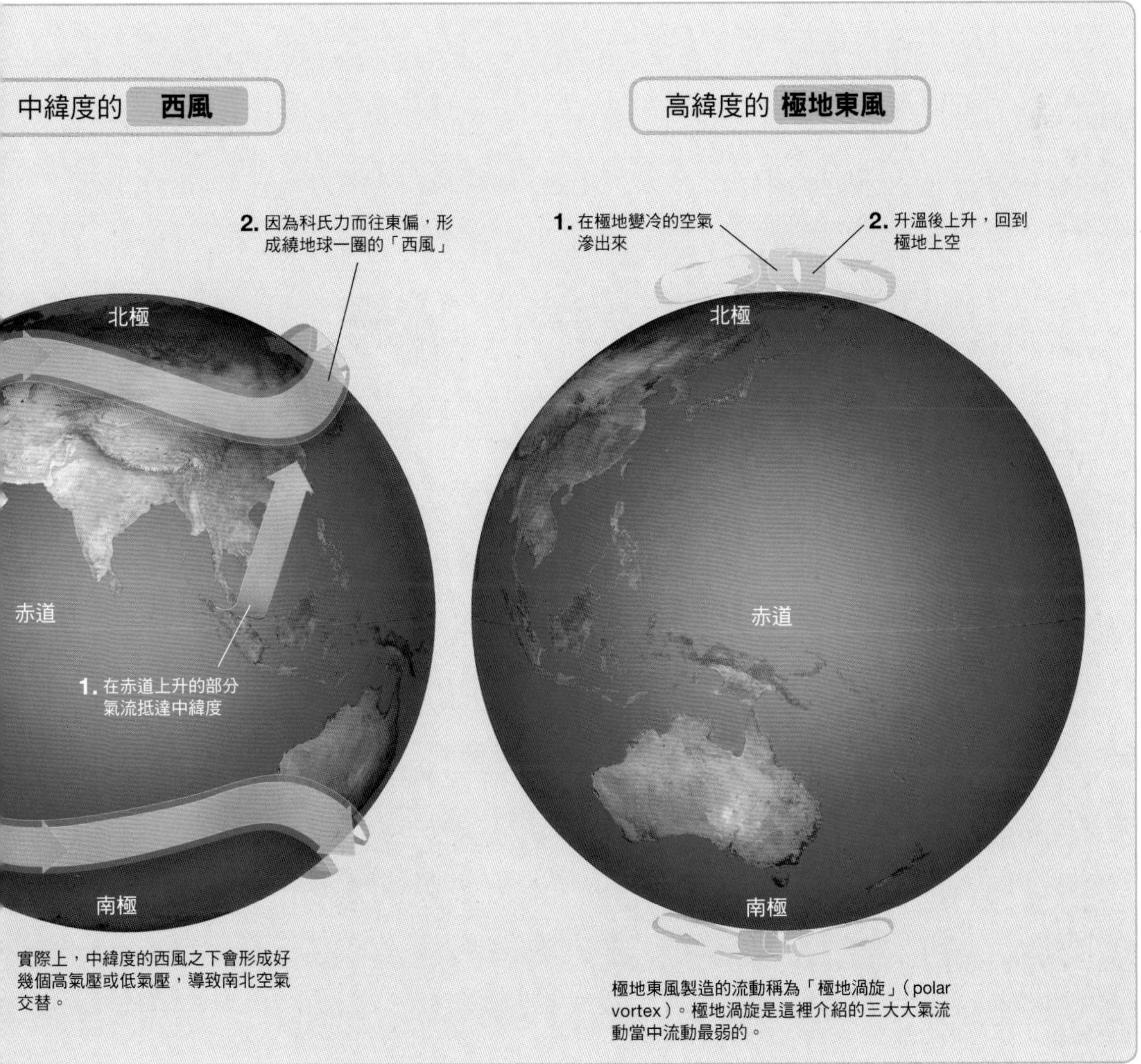

實際上，中緯度的西風之下會形成好幾個高氣壓或低氣壓，導致南北空氣交替。

極地東風製造的流動稱為「極地渦旋」（polar vortex）。極地渦旋是這裡介紹的三大大氣流動當中流動最弱的。

海洋和大氣塑造出各式各樣的氣候

下方描繪的世界地圖標示出全世界的氣候分類。氣候大致可分為熱帶、乾燥帶、溫帶、冷溫帶（或稱冷帶、副極地）及極地這5種，這裡還呈現了更細微的氣候分類。另外，海

熱帶

Af 熱帶雨林氣候
因強烈日照而升溫的空氣頻頻上升。這時，海洋或大河的水蒸氣會送到高空，猛烈降雨。沒有明顯的乾季。

Am 熱帶季風氣候
有弱乾季和雨季。

Aw 熱帶草原氣候
又稱莽原氣候。乾季和雨季明顯。

乾燥帶

BWh BWk 沙漠氣候
由於進入下降氣流帶，所以終年高氣壓發達，很少會形成雲。

BSh BSk 草原氣候
由於進入下降氣流帶，基本上很乾燥。一到夏季，日照就會變得強烈，可以形成雲，發展成弱雨季。

Csa Csb Csc 地中海氣候
雖然一到冬季會下雨，夏季卻乾燥且高溫。

Cwa Cwb Cwc 冬乾溫暖氣候
夏季受大規模的海風（季風）影響而變得高溫溼潤。另一方面，由於地形以內陸為主，冬季水蒸氣會變少而乾燥。

氣候分類的資料：Beck, H.E., et.al. Scientific Data volume 5, Article number: 180214 (2018)

上的箭頭表示洋流流動的方向，紅色的箭頭代表暖流（warm current），藍色箭頭代表寒流（cold current）。

氣候受到大氣環流和洋流的影響極為巨大。

比如副熱帶附近，以沙漠氣候為主的乾燥帶範圍廣大，是由於地處高壓帶，大氣環流導致赤道上升的空氣往下降。而高壓帶不會產生雲，不會降雨。

另外，英國地處高緯度卻是溫帶氣候，是因為受到從美國近海流過來的墨西哥灣流強烈影響（第106頁）。洋流在熱帶大西洋升溫，在信風吹拂的熱帶西進，抵達美洲大陸。爾後順著海岸北上，在西風吹拂的中緯度流向東北，抵達歐洲近海。

這種大氣環流和洋流的作用，再加上山脈和其他地形的影響，塑造出地球的各種氣候。

溫帶

Cfa 溼潤溫暖氣候
由於位置靠近暖流，會產生大量水蒸氣，夏季氣溫和溼度特別高。又因地處中緯度，所以四季變化明顯。

Cfb Cfc 西岸海洋性氣候
暖洋流會將熱氣從低緯度送過來，即使到了冬季，氣溫也不會顯著降低。夏季受海洋的影響而涼爽宜人。

冷溫帶

Dsa Dsb Dsc Dsd 高地地中海氣候
鄰接地中海氣候或草原氣候的高地上可以看到這種氣候。

Dwa Dwb Dwc Dwd 冬乾冷溫氣候
冬季一到，西伯利亞高壓發達，氣候乾燥嚴寒。

Dfa Dfb Dfc Dfd 溼潤冷溫氣候
日照微弱，冬季嚴寒，不過夏季氣溫會上升，也會下雨。

極地

ET 苔原氣候
終年受到北極的冷空氣影響，氣候嚴寒。日照量也很少，長不出樹木。喜馬拉雅山等高山也會變成這種氣候。

EF 冰冠氣候
南極或是格陵蘭境內可以看到這種氣候。輻射冷卻導致溫度驟降，降下的積雪極度難以融化，冰川發達。

「低氣壓」和「高氣壓」

天氣預報中一定會出現「低氣壓」（low pressure）和「高氣壓」（high pressure）。「氣壓」是大氣的壓力，1大氣壓約為1013百帕（hPa）。

低氣壓指的是氣壓比周圍低，高氣壓指的是氣壓比周圍高。因為是相較於周圍的氣壓高低，並沒有標準劃分多少百帕是高氣壓和低氣壓。

要是氣壓有落差，空氣就會為了填補差距而移動。換句話說，風會從高氣壓往低氣壓吹。另外，氣壓落差愈劇烈（每單位距離的氣壓落差〔梯度〕愈大），風吹送得愈強烈。

低氣壓因為氣壓低，會如右圖所示，風從周圍往低氣壓的中心吹，再在那裡產生上升氣流，此狀況稱為氣旋（cyclone）。反過來說，高氣壓因為氣壓高，風會從中心往周圍吹，在高氣壓的中心附近產生下降氣流，稱為反氣旋（anticyclone）。

氣壓的單位「百帕」

氣象學上會使用「百帕」作為氣壓的單位。只要把1百帕想像成每10平方公分面積上面放1條黃瓜（假設為100公克）就很容易理解了。另外1百帕就等於100帕（Pa）。

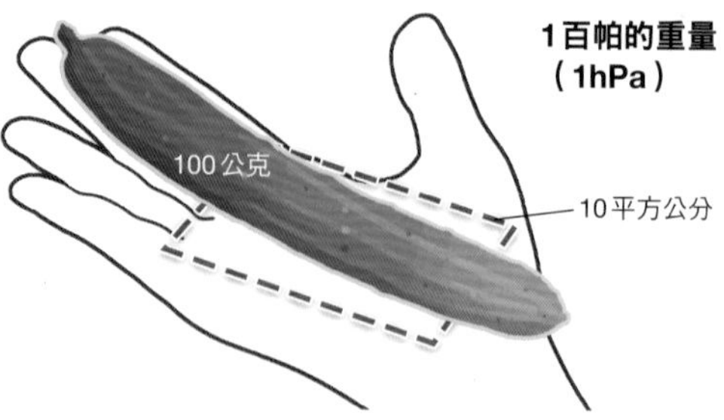

形成高氣壓和低氣壓的原因

地面空氣的溫度因地點或時間而異。溫度比周圍高的空氣會膨脹而密度變低，此處從地面到高空的空氣重量便會比周圍小，因此地面的氣壓變低，形成「低氣壓」。另一方面，溫度比周圍低的空氣會壓縮，密度會變高。空氣所壓縮的分量，會讓高空從周圍補充空氣進來，使地面到高空的空氣重量比周圍大。因此，地面的氣壓變高，遂形成「高氣壓」。

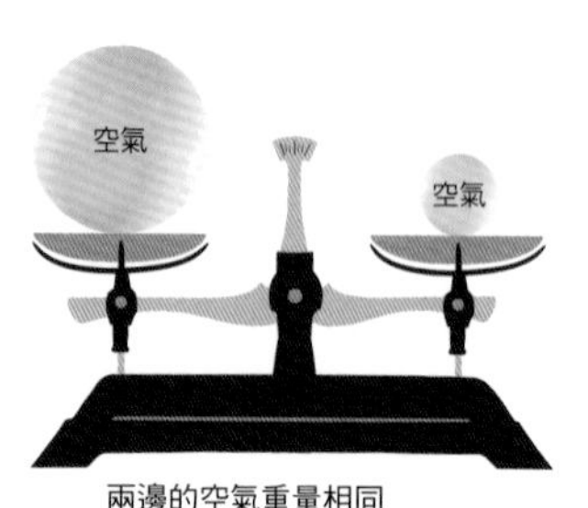

兩邊的空氣重量相同

低氣壓

溫度高的空氣會膨脹

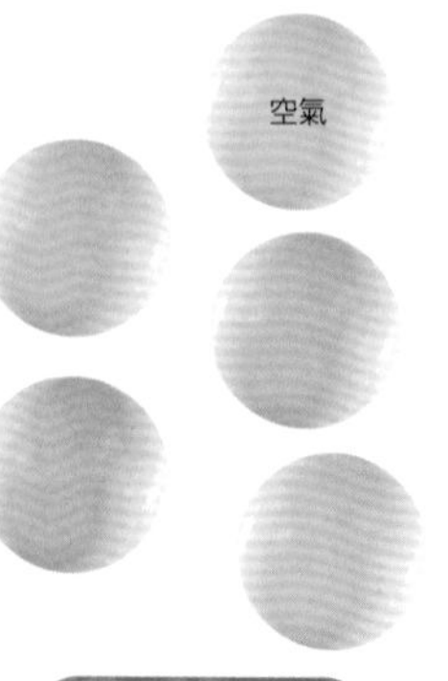

溫度高

高氣壓

溫度低的空氣被壓縮

溫度低

低氣壓和高氣壓會捲成渦旋

低氣壓會產生上升氣流，從周圍將風聚集過來。由於上升氣流也會形成雲，所以在低氣壓當中容易變天。聚集在低氣壓的風受到地球自轉的影響，在北半球會以逆時鐘方向捲成渦旋（南半球則是順時鐘）。另一方面，高氣壓會產生下降氣流，所以不會形成雲，天氣晴朗。風往外吹的同時，在北半球會以順時鐘方向捲成渦旋（南半球則是逆時鐘）。

虹霓是由大氣中的水滴創造而成

陽光看起來像白色，實際上卻匯集了五顏六色的光。只要使用稱為「稜鏡」的器具，也就是玻璃製成的三角柱，即可徹底明白。就如下圖所示，陽光穿過稜鏡後，就會顯示出各種顏色組成的光帶。這道光帶稱為「太陽光譜」(solar spectrum)。

虹霓這種自然現象是由空中無數的水滴發揮稜鏡的作用，將陽光分解成無數的色光。

入射到水滴的陽光有一部分會反射(reflection)，一部分則會在進入的同時在水滴內部折射(refraction)。接著光會在水滴內部反射，並再次往外折射出去。折射的大小因光的顏色而異，因此經過2次折射後，白光就分解成虹色了。

從陽光照射方向算起大約42度的方向，會發出最強的紅光。另一方面，從大約40度的方向則會發出最強的紫光。假如紅光經過某個水滴反射抵達眼睛，從同一粒水滴發出的紫光就會稍微往上偏移，不會映入眼簾。抵達眼中的紫光則是從再下方一點的水滴折射而來。五顏六色的光就是像這樣，從不同高度(角度)的水滴抵達眼睛，我們便得以看見虹。

另外，要是條件理想，就會看到虹(主虹)的外側還有一道淺淺的霓(副虹)。這是由水滴當中反射2次發出的光線衍生而成。

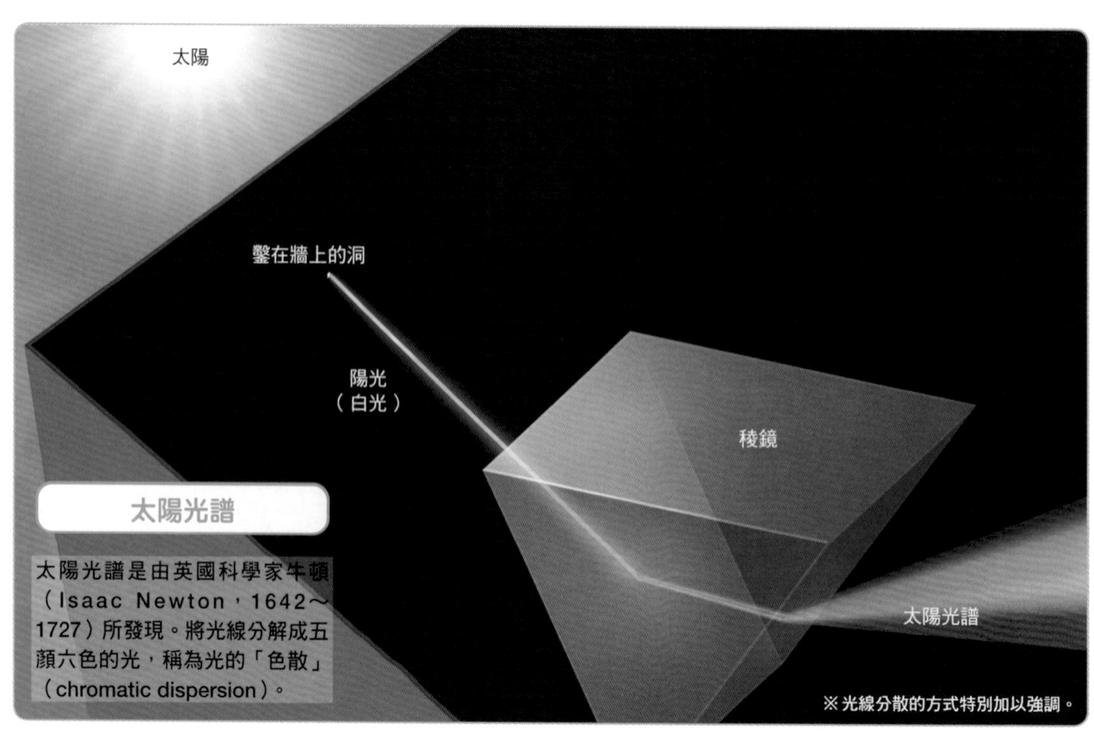

太陽光譜

太陽光譜是由英國科學家牛頓(Isaac Newton，1642～1727)所發現。將光線分解成五顏六色的光，稱為光的「色散」(chromatic dispersion)。

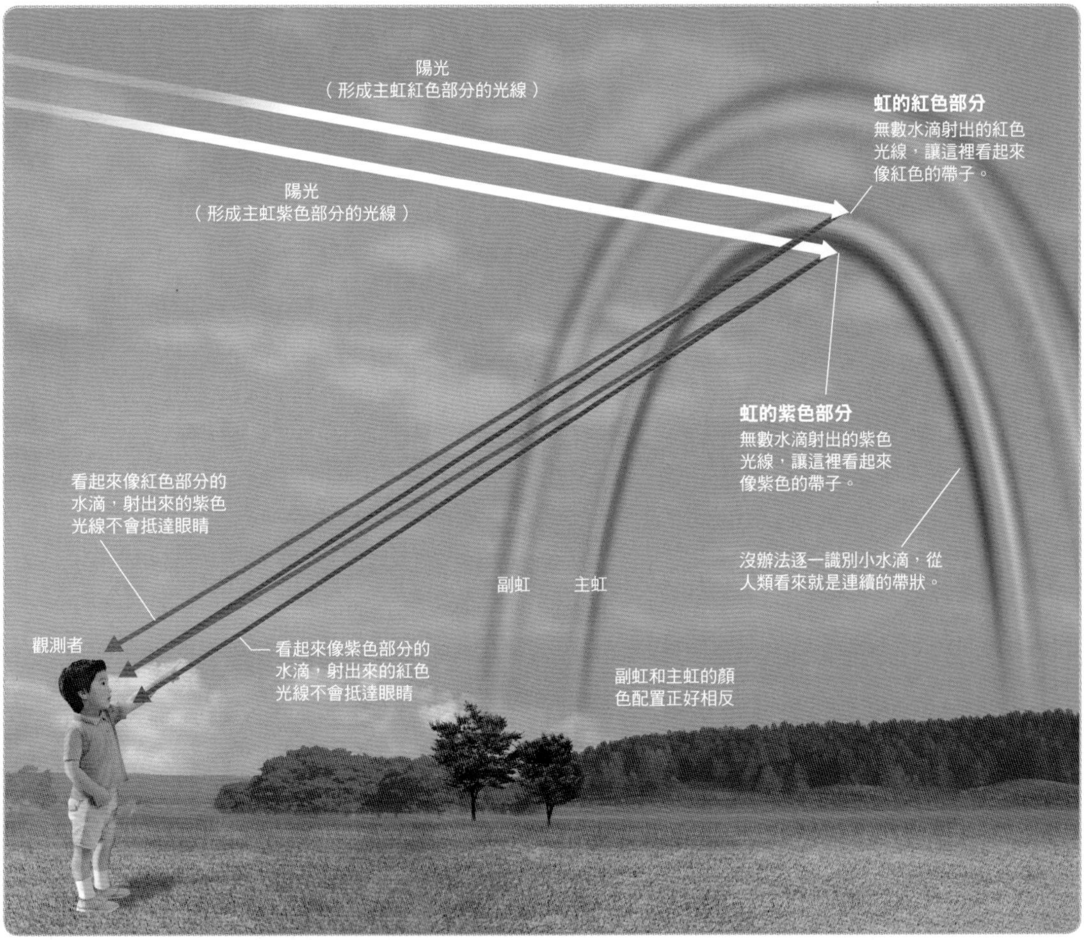

陽光
（形成主虹紅色部分的光線）
陽光
（形成主虹紫色部分的光線）
虹的紅色部分
無數水滴射出的紅色光線，讓這裡看起來像紅色的帶子。
虹的紫色部分
無數水滴射出的紫色光線，讓這裡看起來像紫色的帶子。
看起來像紅色部分的水滴，射出來的紫色光線不會抵達眼睛
沒辦法逐一識別小水滴，從人類看來就是連續的帶狀。
副虹
主虹
觀測者
看起來像紫色部分的水滴，射出來的紅色光線不會抵達眼睛
副虹和主虹的顏色配置正好相反

※圖片是顯示在一般模式下，水滴存在的區域會製造出觀測者看得見的主虹和副虹。其他觀測者從這個角度觀看，不見得可以看到像圖中一樣的虹。

水滴會發揮稜鏡的作用

左圖是陽光進入水滴後反射的情況。右圖是顯示在水滴當中反射兩次的機制，我們會把這看成「副虹」。副虹的光線在水滴當中繞行的方向與主虹相反，所以顏色排列也和主虹相反。

水滴將陽光分解成不同顏色

陽光
折射
42度（紅）
水滴
反射
40度（紫）
折射

副虹的光在水滴當中反射2次

陽光
折射
反射
50度（紅）
水滴
54度（紫）
折射
反射

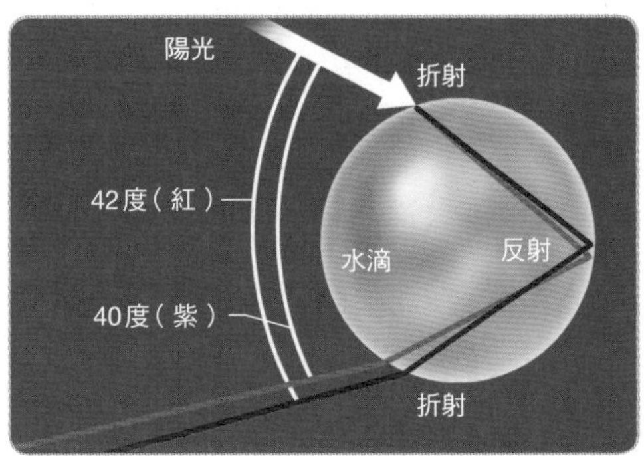

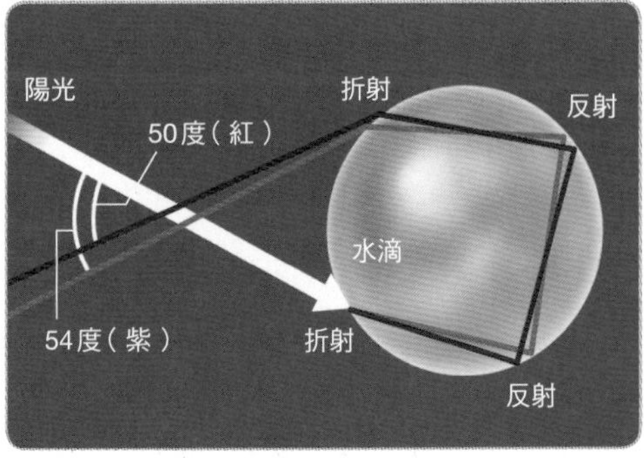

※此處省略無須說明的反射光或透射光。

天空呈現藍色是因為空氣分子散射藍光

空氣明明是無色透明的，為什麼天空是藍的呢？

其實，大氣中有很多微粒（氣溶膠，詳見第56頁）懸浮著，當陽光撞擊微粒，少數的光線就會散射開。

就如右下方的圖所示，各個波長的光看起來顏色不同。光的波長愈短，就愈容易發生散射。換句話說，陽光當中紫色或藍色的光較容易散射。由於紫色光在遙不可及的高空中就會散射掉，所以在肉眼可見的天空中，就是散射度僅次於紫色的藍光，於是天空看起來就是藍色的，這種現象稱為「瑞利散射」（Rayleigh scattering）。

天空的藍色深淺會依季節或日子而異，這與大氣中的水蒸氣及微粒含量有關。水蒸氣或微粒的量多的話，光線散射量就會大，致使顏色重疊，天空看起來就會泛白。一旦高空乾燥，水蒸氣的量變少，就會出現湛藍的天空。

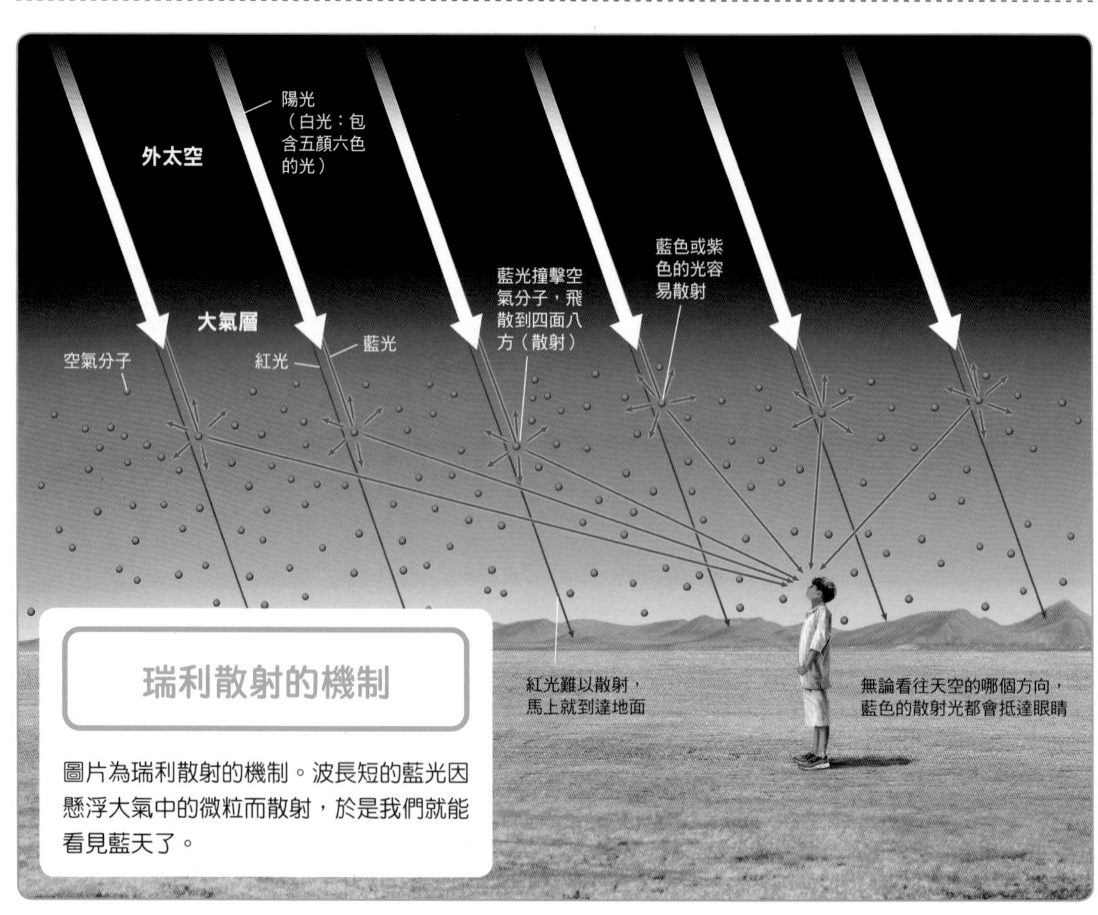

瑞利散射的機制

圖片為瑞利散射的機制。波長短的藍光因懸浮大氣中的微粒而散射，於是我們就能看見藍天了。

波長是什麼

光具有「波」（wave）的性質。各種顏色的不同在於光線的「波長」不同。波長指的是波峰（波最高的地方）與波峰之間的長度，或波谷（波最低的地方）與波谷之間的長度。以顏色來說，就是光的波長會依紅、橙、黃、綠、藍、紫的順序縮短（本書依照日本理科年表當成 6 色，但也有人加上靛色當成 7 色）。另外，光除了肉眼可見的「可見光」（visible light）之外，還有很多同類，例如「紅外線」或「紫外線」都是光的同類。紅外線是波長比紅色可見光還要長的光（位在光譜的紅色之「外」），紫外線是波長比紫色可見光還要短的光（位在光譜的紫色之「外」）。紅外線和紫外線都蘊含在陽光當中，只是人類的眼睛看不見而已。

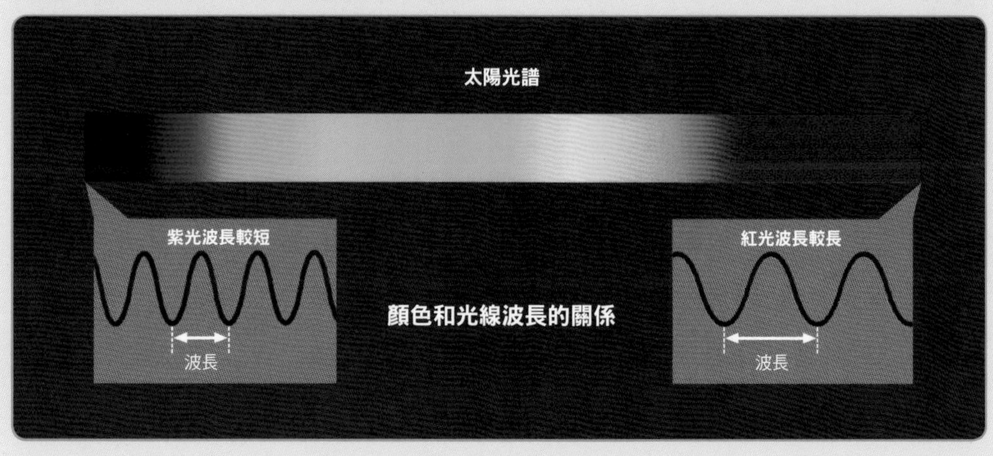

顏色和光線波長的關係

光看來呈現白色的「米氏散射」

藍色的天空為什麼到了傍晚就會染紅呢？

其實這也是「瑞利散射」造成的現象。

傍晚一到，太陽就會下沉到接近地平線，與正午前後相比，陽光在大氣當中會斜向行進。換句話說，陽光在大氣層行進的距離必須比正午更長，才會抵達我們的眼睛。

陽光進入大氣層之後，像藍色這樣波長短的光會比較早散射掉。以我們的肉眼看來，散射的地方非常遙遠，因此幾乎不會抵達我們的眼睛。最後陽光就會失去藍色或紫色的光，變得紅通通的。另一方面，較難散射的紅光（波長較長的光）會在長途行進的過程中，最後才散射掉，於是從傍晚西邊的天空抵達我們眼睛的光線，就幾乎全是紅色系的光了。

假如大氣中的微粒比波長大一點或差不多時，散射容易度就與波長無關，光線看起來就會呈現白色，稱之為「米氏散射」（Mie scattering）。

米氏散射多半會導致光線通道出現，如右頁下圖所示，這種現象稱為「廷得耳效應」（Tyndall effect）。

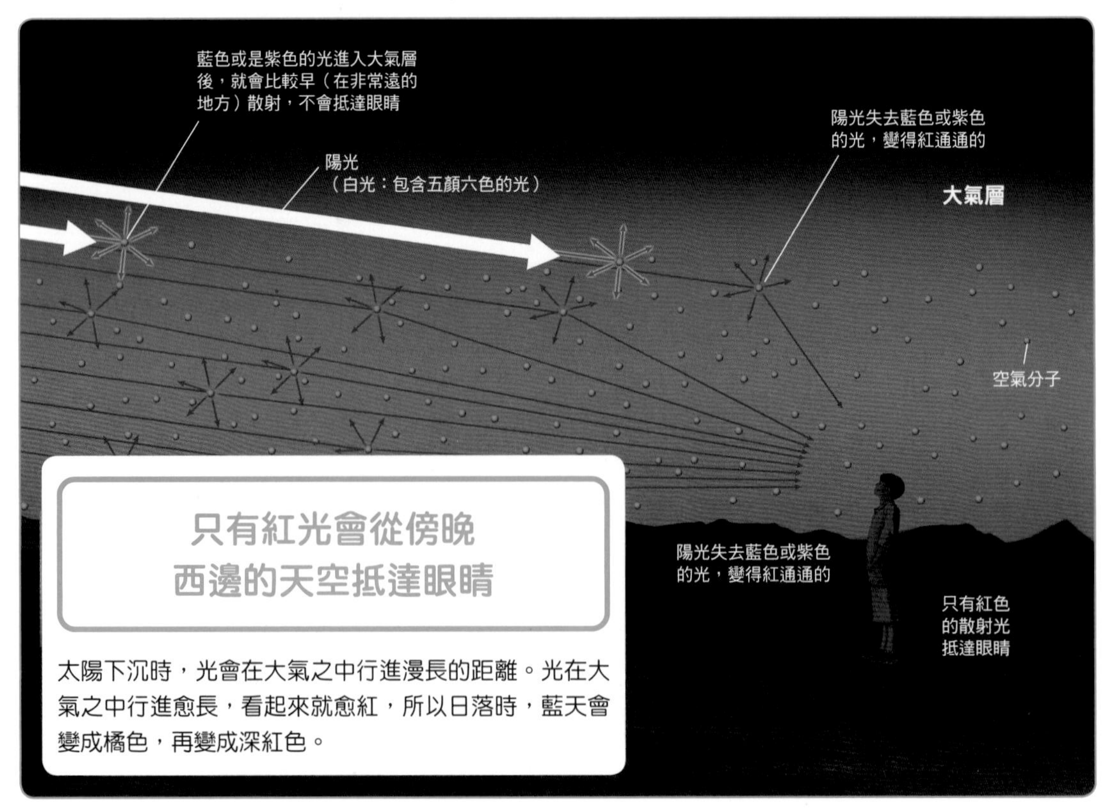

只有紅光會從傍晚西邊的天空抵達眼睛

太陽下沉時，光會在大氣之中行進漫長的距離。光在大氣之中行進愈長，看起來就愈紅，所以日落時，藍天會變成橘色，再變成深紅色。

「天使的階梯」即是廷得耳效應

米氏散射導致眼睛看見光線路徑的現象，稱為「廷得耳效應」。由19世紀英國物理學家廷得耳（John Tyndall，1820～1893）所發現，因而得名。由於看似光線從雲間灑落，又稱為「天使的階梯」。

雲中產生的放電現象就是「雷」

雷是在巍峨巨大的「積雨雲」之中產生的。雲的內部或雲和地面之間產生巨大電壓（電位差）時，電流就會在空氣當中流動，以消除這個狀態，此現象稱為「放電」。

原本空氣是不導電的「絕緣體」（insulator），然而即使是絕緣體，施加非常高的電壓之後也會瞬間通電（此作用稱為絕緣破壞，electrical breakdown），於是雷就這樣產生了。

放電有兩種，一種是雲與大地之間的放電「對地放電」，另一種是在雲中放電的「雲內放電」。所謂的「雷擊」屬於「對地放電」。雷擊之際，地面和雲之間會出現發光的電流通道，就是閃電。

為什麼雲中會產生電荷？產生電荷的來源是組成雲的小型冰塊晶體（冰晶）。當空氣上升到高空之後變冷，空氣中的水蒸氣化為水滴或是冰晶。小塊的冰吸收周圍的水蒸氣急遽成長，變成了霰。霰和冰晶在雲中互相碰撞後，正電和負電就會分開。

這時，顆粒小的冰晶多半會帶正電，顆粒大的霰多半會帶負電。接著就會形成 3 層結構※，積雨雲的上層帶正電，下層帶負電，而雲的底部則會帶些微的正電。

※積雨雲分層是因為帶正電的冰晶藉由上升氣流被送到雲的上層，帶負電的霰則藉由其重量掉下來。不過除此之外還有很多說法，詳細機制現在還不得而知。另外，目前已知冰晶不一定帶正電，霰不一定帶負電，有時會因為氣溫或其他條件而變化。

雷發生的機制

①積雨雲的上層充滿顆粒小的冰晶（正電），下層充滿顆粒大的霰（負電※）。積雨雲正下方的地面會受積雨雲下層的負電吸引，充滿正電。

※有時最下層的一部分也會帶正電。

②來自雲下方的「導閃」（微弱放電）會在分支的同時朝地面行進。導閃靠近地面之後，地面也會延伸出導閃。

③當上下方的導閃相連後，就會形成電流通道，流出巨大的電流。

①攜帶電荷 → ②微弱放電 → ③巨大電流

積雨雲
正電
冰晶
霰
負電
上升氣流
導閃
大電流
地面

世界少有的「冬雷」

相信許多人提到雷，就會聯想到夏季。不過，冬季也會出現雷。日本主要的冬雷發生地在日本海側，北陸地區12月左右出現的雷稱為「鰤起」，因為雷出現的時期常會捕到鰤魚。放眼世界，冬雷也算罕見的現象，只出現在挪威、日本等少數地區。

冬季時，西伯利亞產生的乾燥冷空氣朝日本吹送，從日本海接收的水蒸氣，會變質為潮溼空氣。這些潮溼空氣因暖流而升溫，產生上升氣流，形成積雨雲。因此，冬季的日本海側容易產生雷。

冬天的積雨雲不如夏季高聳，又因為雲較為低矮，正電和負電很難明確分成上下兩層。或許也是因為這樣，冬季常有單次雷擊的「一聲雷」發生。

另外，冬雷和夏雷相比，單次雷擊的能量多半很大。舉例來說，要是夏季雷擊通過的電荷量是幾十庫侖的話，冬季雷擊所帶的電荷量就有可能在1000庫侖以上（庫侖是1安培電流通過1秒時運送的電荷量）。結果，冬季雷擊具備的能量就可能是夏季雷擊的100倍。然而，為什麼冬季雷擊的能量會這麼大，現在還不太清楚。

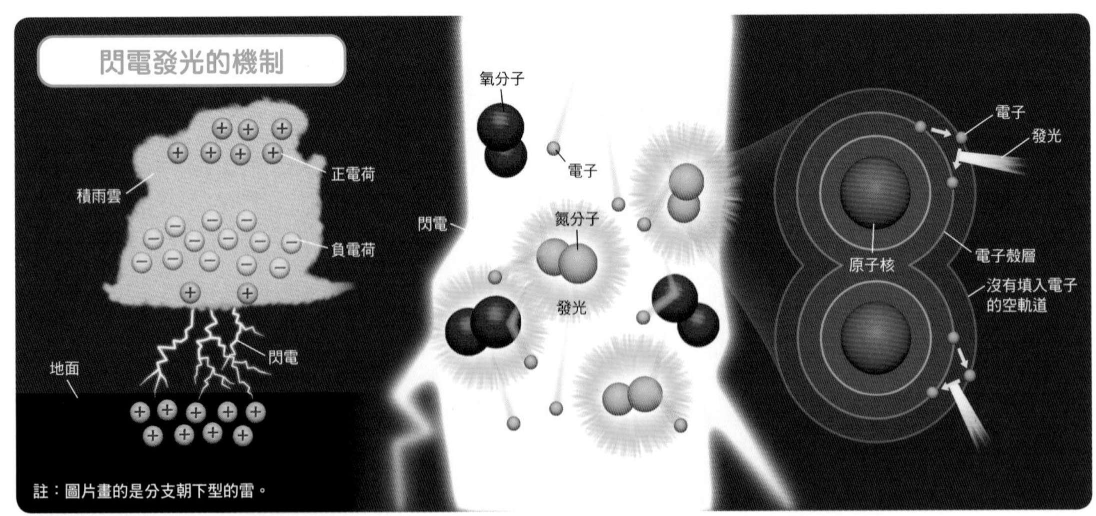

假如積雨雲內部的正負電荷失衡，雲下方的地面就會充滿正電荷。這樣一來，雲和地面之間就會產生電位差，因此電流局部流動，大氣的分子會離子化，讓電流更容易流動，於是就出現閃電（圖左）。正中央是閃電的放大圖。假如電子撞擊到離子化大氣中的氮分子或氧分子，就會如右圖所示，位在分子最外側電子殼層的電子接收撞擊造成的能量，移動到更外側的空軌道，再回到原本的電子殼層時，就會因此釋放出能量（發光）。

夏雷和冬雷

夏季猛烈的日照讓地面升溫，產生強勁的上升氣流，容易形成高聳巍峨的積雨雲。雲上方積聚的以正電為主，雲下方積聚的則以負電為主。朝地面放電的現象多半由雲下方的負電而起。

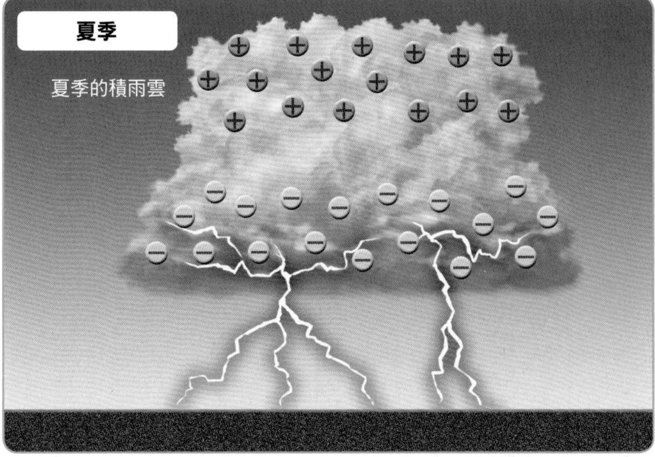

在日本的冬季，來自西伯利亞的乾燥冷空氣會在渡過日本海時變成溼空氣，再在暖流中升溫，產生上升氣流，進而形成積雨雲。與夏季相比，積雨雲較為低矮，地面和雲底的距離也多半較短。正電和負電沒有明確的分界，放電也多半來自正電。

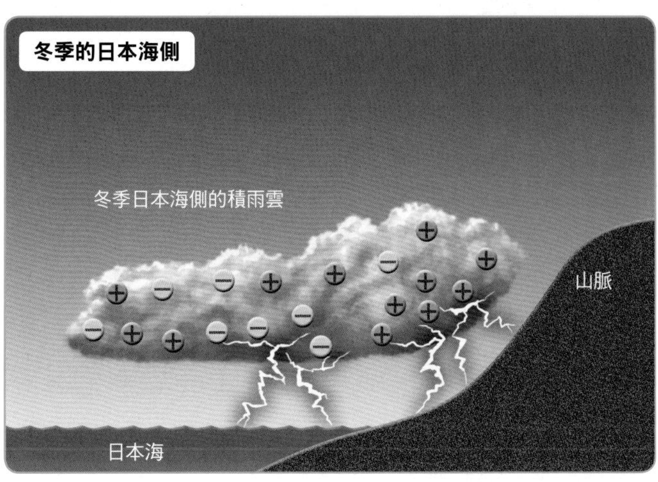

專欄 COLUMN 雷的聲音和距離

不知道大家有沒有注意過從雷光閃爍到聽見轟隆聲之間會有段空檔？聲音的速度為每秒約340公尺。假如從發光到出聲相隔10秒，雷擊的地點就離此處約3.4公里。不過積雨雲的大小有十幾公里，即使不久前雷擊碰巧打在遠方，但積雨雲早就擴張到頭頂上，下個瞬間雷擊可能會打在身上。所以切記聽見雷鳴就馬上避難。

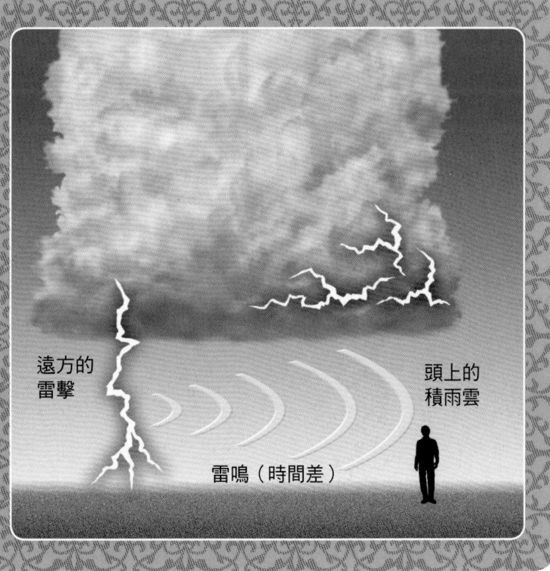

發生位置比雷更高的「極光」和「紅色妖精」

我們就來看看發生位置比雷更高的發光現象吧。

就如左下圖所示，是比積雨雲更高空的「中高層大氣放電」（高空放電發光現象）。

從目前的研究可知，中高層大氣放電的種類五花八門。現在可以依照發生的高度、形

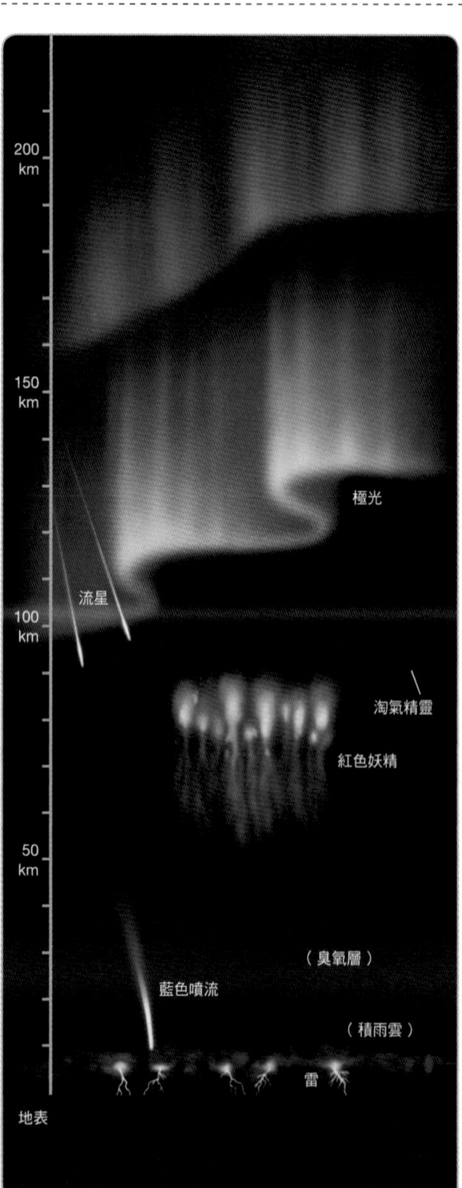

高度200公里以下產生的發光現象

圖片是從地面到高度200公里的區域發生的多種現象。積雨雲的高度依緯度或季節而定，通常雲頂會在大約10公里處。以此高度為基準的話，藍色噴流是從積雨雲頂部算起高40公里處發生的現象。紅色妖精會出現在雲頂再高40～90公里處。高度90公里附近會產生淘氣精靈。另外，流星發光的高度在高度80～90公里附近，極光則是在高90公里以上的地方發光。這張圖沒有畫出來的國際太空站，運行高度約在400公里附近。下圖是從國際太空站拍攝的紅色妖精。目前已知雷出現並發出白光後，雲的上空就會產生這種奇觀。

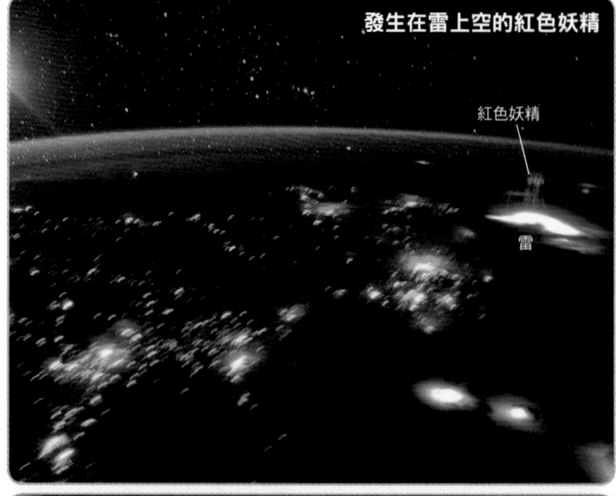

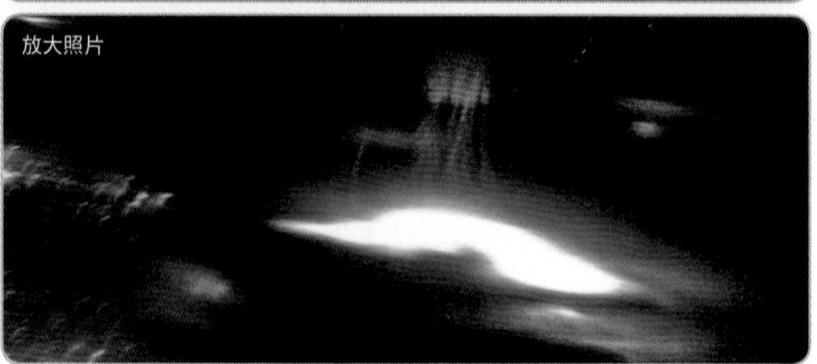

狀或顏色，分類為「紅色妖精」(sprites)、「藍色噴流」(blue jet)及「淘氣精靈」(elves)這3種。

「紅色妖精」是朝太空釋放的紅光，「藍色噴流」是藍光瞬間上升的現象，「淘氣精靈」則是光呈環狀向外擴散的現象。不過，關於中高層大氣放電的發生機制，包含右下方的論點在內，仍未有定論。

另外，發生地點比紅色妖精更上方的「極光」，則是起於從太陽吹來的「太陽風」(solar wind)，與大氣中原子或分子攜帶的電子相撞（下圖）。極光的顏色會因發生來源的原子或分子種類而異（第18頁）。

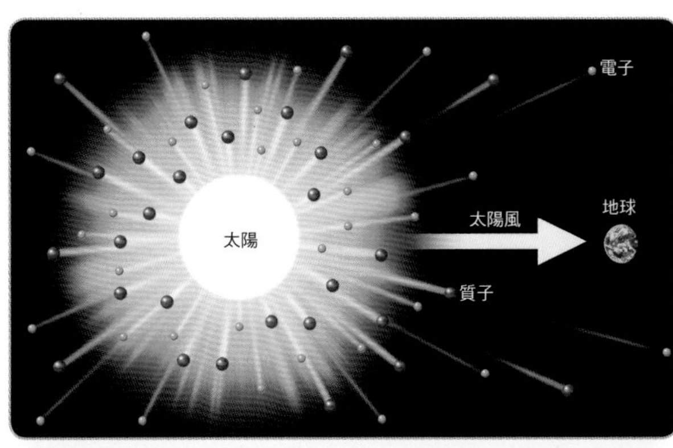

極光的機制

如圖所示，太陽會將氣體釋放到外太空。這股氣體是由電子、質子（氫離子）等帶電粒子組成的電漿（離子和電子組成的氣體），稱為「太陽風」。太陽風的粒子來到地球後，就會因地球磁場的力而到達極地（北極和南極），與大氣中原子和分子（例如氧或氮）的電子相撞。撞擊會導致原子和分子中的電子變成激發狀態（激發態）。但在一段時間之後，激發態的原子和分子就會恢復到原本的狀態（基態）。屆時釋放出與激發態的能量差相等的光（電磁波），這就是極光的發光原理。

紅色妖精發生機制的有力學說

雷擊出現前，正電會分布在積雨雲的上層（左）。假如雷擊導致積雨雲上層的正電消失，雲上空的正負電平衡就會改變，積雨雲的上空就要承受高電壓（右）。接著積雨雲上空的電子急遽加速向上，撞擊大氣中的氮分子。這時出現的光就是紅色妖精了。

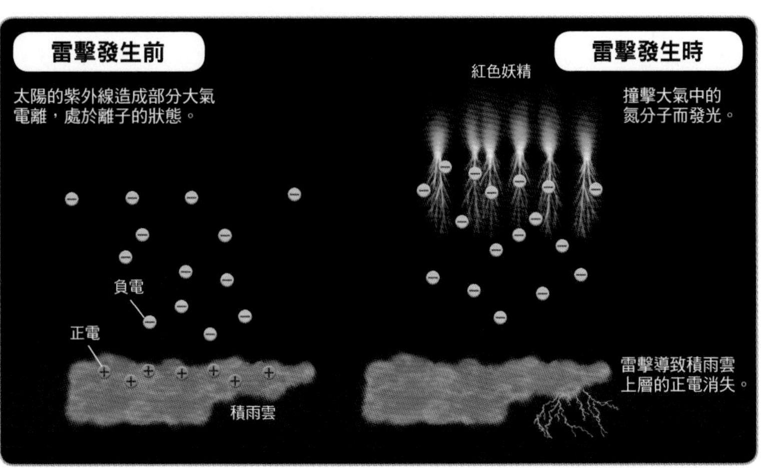

COLUMN

在木星上也看得到極光

極光是從太陽飛來並攜帶電荷的粒子（帶電粒子），與行星大氣中的分子或原子相撞發光的現象。因此，除了地球之外，擁有磁場和大氣的行星也會產生極光。

其中尤以木星具備非常強勁的磁場，高達地球的10萬倍，能夠看到遠比地球強烈的極光。雖然發生原理和地球一樣，不過木星的衛星木衛一（埃歐，Io）、木衛二（歐羅巴，Europa）和木衛三（蓋尼米德，Ganymede）也是極光發生的原因。木星與這些衛星憑著磁力線連繫，從衛星飛來的帶電粒子與木星大氣相撞，於是就產生極光了。

右上方的圖像是2016年木星探測機「朱諾號」拍攝極光後，將其資料與從哈伯太空望遠鏡觀測到的紫外線資料合成而得。朱諾號觀測了木星的氣體成分、內部結構及磁場等。

觀測到極光以外的發光現象

極光以外的發光現象也和地球上發生的一樣。2020年10月，朱諾號觀測到木星上發生的中高層大氣放電。中高層大氣放電是高度20～100公里因放電導致的發光現象，發生原因應該和雷有關。以往曾在木星上觀測到「電嘯波」（whistler wave），這是地球產生雷的時候會放射的低頻電波，另外還觀測到可能是雷造成的發光現象，所以就認定是雷出現了。雖然也可以想見會發生中高層大氣放電，不過這次是首度實際觀測。中高層大氣放電有好幾種，這次觀測到的應該是紅色妖精或淘氣精靈。

除了木星之外，火星、金星、天王星或土星也可能會產生雷。相信能透過今後的觀測，陸續查明地球以外的天體發光現象。

木星的紅色妖精

這是在木星出現紅色妖精的想像圖。電子會與地球大氣中占大部分的氮交互作用，看起來紅通通的，不過木星的上層大氣幾乎都是氫，所以會出現藍色或粉紅色。

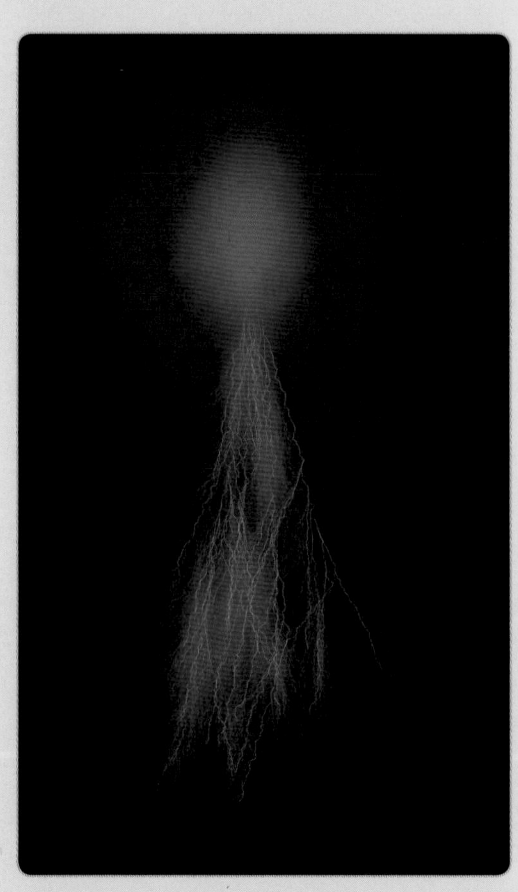

藍白色的極光

哈伯太空望遠鏡拍攝的木星極光。圖片為可見光資料和紫外線資料的合成照。

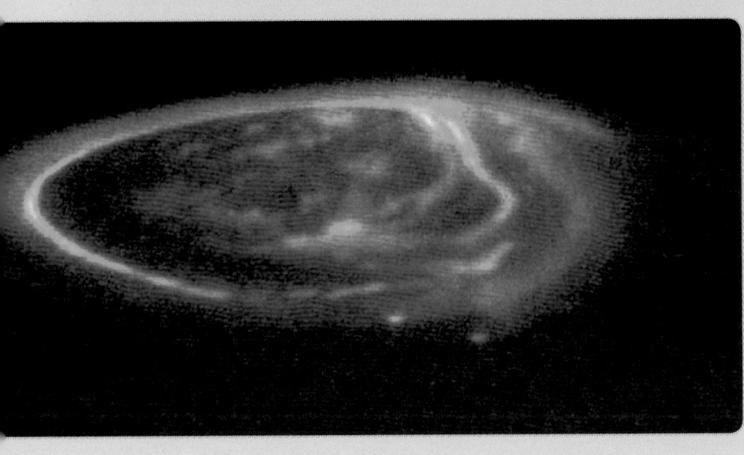

北極的極光

哈伯太空望遠鏡於1998年拍攝的木星北極極光。來自木星的衛星木衛一、木衛二和木衛三的帶電粒子也會發光。極光左端的亮點是來自木衛一的帶電粒子造成的光，圖片中央的亮點是來自木衛二的帶電粒子造成的光，圖片中央右下方的亮點是來自木衛三的帶電粒子造成的光。

2
雲和雨的機制
How clouds and rain work

雲是如何形成的呢？

有時地面的空氣上升後就會形成雲。這種雲是如何形成的呢？

首先是蘊含水蒸氣的空氣包（稱為氣塊，air parcel）上升。空氣能夠蘊含的水蒸氣量有限，氣溫愈高，能夠蘊含的水蒸氣就愈多。然而，地面的氣塊前往高空之後，溫度會降低，於是空氣能夠蘊含的水蒸氣量就會減少。多餘的部分就會變成水或冰粒（雲粒），匯集無數顆粒之後便形成雲。

然而，光靠蘊含水蒸氣的空氣冷卻，並不會產生雲粒。水蒸氣要變成雲粒，稱為「雲凝結核」的核心就會扮演重要的角色。雲凝結核的來源是空氣中名為「氣溶膠」（aerosol）的微粒。氣溶膠的種類五花八門，比如從地面往上吹的土粒、海浪的水花、汽車或工廠排放黑煙蘊含的粒子等。

以這種方式形成的雲粒非常小，直徑約0.01毫米，只有人類頭髮粗細的5分之1。既然體積這麼小，雲粒落下的速度每秒只有幾毫米～幾公分，而大氣中又到處都是速度超過雲粒的上升氣流，所以雲不會掉下來。

雲形成的機制

蘊含水蒸氣的空氣上升，溫度下降之後就會形成雲。從地面到高度8～16公里範圍的「對流層」，愈往高空，氣溫就愈低。

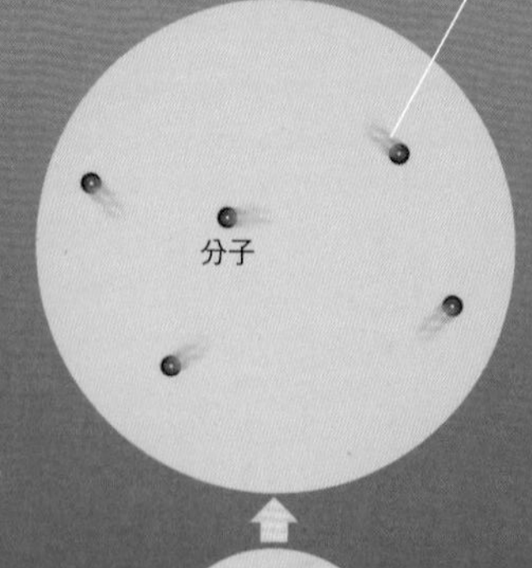

為什麼膨脹後氣溫會降低

基本上，氣溫就是在表示氣體分子持有的「運動能量」大小。由於高空的氣壓比地面低，所以地面的氣塊上升後就會膨脹。這樣一來，氣塊就會將能量用於膨脹和推擠周圍的空氣，空氣中分子的運動能量減少，於是氣溫就下降了。

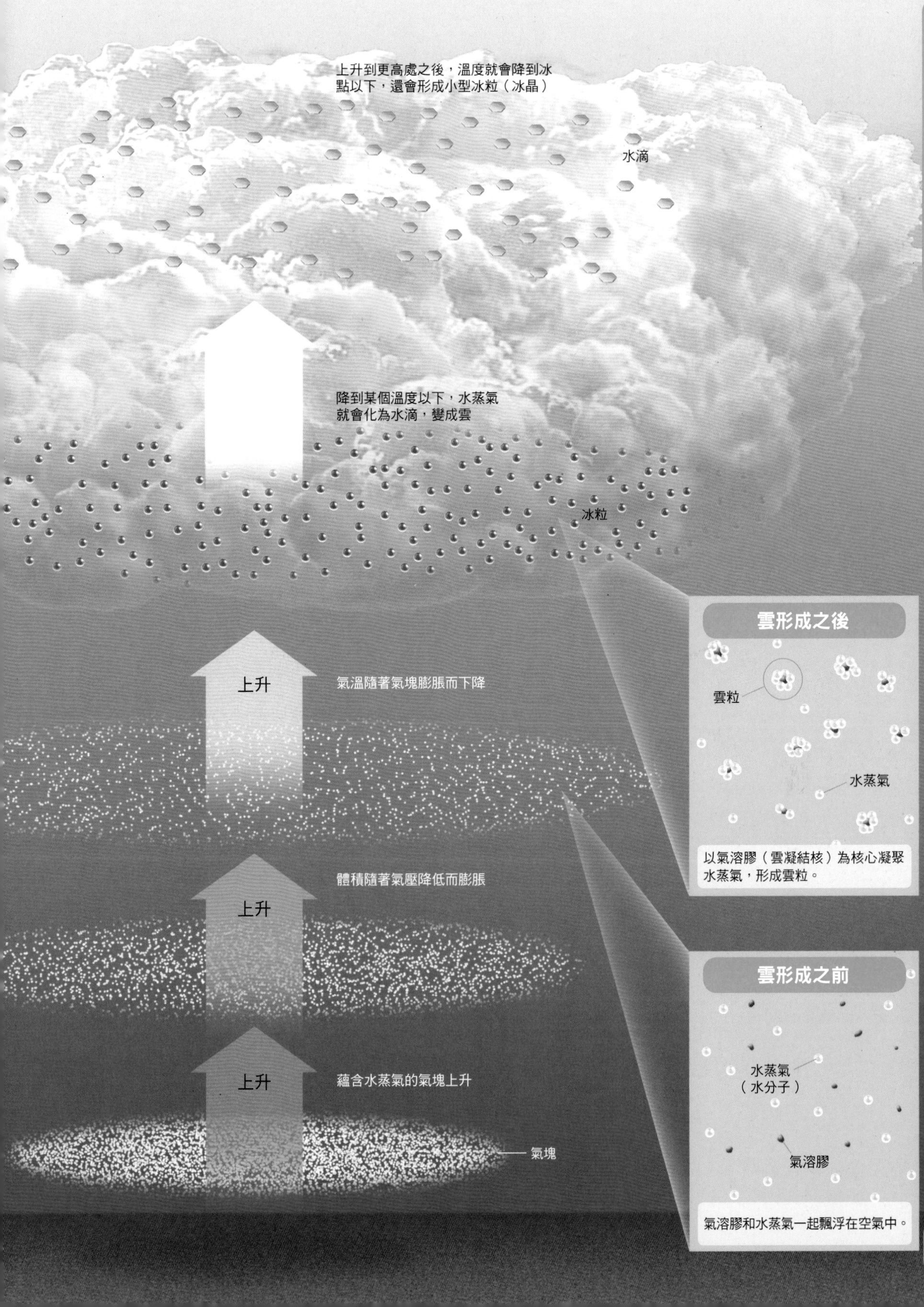

上升到更高處之後，溫度就會降到冰點以下，還會形成小型冰粒（冰晶）
水滴
降到某個溫度以下，水蒸氣就會化為水滴，變成雲
冰粒
上升
氣溫隨著氣塊膨脹而下降
體積隨著氣壓降低而膨脹
上升
上升
蘊含水蒸氣的氣塊上升
氣塊
雲形成之後
雲粒
水蒸氣
以氣溶膠（雲凝結核）為核心凝聚水蒸氣，形成雲粒。
雲形成之前
水蒸氣
（水分子）
氣溶膠
氣溶膠和水蒸氣一起飄浮在空氣中。

雨是如何落下的呢？

雲粒（cloud particle）會藉由吸收周圍的水蒸氣而逐漸變大。然而雲粒不斷變大後，雲粒表面積增加的比例會逐漸變小，吸收水蒸氣的步調並不會往上，雲粒就不再大幅成長。除此之外，雲粒之間相撞和黏附，比較能夠迅速成長。

雲中有各種大小的雲粒，較大的雲粒落下的速度比小雲粒快。大雲粒落下時，與其他小雲粒相撞，就會互相黏附，變成更大的雲粒。如此反復再三，雲粒最後就成長為體積100萬倍以上的雨滴。變大到這種程度之後，即使有上升氣流也早已無法讓它繼續飄浮，於是就化為雨落到地上了。

此外，雨滴的圖畫通常是頭頂尖尖的水滴形，但這不是雨滴真正的模樣。雨滴實際上是壓扁的包子形狀。原本雨滴是球形，但當雨滴變大後，落下時受到空氣阻力（air resistance）橫向擴張而變扁。

一個雨滴相當於100萬個以上的雲粒

雨滴直徑1～2毫米，粗細和牙籤差不多。雲粒的直徑約為0.01毫米，所以雨滴擁有的體積相當於100萬個以上的雲粒。雲粒能夠飄浮在空中，雨滴卻會落下，就是因為這樣的體積差異。

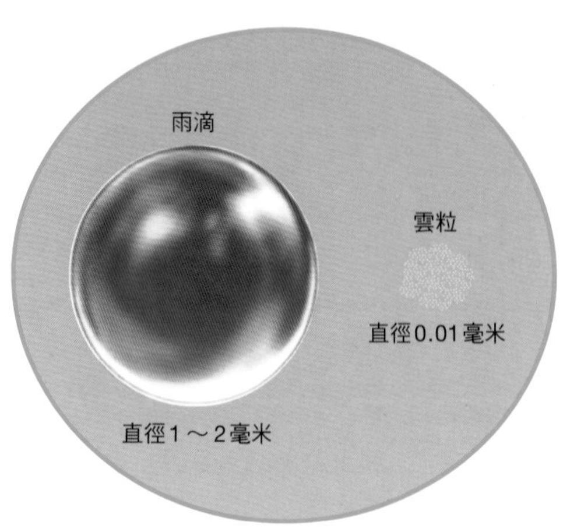

成長為大雨滴之前

雲中有各種大小的水粒，其中較大的雲粒會因為沉重而迅速落下。雲粒落下之際會和小雲粒相撞和黏附，逐漸變大，成長為雨滴。

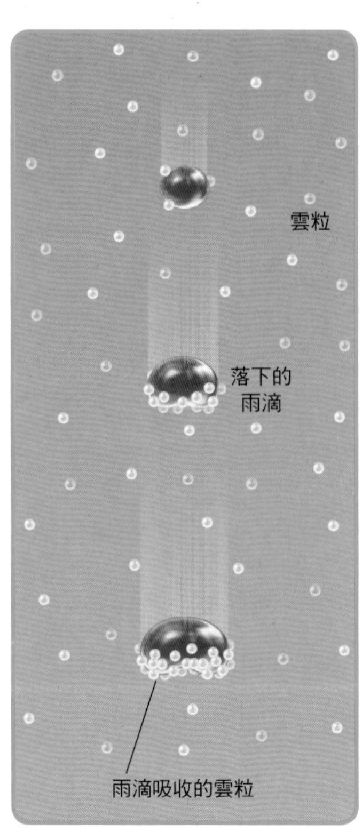

雲中產生雨滴的機制

圖片為雲中產生雨滴的情形。雲粒因上升氣流而形成，在高空輕輕飄浮。雲粒之間藉由相撞逐漸變大，不久後就會因為變重而落下。

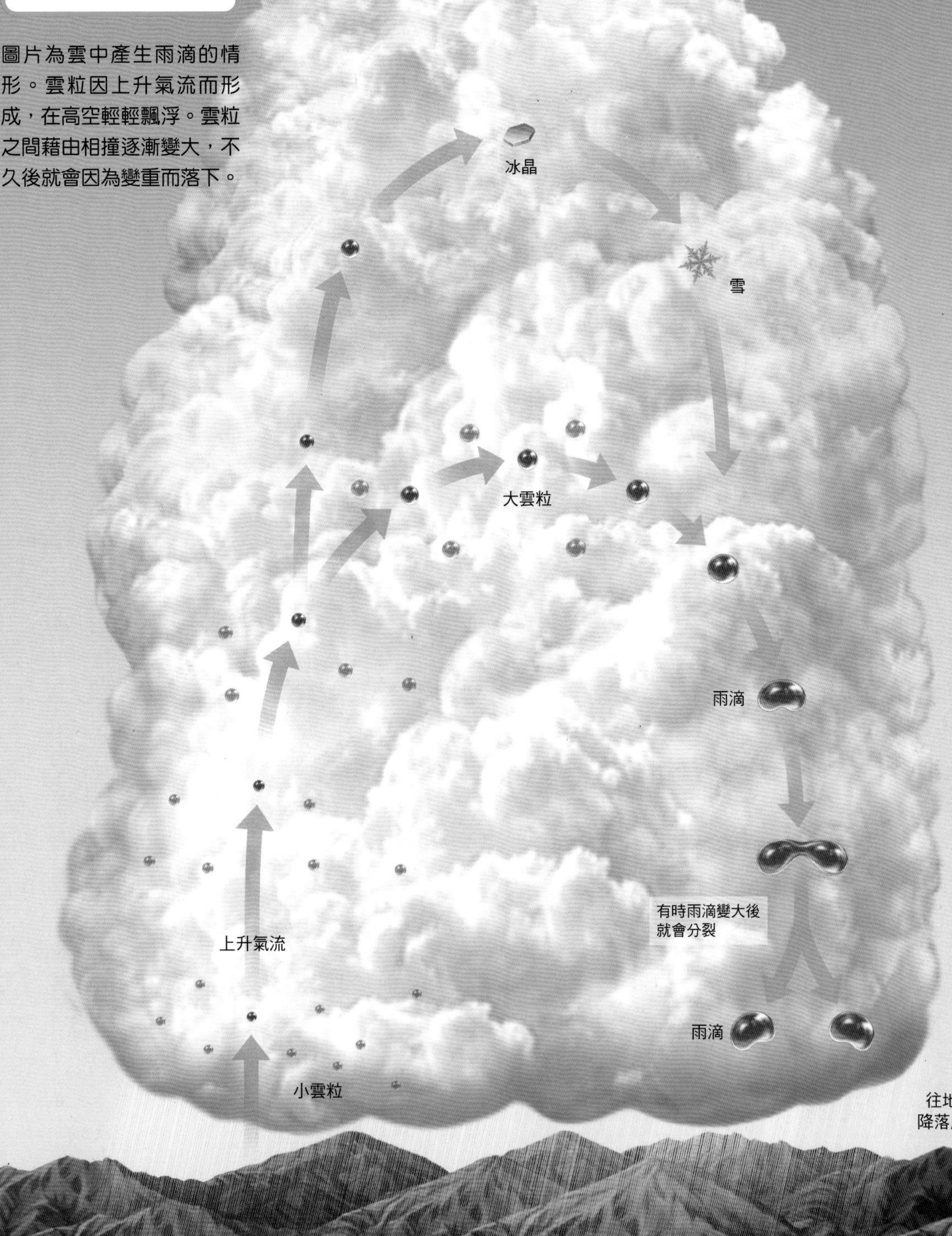

雨可分為「冷雨」和「暖雨」

「冷雨」和「暖雨」的差異在於是否在高空變成冰。

冷雨是一開始就搭上強勁的上升氣流，將水蒸氣送往高處所致。由於空氣愈上升就愈膨脹，氣溫愈低，所以水蒸氣會因為往上而變化成水滴和冰（冰晶）。

冰晶會在吸收周圍水蒸氣的同時逐漸變大，迅速形成雪的晶體，我們將它稱為雪晶（snow crystal）。巨大的雪晶無法由上升氣流支撐，開始下降，當穿過空氣溫度0℃以上的地方後，雪就會融化成雨。

另外，雪晶在雲中落下的同時會被過冷的雲粒（水滴）捕捉，成長為霰。

另一方面，暖雨則會降在蘊含大量水蒸氣的熱帶地區島嶼上。水蒸氣在雲中形成水滴之後，就會在升到高處前與周圍大量的水滴相撞，變大而落下來。

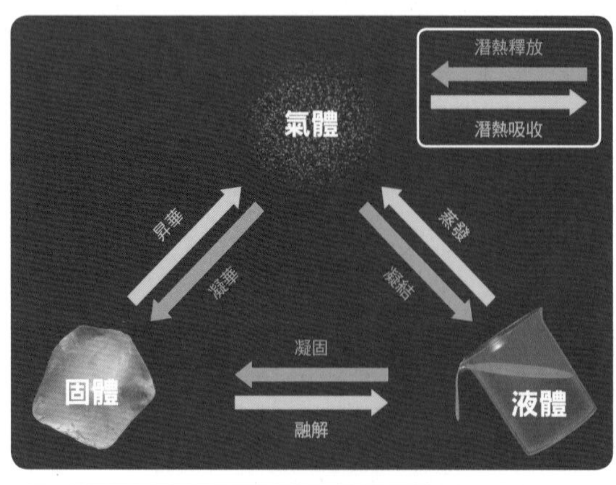

水的三態

水有水蒸氣（氣體）、水（液體）及冰（固體）的三態。狀態變化時，熱量會有進有出。也就是說，水蒸氣變成水，水變成冰時會釋出熱量。

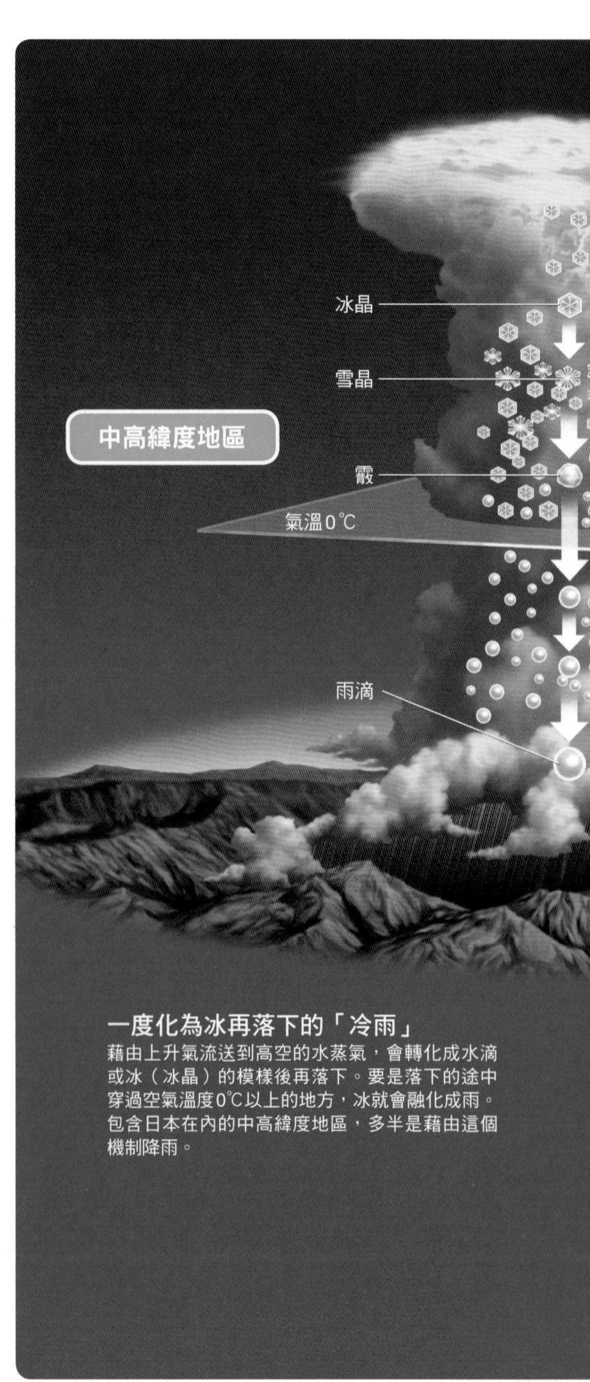

一度化為冰再落下的「冷雨」

藉由上升氣流送到高空的水蒸氣，會轉化成水滴或冰（冰晶）的模樣後再落下。要是落下的途中穿過空氣溫度0℃以上的地方，冰就會融化成雨。包含日本在內的中高緯度地區，多半是藉由這個機制降雨。

兩種雨的機制

圖片為暖雨和冷雨的機制。另外，「暖雨」和「冷雨」的詞彙是表示雨的形成機制，暖雨的溫度不一定比冷雨的溫度高。

雲的種類可分為10種

雲的形狀或大小取決於蘊含在大氣中的水蒸氣量和上升氣流的方向。

雲大致可以分類為2種，那就是朝水平方向擴張的雲和朝垂直方向發展的雲。兩者的差異在於氣流上升的方式。

水蒸氣量特別多的氣塊以巨大的速度垂直

十大雲型

雲可以依照其形狀或大小，大致分類為下圖的10種，稱為「十大雲型」。世界氣象組織（World Meteorological Organization，WMO）發行的《國際雲圖》（International Cloud Atlas），奠定了十大雲型和更加細分的雲分類體系。

積雨雲（cumulonimbus，Cb）
積雨雲是伴隨強烈上升氣流的雲，有時雲頂會位於平流層交界。積雨雲會降下強烈的雷雨或豪雪，有時還會帶來龍捲風。

雨層雲（Nimbostratus，Ns）
當大範圍的空氣緩緩上升時就會產生雨層雲。所以假如是因為雨層雲而開始下雨，就會是大範圍長時間的降雨。此時稱為「雨雲」。

積雲（Cumulus，Cu）
發展之後變成積雨雲。

上升時，雲就會朝上下高度發展。其中的典型範例就是「積雨雲」。

另一方面，水蒸氣量多的氣塊慢慢斜向上升後，雲就會往水平方向擴張發展。其中的典型範例就是「雨層雲」（nimbostratus）。

積雨雲和雨層雲都能降雨到地面上。水蒸氣多的時候，發展的積雨雲容易變成傾盆大雨，雨層雲則多半會下濛濛細雨。

除了積雨雲和雨層雲以外還有形形色色的雲，產生的高度或形狀各有不同。

高度5000公尺以上產生的雲是由冰粒組成，而不是水滴。另外，一團一團形狀的雲會出現在不同的高度，愈往高空，雲就顯得愈小。

雲的形狀大致可分為下圖的10種，稱為「十大雲型」。

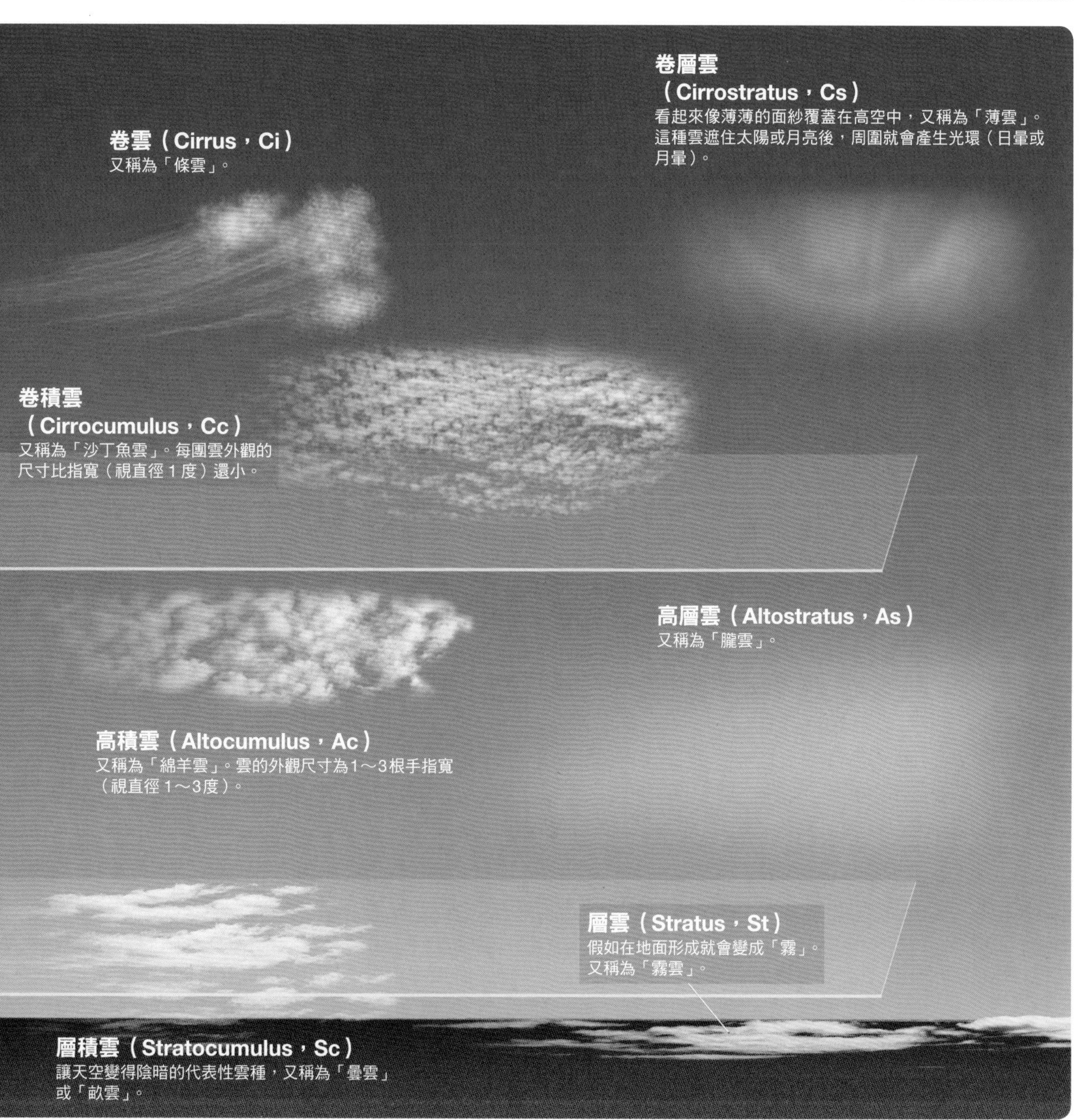

SECTION
19

Cumulonimbus life cycle

積雨雲的生命期

帶來大雨和大雪的積雨雲一生

積雨雲不只會在夏季下起雷陣雨，梅雨季末期帶來大雨的雲，抑或是颱風，都是由積雨雲組成的。這種雲有時會朝水平方向擴張幾公里～十幾公里，高度則會達到15公里。

積雨雲的產生是上升氣流所致（第66頁）。而在積雨雲成長之後，就會在雲中產生下降氣流。產生下降氣流的原因之一是雨滴落下時扯下周圍的空氣。另外，積雨雲的上半部即使在夏季也會形成雪，再於落下的途中融化成雨滴（冷雨）。這時，雪（雨滴）會從周圍的空氣奪走熱量，導致溫度下降和變重，產生下降氣流。

像這樣產生的下降氣流會抵消上升氣流，而單體的積雨雲從產生後30分鐘～1小時，就會迎向生命期終點而消失。不過，當積雨雲組織化，變成所謂超大胞（supercell）巨大積雨雲，持續時間就會變長。

積雨雲的生命期 只有1小時

大氣的狀態非常不穩定時，上升氣流就會抵達「對流層」（地球大氣層中最靠近地表的範圍）頂端，雲就沒辦法成長得更高，因而橫向擴展。要是雲中形成霰、雹或雨滴，落下時也會扯下周圍的空氣，寒冷的下降氣流就會逐漸增強。而當下降氣流增強後，就會抵消上升氣流，使得積雨雲減弱。積雨雲單體就像這樣，從產生後30分鐘～1小時左右就會消失。

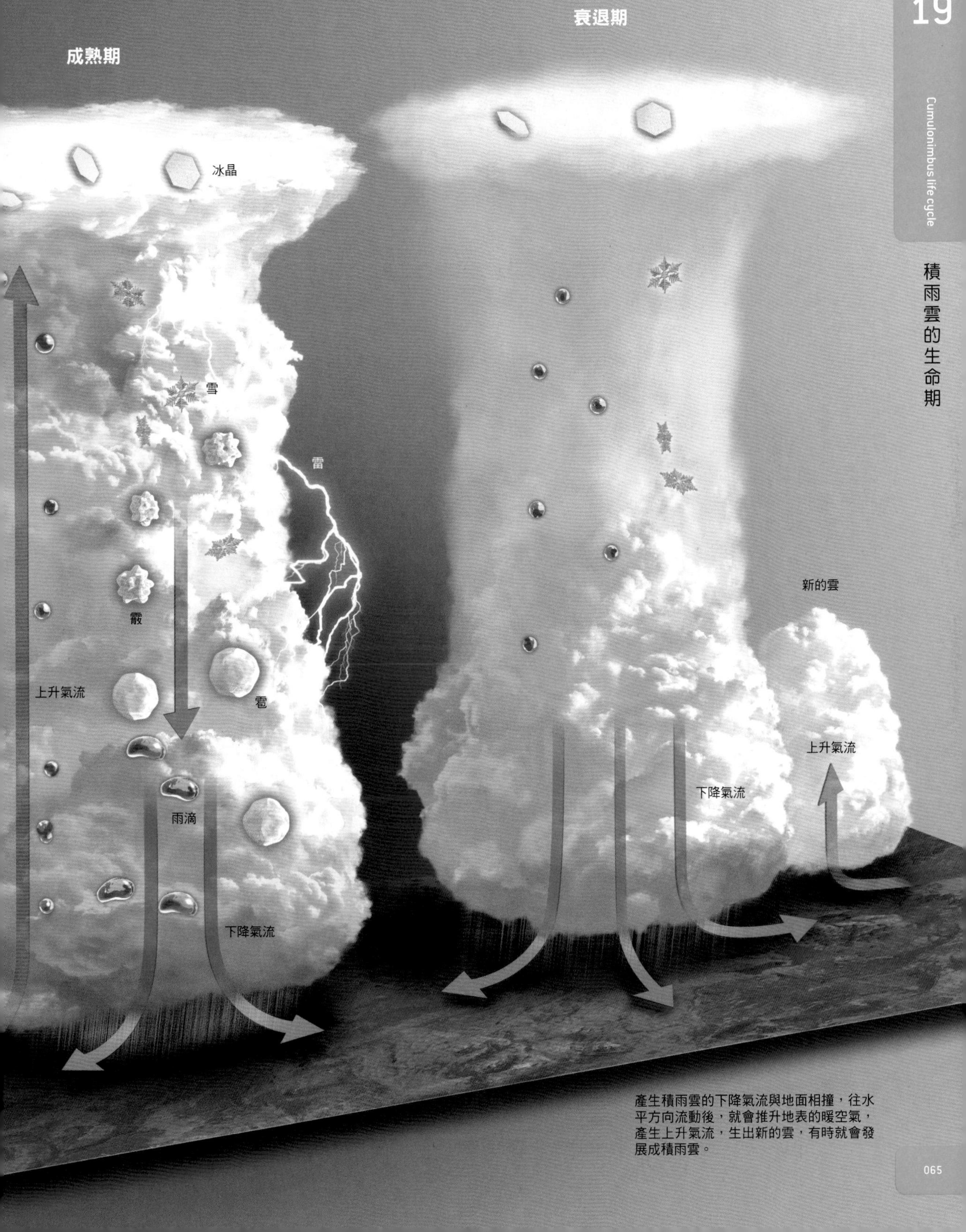

產生積雨雲的下降氣流與地面相撞，往水平方向流動後，就會推升地表的暖空氣，產生上升氣流，生出新的雲，有時就會發展成積雨雲。

「大氣狀態不穩定」時，容易發展出積雨雲

要發展出積雨雲，就需要地表推升的氣塊變成上升氣流，升往高空。

那麼，什麼時候空氣會上升呢？

通常，在高空的空氣比地面溫度還低的時候，空氣就會上升了。往上空推升的氣塊會膨脹，溫度下降。這時要是上升空氣的溫度比周圍高，氣塊就會比周圍輕，升得更高。

還有，地表附近的空氣很潮溼，也是空氣容易上升的原因。空氣中的水蒸氣會隨著上高空而化為水（雲粒）。當水蒸氣變化成水時，熱量就會釋放到周圍，雲中溼空氣溫度下降的速度就會趨緩。換句話說，溼氣塊比乾空氣更容易升高。

這樣看來，當接近地表的空氣溫暖潮溼，加上高空有冷空氣流入，地表與高空之間溫差大的時候，就可以形容成「大氣狀態不穩定」。這時積雨雲就容易發生和成長，天氣也就容易變壞了。

推升地表附近空氣的機制

氣象術語將暖空氣的團塊稱為「暖氣團」（warm air mass），冷空氣的團塊稱為「冷氣團」（cold air mass）。假如強烈冷氣團進入高空，高空和地表附近的溫差變大，積雨雲就容易產生和成長。然而光憑單純的大氣狀態不穩定，並不會發展成積雨雲，還必須具備「推升地表附近空氣的機制」。右圖為這個機制的範例。

鋒面

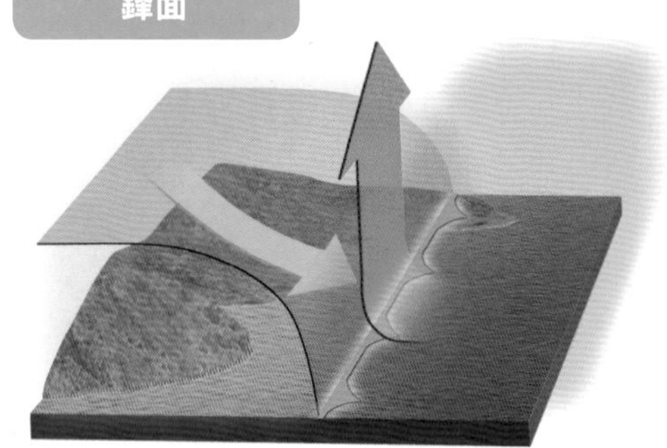

「鋒面」位在冷氣團和暖氣團接壤的交界上，會推升暖空氣。

當風越過山脈

當風撞上山之後，空氣就會被迫沿著斜面上升。

風的匯集處

低氣壓將風匯集之後，匯集的空氣就會上升。

不穩定的大氣狀態

假如地表附近的空氣溫暖潮溼，加上冷空氣流入高空，地面和高空之間就會產生巨大的溫差。這麼一來，就會造成「大氣狀態不穩定」，光憑稍微推升地面的空氣，就會產生上升氣流飛到高空。

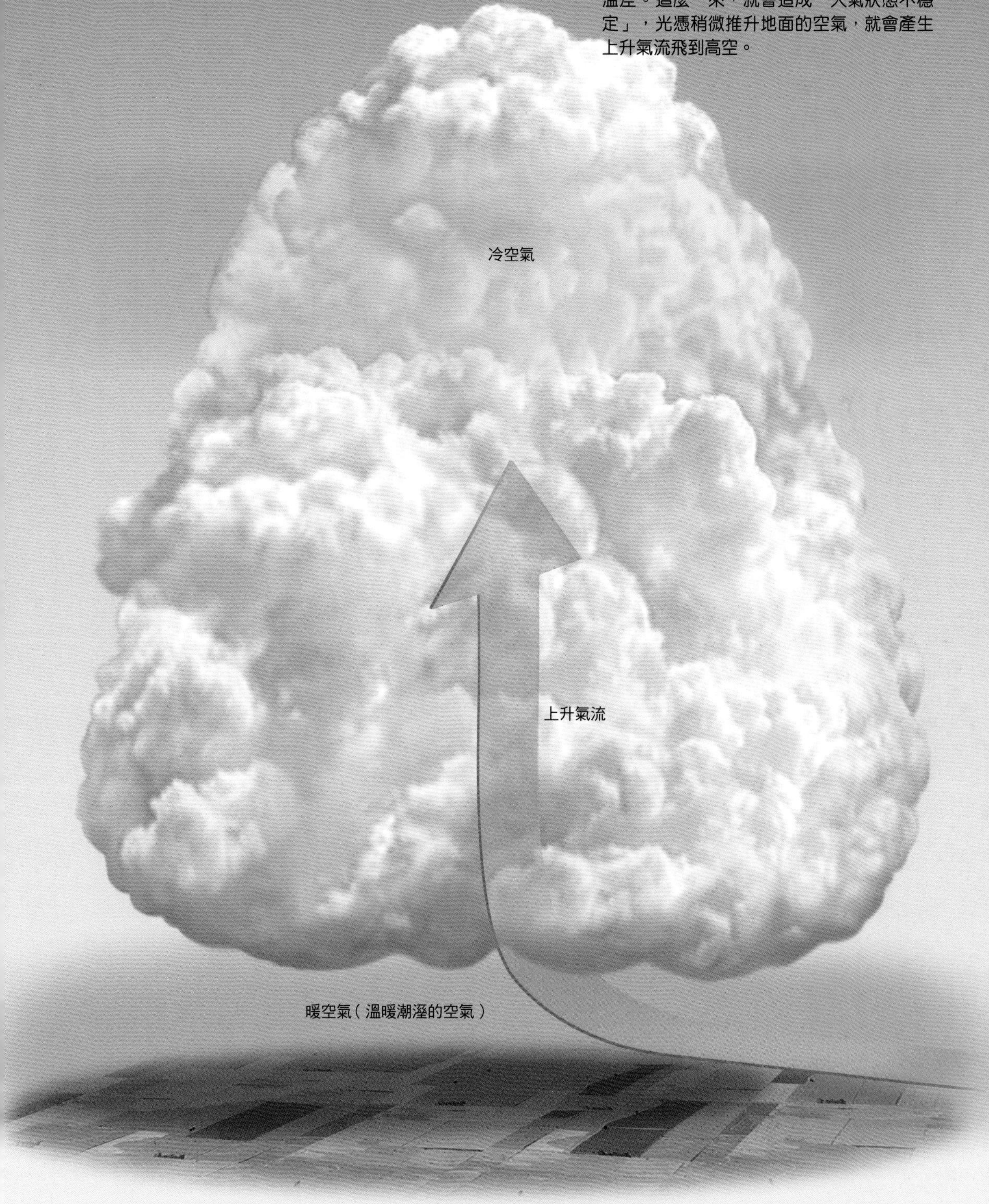

冷空氣

上升氣流

暖空氣（溫暖潮溼的空氣）

積雨雲匯集形成渦旋的「颱風」

「颱風」的真面目是許多積雨雲匯集而成的渦旋。赤道附近的低緯度海域水溫很高，容易因為風的相撞而產生上升氣流，陸續發展出積雨雲。這種由熱帶海洋形成的積雨雲，就會成為颱風的「種子」。

推升到高空的水蒸氣變成水滴（雲粒）時，就會朝周圍釋放熱量（凝結熱）。換句話說，就是積雨雲在釋放熱量。熱帶海洋上陸續發展的積雨雲會立刻聚成一團。積雨雲集團當中釋放的熱量會降低地面的氣壓，不久積雨雲集團就會變成「熱帶氣旋」（tropical cyclone）。

朝熱帶氣旋中心吹送的風，尤其是從溫度27℃以上的海平面供應的大量水蒸氣，會讓熱帶氣旋持續發展。若中心附近的最大風速超過每秒約17公尺，就稱為「颱風」。

右圖為颱風的結構模式。颱風的中心部分稱為「颱風眼」，幾乎無雲。原因在於吹進颱風的猛烈強風以逆時鐘旋轉，其離心力導致雲進不去中心地帶。

颱風眼的周圍會形成像牆壁一樣高聳的積雨雲（雲牆、眼牆）。朝颱風中心吹進來的風，會在颱風眼周圍的雲牆當中呈螺旋狀上升。這道上升氣流導致颱風眼周圍的雲牆增強，並為雲下的地區帶來猛烈的暴風雨。

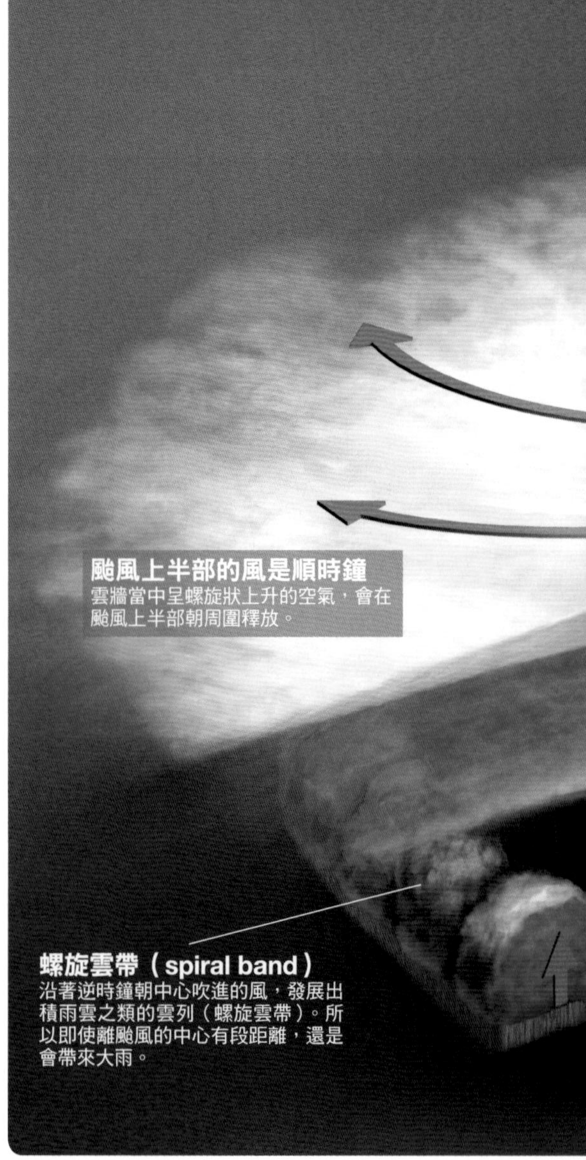

颱風的剖面圖

颱風會成長為水平方向半徑幾百公里，垂直方向十幾公里。圖片為讓結構簡單易懂，描繪時強調縱向的部分。「颱風眼」除了讓雲牆呈螺旋狀上升的空氣朝周圍吹出去之外，還會形成較周圍高10℃以上的輕暖氣塊，稱為「暖心」（warm-core）。這會讓地面的氣壓降低，從周圍吹進更多的風。右圖為美國國家航空暨太空總署（NASA）以衛星拍攝的颱風影像。

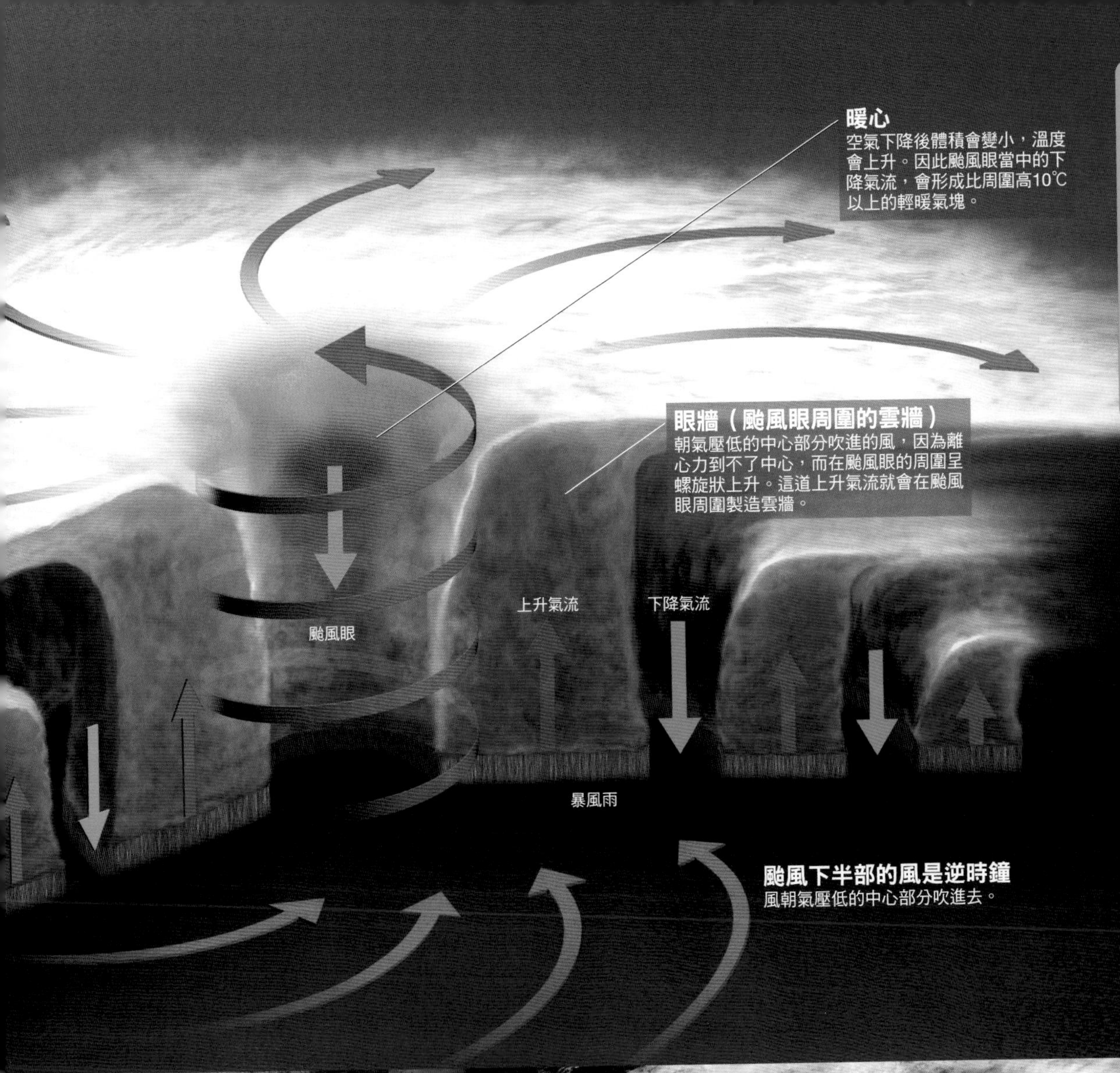

暖心

空氣下降後體積會變小，溫度會上升。因此颱風眼當中的下降氣流，會形成比周圍高10℃以上的輕暖氣塊。

眼牆（颱風眼周圍的雲牆）

朝氣壓低的中心部分吹進的風，因為離心力到不了中心，而在颱風眼的周圍呈螺旋狀上升。這道上升氣流就會在颱風眼周圍製造雲牆。

上升氣流

下降氣流

颱風眼

暴風雨

颱風下半部的風是逆時鐘

風朝氣壓低的中心部分吹進去。

穿過零下15℃的雲，雪晶就會急速成長

積雨雲上方即使在夏季也有雪。然而像雲粒這種非常小的水滴，就算到了0℃以下也不會輕易凍結，這種現象稱為「過冷」（undercooling），請參見右下專欄。

水滴（雲粒）要凍結就需要「核心」。雲中的土壤粒子（灰塵）或其他「氣溶膠」就能夠作為核心（冰晶核），讓水滴（雲粒）開始凍結。

依此過程產生的冰粒稱為「冰晶」（ice crystals），而冰晶黏附周圍水蒸氣的水分子並成長，就會形成雪晶。

藉由人造雪的實驗，已知雪晶的大小會因雲的氣溫而改變。尤其是穿過零下15℃的雲時，雪晶更是會急速成長。穿過雲之後，晶體的成長速度就會趨緩。另外，即使雲和大氣兩者的溫度大幅低於或高於零下15℃，晶體也不會變大。

要是雪晶落到地面之前沒有融化，就會形成「降雪」。另外，雪晶互相黏附變大後，會變成日本人所謂的「牡丹雪」。

結晶會因為雲中的溫度而改變形狀

雪晶的來源「冰晶」會在高空5000～6000公尺發展，並在零下25℃以下的雲中誕生。晶體會因成長的雲中氣溫或水蒸氣量而異，故有各式各樣的形狀。

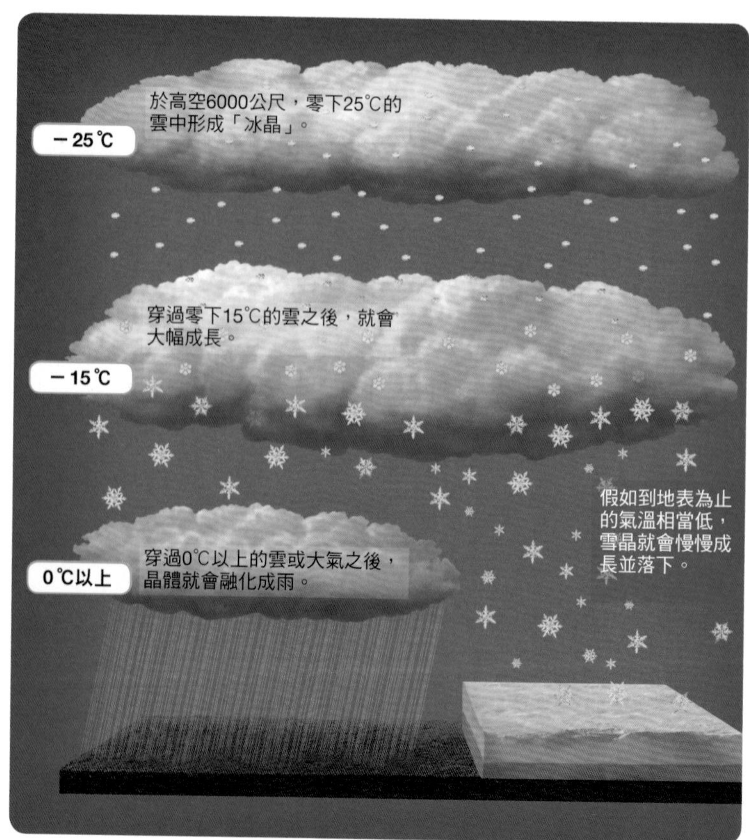

雪

雪和冰一樣是由水分子形成。不過雪並非「液態水凍結的產物」，而是「氣態水蒸氣凍結的產物」。換句話說，雪是跳過液體的狀態，直接從氣體形成的固體（雪晶的形成請見第75頁）。

專欄 COLUMN 冰點下卻不會凍結的「過冷」

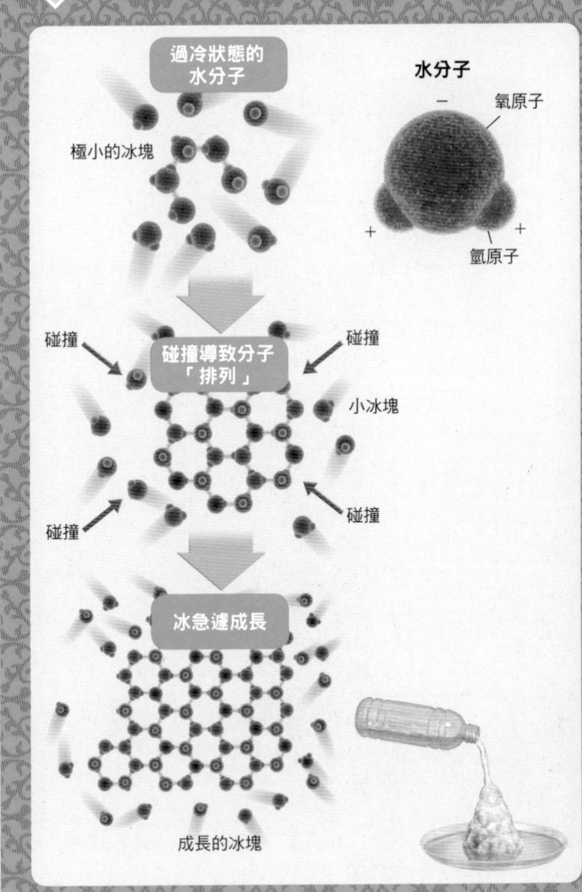

以下要列舉我們肉眼可見的「過冷」案例。首先將自來水裝進寶特瓶，放進冰箱盡量慢慢均勻冷卻。雖然長時間持續冷卻後會凍結，但若順利的話，即使在0℃以下也能製造出維持液體狀態的水。這個液體的狀態就是「過冷」。假如將這個寶特瓶慢慢從冰箱取出來，像圖片一樣將液體從高處注入器皿中，流下的水就會瞬間變成雪酪冰形狀的冰。

為什麼冰點下卻不凍結的水會急速凍結？水（液體）當中的水分子會在某個程度自由活動，反觀冰（固體）當中的水分子則會彼此強力連結，排得整整齊齊。換句話說，水為了變化成冰，水分子就必須「排列」。

然而，單憑將水慢慢冷卻，雖然會讓水分子的運動逐漸趨緩，卻不會導致「排列」。這種狀態就是「過冷」。從高處注入過冷狀態的水時，落下的衝擊才會導致「排列」。水分子強制遭到挪動後會發生「排列」，讓水中產生小型的「冰塊」。冰塊的性質在於體積小的時候容易四散分裂，體積大的時候容易變得更大。換句話說，假如瞬間形成尺寸在臨界之上的冰塊「核心」，水就會從那裡急速凍結。

看到雪晶的形狀，就能知道高空的溼度和溫度

雪晶有各種形狀。晶體的形狀會反映當初在幾千公尺高空的雲中成長的情況。因為晶體成長時，雲中的溼度和溫度會改變晶體的形狀。

發現這個現象的人是日本物理學家中谷宇吉郎（1900～1962）。

中谷成功製造出世界第一場人造雪。他將觀察結果繪製成圖表，縱軸為溼度，橫軸為溫度，就發現形狀相似的晶體集中在一定的範圍內。這個表就是專欄中的「中谷圖」。

中谷圖的本質在於「單憑觀察雪晶的形狀，就可以得知高空的溼度和溫度」。中谷由這項研究成果留下了一句名言：「雪是從天上寄來的信。」

中谷圖（Nakaya diagram）

中谷宇吉郎於1936年製造出世界第一場人造雪，並以人造雪的觀察為根據，於1951年發表研究結果。接著再將溼度、溫度和雪晶關係繪製成「中谷圖」（左圖）。中谷圖從發表算起歷經50年以上，至今仍享譽國內外。中谷圖的縱軸為溼度，橫軸為溫度。

圖中的實線或虛線是代表晶體形狀大致區別的分界線，實線的分界比虛線更明顯。另外，這張圖的縱軸標出100%以上的數值。能夠蘊含在空氣中的水蒸氣量（飽和蒸氣壓）取決於氣溫。氣溫愈高就愈多，愈低就愈少。

高於飽和蒸氣壓的水蒸氣會形成水滴（高空則是雲粒）。然而實際的大氣中，要是氣溶膠沒有變成核心，水蒸氣就不會變成水滴。水滴不會無緣無故形成。因此大氣中蘊含的水蒸氣量會超過飽和蒸氣壓，這時的溼度就會超過100%。

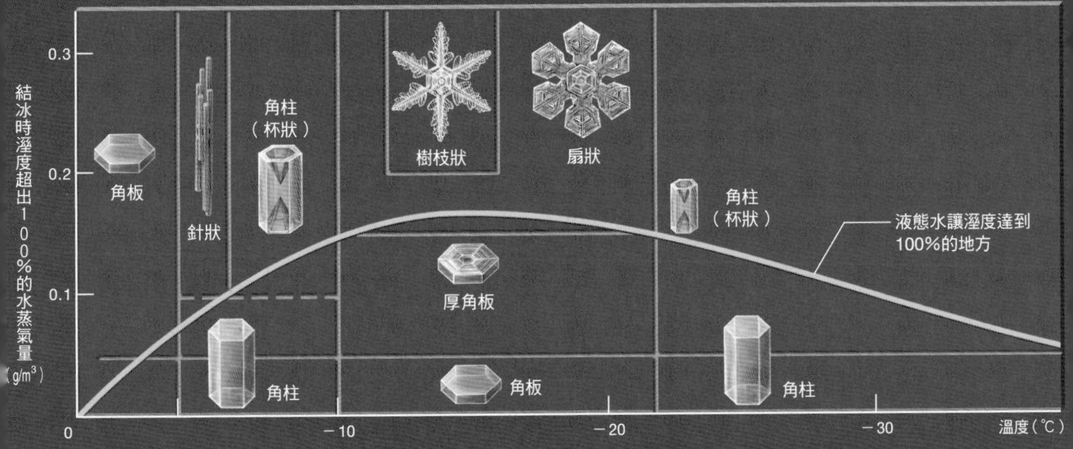

雪晶的圖解

上圖是日本北海道大學低溫科學研究所小林禎作(1925~1987)等人改良的發展型中谷圖。他們重新衡量水蒸氣量和其他相關數值，晶體的分界線變得更為明確。

各種雪晶

中谷圖將雪晶分類如下(細項經過歸納而成)。這裡所畫的內容可以對應到專欄和上圖。

屏風狀、杯狀

中空的六角柱晶體。尺寸在0.5毫米以下。

角柱

六角柱的晶體。尺寸在0.5毫米以下。

角板

六角形的板狀晶體。尺寸在0.5毫米左右。

厚角板

內部有洞的角板。尺寸為0.5~10毫米。

扇形

中央為六角形，從那裡延伸成扇狀。尺寸為2~3毫米。

樹枝狀

從中央延伸出樹枝狀的晶體。尺寸通常在2~5毫米左右，不過有時也會降下1公分的雪晶。

針狀

形狀像是捆起好幾根鉛筆。尺寸為1~2毫米。

雪晶或雹的成長機制

雪晶以肉眼可見，形狀千變萬化，只不過基本單位是六角形。原因在於形成晶體的水分子（H_2O）連結方式。水分子之間結合之後，就會產生具有穩定結構的六角柱冰晶。既然雪晶成長時以此為基本單位，所以變大後也會變成六角形。

另外，雪晶會朝單一方向成長，若非縱向延伸，就是橫向擴張。成長方向取決於氣溫，之後水蒸氣愈多，晶體結構就愈複雜。

反觀霰的成長則是雪在雲中落下的同時，捕捉過冷的雲粒（水滴）所致。因為是在旋轉的同時落下，所以會變成圓形。

假如積雨雲當中的上升氣流反覆讓霰回到高空而落下，就會成長為大冰塊「雹」。雹體積巨大，即使在夏季，在下降的過程也不會融化而落到地面。

立體晶體範例

這裡會列舉專欄中以110度相交的立體晶體範例。

放射樹枝
樹枝以110度的角度，從晶體的中心延伸成放射狀。既沒有上下之分，也往往沒有對稱性。這是實際降下的雪晶當中，與立體樹枝並列為最多的雪晶模式。

砲彈集合
上一頁介紹過的角柱晶體往往會分裂成兩個，形成一端是銳角的「砲彈晶體」。當2個以上的砲彈晶體前端拼湊在一起後，就會形成「砲彈集合」。砲彈和砲彈形成的角度多半為110度。

立體樹枝
主要由樹枝狀晶體或扇形晶體的「支幹」部分，以110度的角度長出晶體。於高空形成的雪晶下降時，朝下的那一面就會長出晶體。實際降下的雪晶當中，也可以看到許許多多的種類。

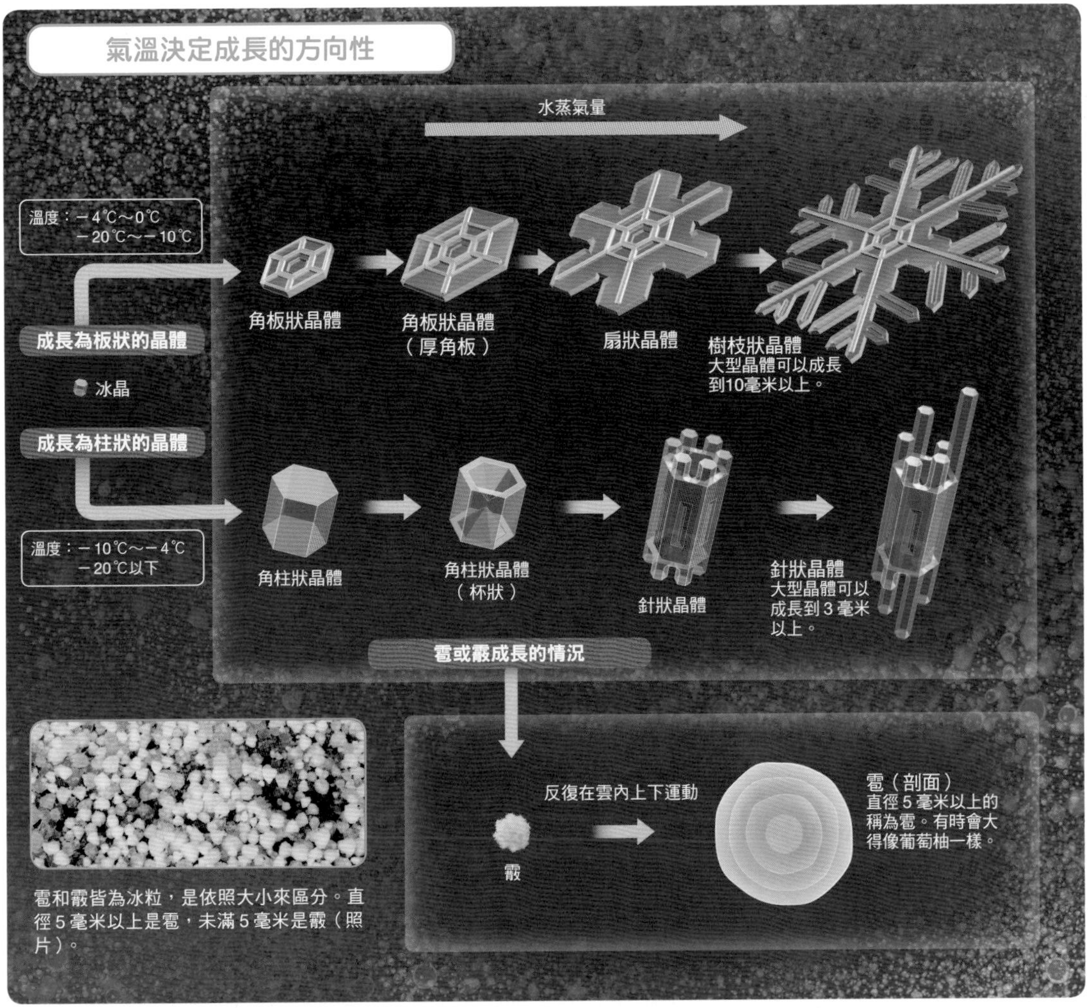

氣溫決定成長的方向性

水蒸氣量

溫度：－4℃～0℃
－20℃～－10℃

成長為板狀的晶體

角板狀晶體 → 角板狀晶體（厚角板） → 扇狀晶體 → 樹枝狀晶體

樹枝狀晶體 大型晶體可以成長到10毫米以上。

冰晶

成長為柱狀的晶體

溫度：－10℃～－4℃
－20℃以下

角柱狀晶體 → 角柱狀晶體（杯狀） → 針狀晶體 → 針狀晶體

針狀晶體 大型晶體可以成長到3毫米以上。

雹或霰成長的情況

霰 → 反復在雲內上下運動 → 雹（剖面）

雹（剖面）直徑5毫米以上的稱為雹。有時會大得像葡萄柚一樣。

雹和霰皆為冰粒，是依照大小來區分。直徑5毫米以上是雹，未滿5毫米是霰（照片）。

專欄 COLUMN 晶體和晶體以110度相交

兩個以上的雪晶組合時，就會形成一個晶型。許多雪晶會以110度的角度相交。比如左頁的「砲彈集合」，每個「砲彈」之間就有110度的開口。另外，「立體樹枝」也是從主幹的樹枝晶體，以110度成長出新的晶體。110度的角度和冰中水分子的排列有關。水分子由1個氧原子和2個氫原子組成。匯集兩個以上的水分子時，最穩定的結構就是如右圖所示的正四面體形狀。這時，正四面體面與面之間形成的角度即為110度。這個角度會反映在許多雪晶上，使雪晶以110度立體相交或成長。

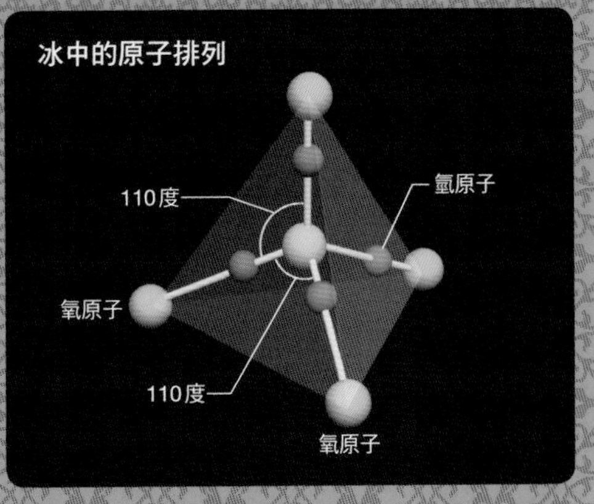

冰中的原子排列

COLUMN

為什麼會看見海市蜃樓？

「海市蜃樓」是大氣中的光線折射率改變所引發的現象，氣象學上稱為「蜃景」（mirage）。

空氣的密度會因溫度而改變（第38頁）。溫度低，密度就變大。在密度變大之後，光線穿越其間的折射率也會變大。光線穿過暖空氣層和冷空氣層的交界時，折射率會改變，光線會彎曲，於是就看見虛像了。

灼熱的柏油路看起來像水，漂浮在海上的顛倒大樓

日本以海市蜃樓景點聞名的就屬富山灣了。然而，就如下面東京灣的圖像所示，海市蜃樓在日本全國各地都看得到。

另外，不只是海上如此，炎炎夏日讓柏油路發燙之後，馬路的另一端看起來也會像水面一樣。這種現象又稱為「假水」（右上）。藉由光線的折射，將看似遙遠的低空往下翻轉，以至於馬路顯得很像積水。可見海市蜃樓不足為奇。

有的看似往上延伸，有的看似上下顛倒

海市蜃樓出現的方式就如右下方的圖所示，包括看似往上延伸的海市蜃樓、看似上下顛倒的海市蜃樓，以及看似往下翻轉的海市蜃樓等。

當下面是冷空氣層，上面是暖空氣層，交界處的溫度變化緩慢時，光線會小幅彎曲，往上方延伸。反過來說，要是溫度變化快，光線就會大幅彎曲，往上翻轉，稱為「上蜃景」。

影像朝下翻轉的則稱為「下蜃景」。發生原因與上蜃景相反，當暖空氣層在下面，冷空氣層在上面時，光線在交界處就會朝冷空氣彎曲。海市蜃樓以下蜃景較為常見。

下蜃景
出現在東京灣的海市蜃樓。建築物的上空往海面翻轉，使得物體看似浮在海上，稱為「浮島現象」。

假水

道路盡頭看似水面，是因為光線在炎熱地面和上方空氣的交界處折射，使得天空的影像翻轉到地面上，因此稱為「假水」。就算想靠近，水面會好像在逃離，在日本亦有「逃水」之名。

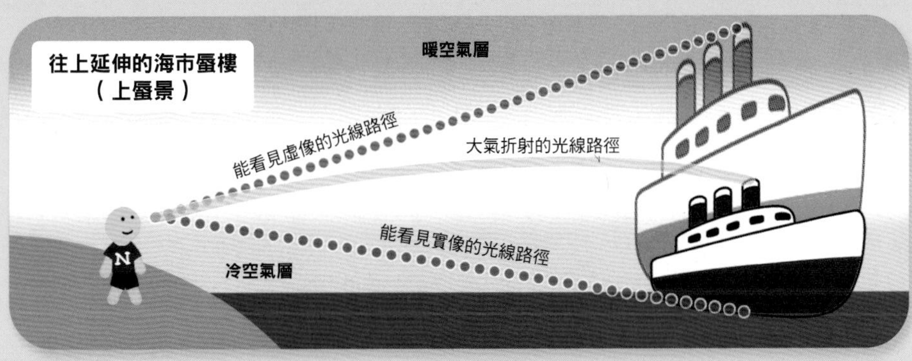

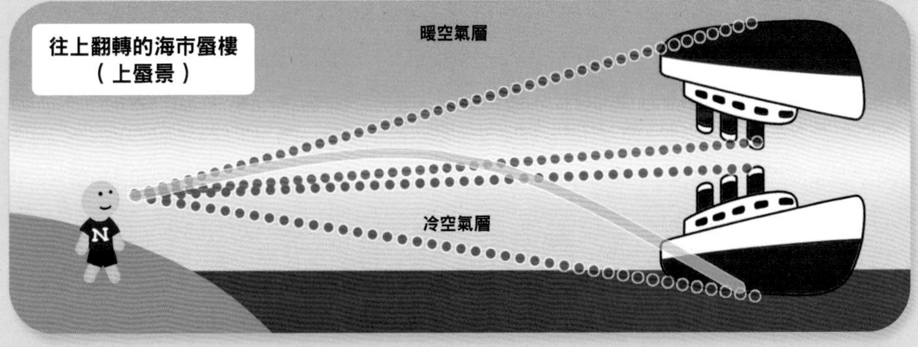

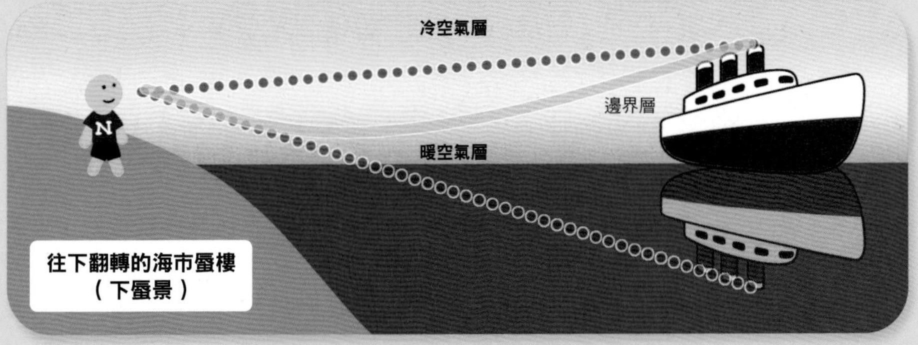

3 海洋與氣象

Sea and weather

地球的水有97.4%是海水

地球表面有 7 成由海水覆蓋，且海洋平均深度達到3.7公里，積存的水量有13.5億立方公里之多。也就是說，地球上的水有97.4%是海水，占絕對多數。

大量的水蒸氣會從海洋蒸發，供應給大氣，大氣再往陸地移動並降雨。所以海洋也會透過大氣，將水供應到陸地。

來自海洋的蒸發量全年高達42.5萬立方公

地球上的水在哪裡？

圖片為地球上的海洋、陸地，以及大氣中存在的水的體積。另外，黃色的箭頭表示水在 1 年來於海洋、陸地及大氣之間移動的體積（寬度和體積成正比）。由於海水的蒸發，使得大量的水從海洋移動到大氣。同時也有大量的水化為雨，從大氣往海洋移動。

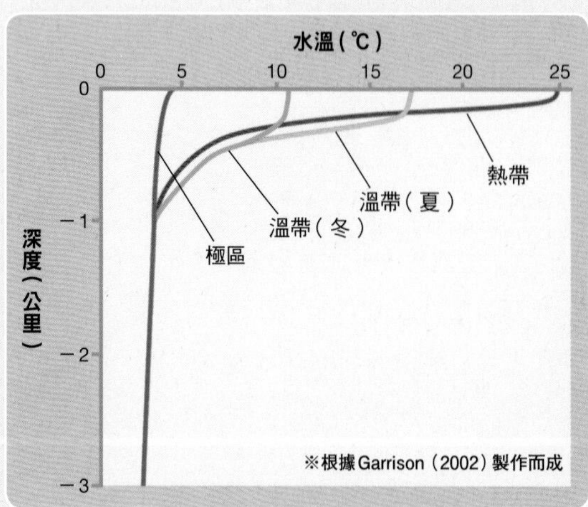

溫暖的只有海的表面

圖表呈現的是海洋的深度和水溫的關係。即使是溫暖的熱帶海洋，水深幾百公尺處也會急速降溫。到了水深1000公尺以下，不管緯度多少，均為5℃以下的冰冷海水。水溫會隨著深度急速下降，水深幾百公尺以內的海水層稱為斜溫層（thermocline）。

里。這是1年海面下降1.2公尺（1天3毫米）的量。然而，與蒸發量幾乎相同的水會化為雨或雪降到海洋和陸地，降到陸地的水多半會從河川流入海洋，所以實際上海面並沒有下降。

海水的溫度最低只會到零下2℃（北極等地），最高只會到30℃（熱帶地區）。換句話說，海洋溫度的變動在30℃左右。另一方面，陸地的氣溫最低為零下90℃（南極），最高也是將近70℃（伊朗的沙漠），溫差最大可達160℃。

無論在海面水溫多高的海域，5℃以下的冰冷海水也會遍布在水深幾百公尺到1000公尺處（左下方的圖）。接近表面的溫暖海水，不過是整個海洋極少的一部分。然而，薄薄的表面層發生的水溫變化或與大氣的關係，會大幅影響大氣的變化。

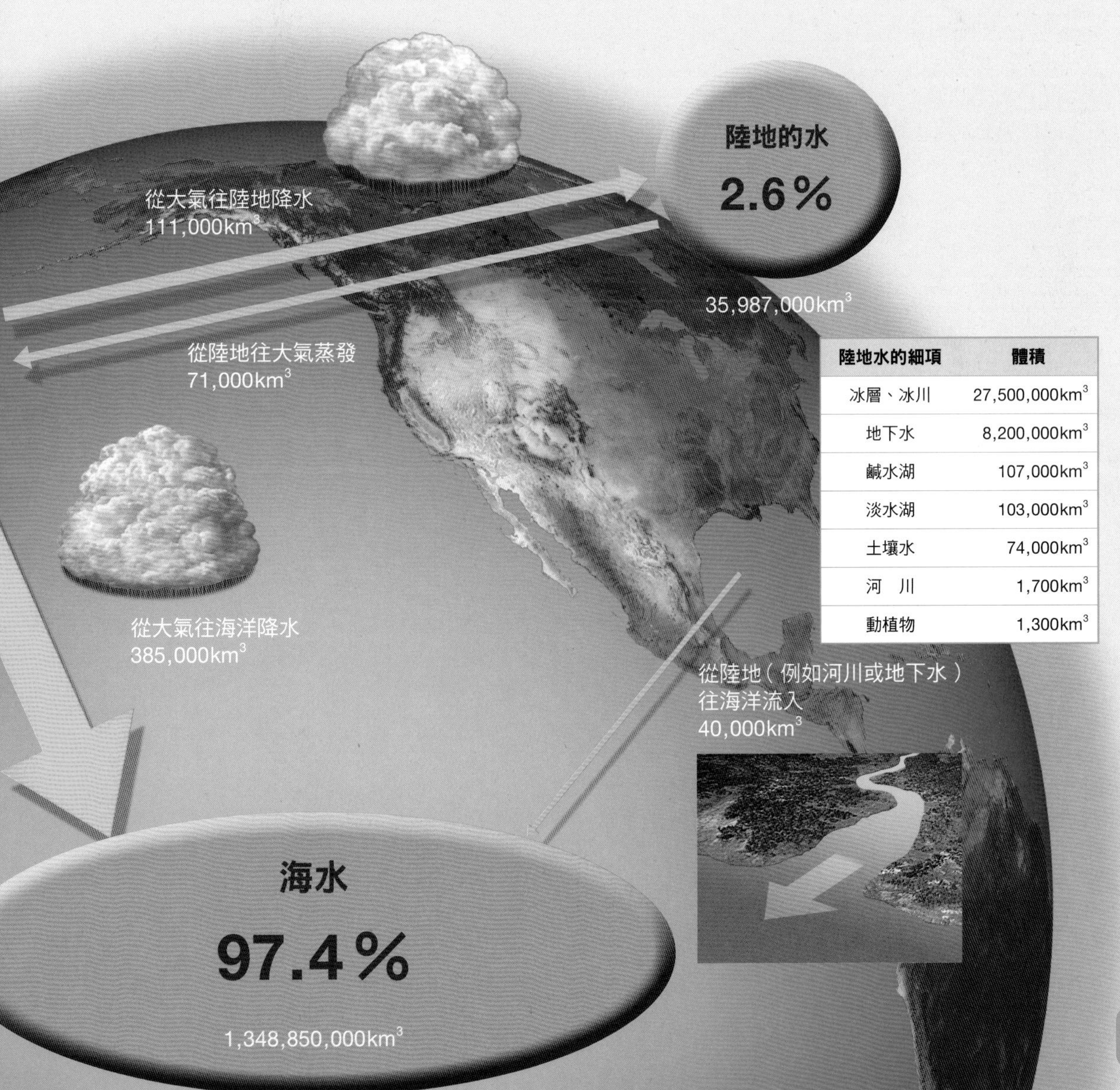

陸地水的細項	體積
冰層、冰川	27,500,000km^3
地下水	8,200,000km^3
鹹水湖	107,000km^3
淡水湖	103,000km^3
土壤水	74,000km^3
河　川	1,700km^3
動植物	1,300km^3

巨大的熱能使海洋驅動大氣

海面的水蒸發為水蒸氣時，就會從海洋奪走熱量，也就是水溫會下降。水蒸氣送到高空後，則會冷卻為細小水滴的集合體，也就是會變成「雲」，與蒸發相反，熱量會釋放到空氣中。熱量就是藉由這一連串的現象，從海洋往大氣移動。

海水比空氣或陸地難升溫，也難以冷卻，溫度變化困難有時會儲存許多熱能。由於地球海水的質量約為大氣的270倍，因此海洋能夠儲存的熱能約為整體大氣的1000倍（≒4×270）。

假如海水給予空氣熱能，會發生什麼事呢？獲得熱量供應而升溫的空氣會膨脹，密度變小（變輕）。空氣輕盈的地方，「氣壓」會變得比周圍低。於是空氣就會從氣壓高的地方往低的地方移動，產生空氣的流動。儲存大量熱能的海洋，隱藏著驅動大氣的巨大動力。

少量的海水也會讓大量的空氣升溫

海水比空氣難升溫４倍，密度也大了約900倍。因此，海水１公升的熱能相當於空氣3600公升（＝4×900）的分量。空氣升溫後會膨脹，密度變小，於是氣壓就下降了。要是氣壓與周圍產生差異，空氣就會試圖從氣壓高的地方往低的地方移動，形成流動。將熱量給予空氣，就會造成空氣的移動。

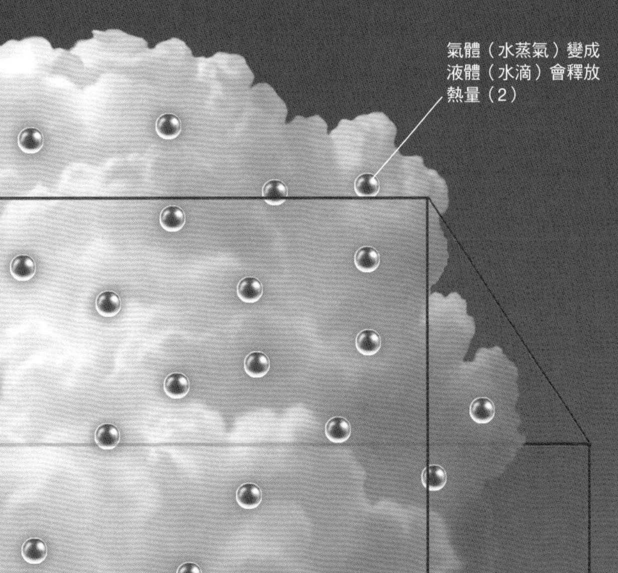

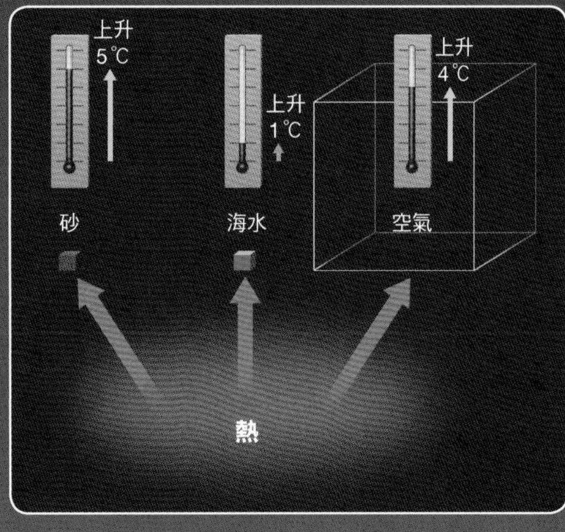

海水比砂、空氣更難升溫

圖片是給予同樣重量（質量）的砂、海水及空氣同樣熱量時，溫度上升的差異。砂的溫度上升5℃時，海水溫度只上升1℃。另一方面，空氣則會上升4℃。換句話說，海水若要上升到同樣的溫度，就需要比砂或空氣獲得更多的熱量。讓1公克物質的溫度上升1℃所需的熱量稱為「比熱容」（specific heat capacity）。海水的比熱容比砂或空氣大好幾倍。比熱容大，就表示難以升溫亦難以冷卻。

液體（海水）變成氣體（水蒸氣）時會吸收熱量（1）

海水1公升

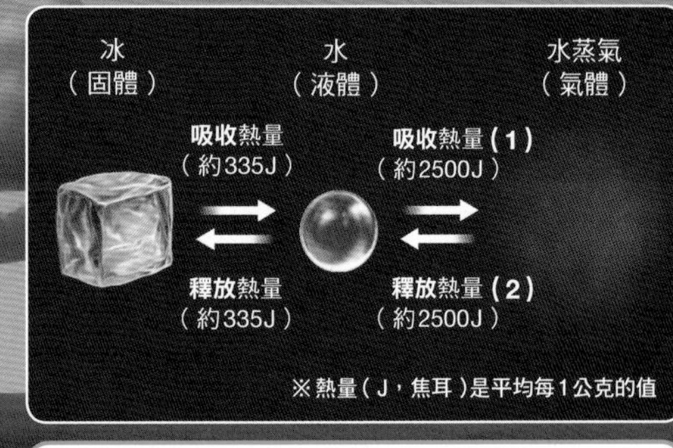

雲形成時，一定會釋放熱量

當水的狀態變化成固體、液體及氣體時，水會從外部吸收熱量或釋放熱量。水（液體）蒸發為水蒸氣（氣體）時會吸收熱量（1）。反過來說，水蒸氣變成雲（因為是小水滴的集合體，所以是液體）時則會釋放熱量（2）。

SECTION 27

Ocean current

洋流

洋流環繞世界各大洋

世界主要的洋流

地圖上標示的是世界主要的洋流，暖流為橘色，寒流為藍色。只要仔細觀察每個地區，就會發現除了這裡標示的洋流之外還有很多種類。

「洋流」（ocean current）是一種海水的流動，也稱為「海流」，總是大致朝著同樣方向流動。海水的流動還有反復漲潮和退潮的「潮汐」造成的「潮流」。然而，潮流會隨著時間改變流動的方向，不能算是洋流。

世界的海洋流動著各種洋流，規模大小不同。實際洋流的流動更為複雜，這裡會簡化表示。另外，海洋深處也有洋流流動，這裡只標出在海洋表層附近流動的洋流。

看看世界洋流的分布，就會明顯發現北半球的洋流朝順時鐘方向流動，而南半球的洋流朝逆時鐘方向流動。洋流不像河川一樣從上游流到下游 1 次就結束，流過的水會在巡迴大洋一圈後再次回歸，為一種大規模的水循環系統。另外，帶給空氣熱量的洋流稱為「暖流」，奪走空氣熱量的洋流稱為「寒流」。洋流藉由輸送熱量或各式各樣的物質，帶給地球環境巨大的影響。

產生洋流的原動力是海面上的風

歸根究柢，洋流這種海水的流動也是由風造成。只不過，實際的洋流不會單純朝風吹的方向流動。我們就以太平洋北半球側的洋流為例。

風原本的行進方向會因科氏力而往右偏（第32頁），海水的移動方向也一樣會往右偏。接著往右斜方移動的海水，就會牽動到正下方的海水。因此，海水的移動方向會像這樣隨著水深不斷往右偏，整個海水往右偏離風的行進方向90度，稱為「艾克曼輸送」（Ekman transport）。

位於赤道稍北的信風及中緯度地區西風正下方的海水，就會藉由艾克曼輸送匯集在兩者之間。海水匯集之後海面會上升，水壓變得比周圍高（右圖1）。

為了消除水壓的差距，匯集而來的海水就會從海面沉到下層，穿過艾克曼輸送發生層的更下方，試圖往周圍擴張。這時科氏力會讓海水往周圍擴張的行進方向往右彎（右圖2）。結果就會產生順時鐘的海水環流。

只不過，單憑這樣不會變成黑潮般強勁的洋流。科氏力愈往高緯度作用愈強，導致海水環流的中心點往西側偏移。結果大洋西側就會形成幅度狹窄的急流（比如黑潮），除此之外則大多變成非常緩慢的水流。

科氏力和艾克曼輸送

為了方便起見，這裡會假設已經知道海水分層的狀態。只要風一吹，第1層的海水就會被吹送，第1層海水的動向再牽動第2層的海水，藉由這種方式陸續將海水的動向往下層傳遞。這時由地球自轉而產生的科氏力，會讓北半球海水的移動方向往右偏，愈下層就愈偏。結果，整個海水移動的方向就會往右偏離風向90度。

1. 藉由艾克曼輸送匯集海水

就像信風或西風一樣，地球旋轉時會吹送方向大致相同的風，進而牽動下面的海水。海水的移動方向受到科氏力影響形成艾克曼輸送，往右偏離風向90度。結果，海水就匯集在兩道風之間，海面上升，水壓也會提高。

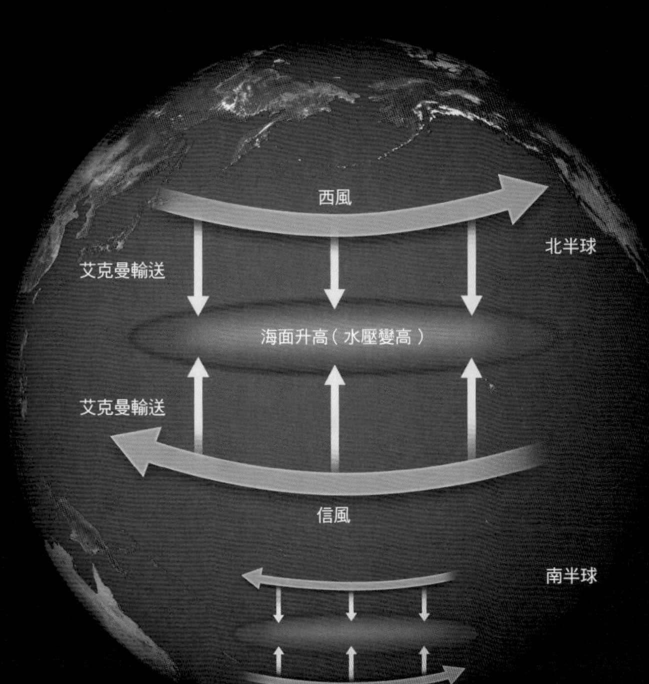

2. 往周圍流出的水形成環狀

由於海水藉由艾克曼輸送匯集，水壓提高，海水會移動以消除該情況。科氏力緯度愈高作用愈強，使得海水環流的中心往大洋的西側偏移，導致大洋的西側變成急流。黑潮或灣流（墨西哥灣流）變成急流的原因就在於此。另外，科氏力緯度愈高作用愈強的原因在於地球是圓的（球形）。可以說就因為地球是圓的，才會產生強勁的黑潮。

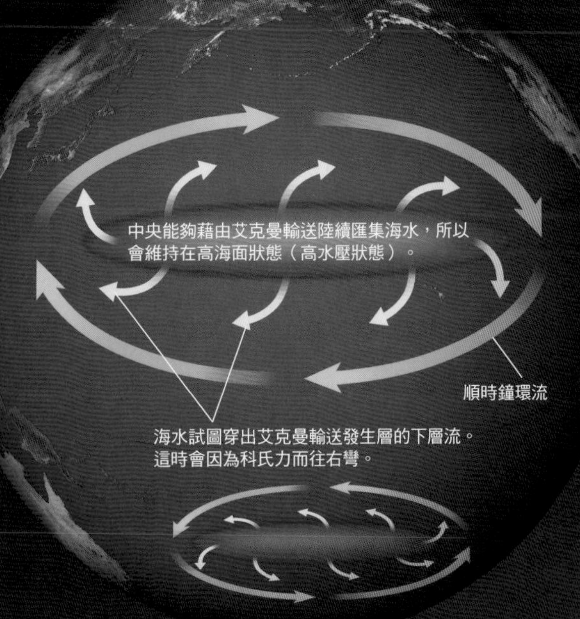

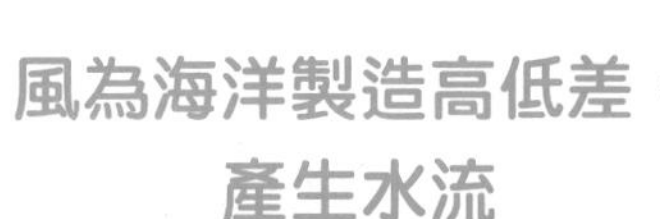

風為海洋製造高低差，產生水流

這裡是以形成北半球大洋的「副熱帶環流」為例說明。南半球的副熱帶環流基本上也是以同樣的機制生成。不過南半球的科氏力是反向運作，所以環流的方向也會變成逆向。

海洋的溫度決定世界的氣候

下圖的不同顏色是表示北半球7月夏季來臨的平均海面水溫。海水愈接近赤道愈溫暖（紅色），往北極和南極則有逐漸變冷（藍色）的傾向。這是因為愈接近赤道，太陽就愈會從正上方照射，地球表面接收的單位面積平均太陽能就會愈多。

只要仔細觀察海水溫度的分布，就會發現有些地方不見得符合愈靠赤道愈暖，愈靠極

7月的海面水溫與洋流

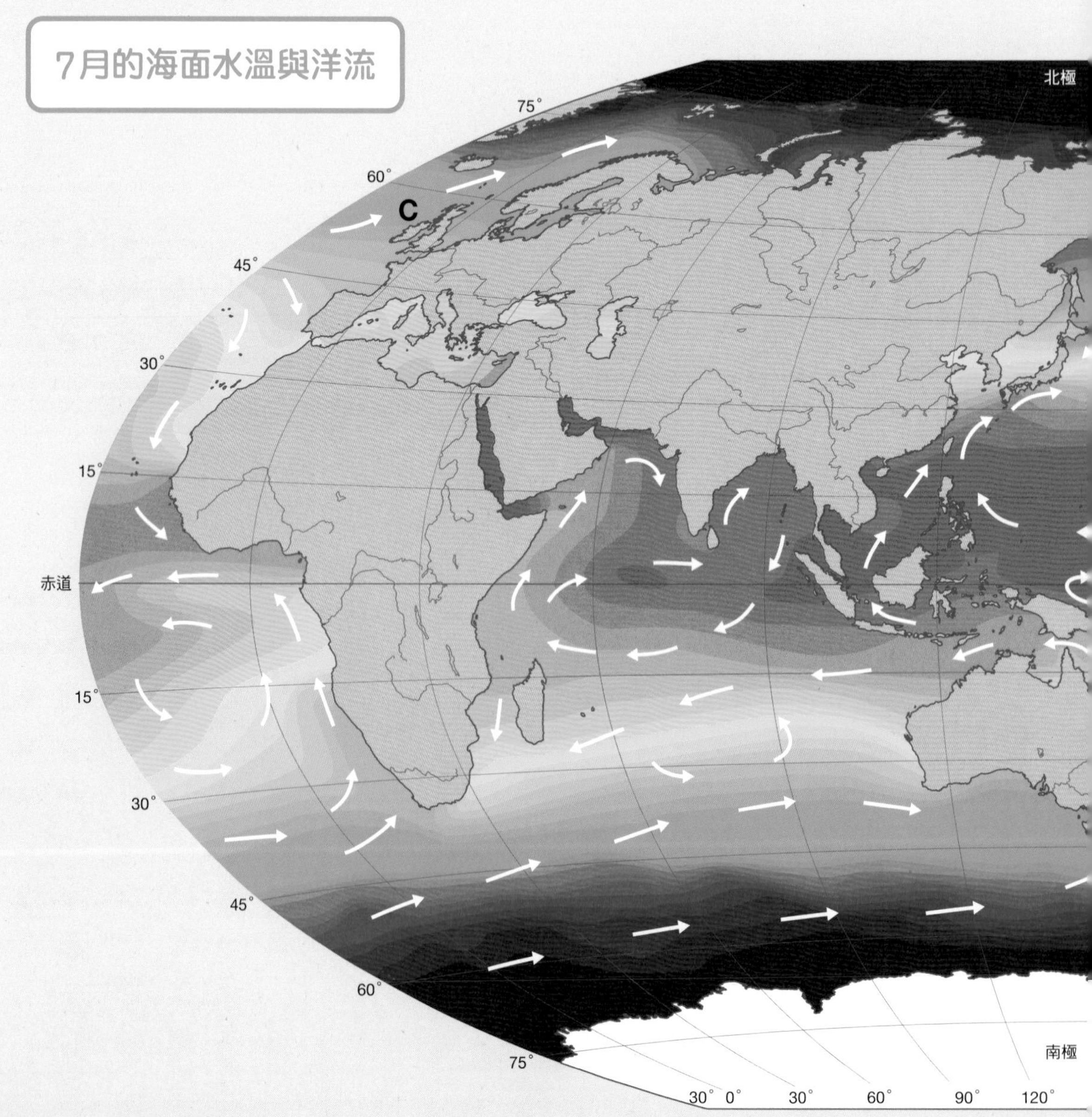

地愈冷的規律。比如太平洋東部（圖中的A地點）雖然接近赤道，卻遍布20℃左右寒冷的海水。與太平洋西部同緯度地區（B地點）遍布將近30℃的海水互為對比。

另外，英國周圍（C地點）雖然緯度高，卻被10℃左右的海水圍繞。考慮到太平洋北部同緯度（D地點）的海面水溫在5℃左右，這樣的海水溫度顯得相當溫暖。

這種海水溫度的分布導致世界各地形成特殊的氣候，有些位於低緯度卻寒冷，有些高緯度地方卻很溫暖。

畫在圖中的白色箭頭表示「洋流」。只要比較洋流和水溫分布，就可以看出洋流會推送溫暖的海水，影響水溫分布。這種水溫分布或海水的流動帶給世界各地氣象種種的影響。我們將在第4章對全球的氣象有更加詳細的解說。

圖片為7月的平均海面水溫與洋流。海面愈紅就表示愈高溫，愈藍就愈低溫。以白色箭頭畫出的是洋流。比對洋流和水溫分布後，就會發現洋流會推送溫暖的海水或寒冷的海水，影響水溫分布。

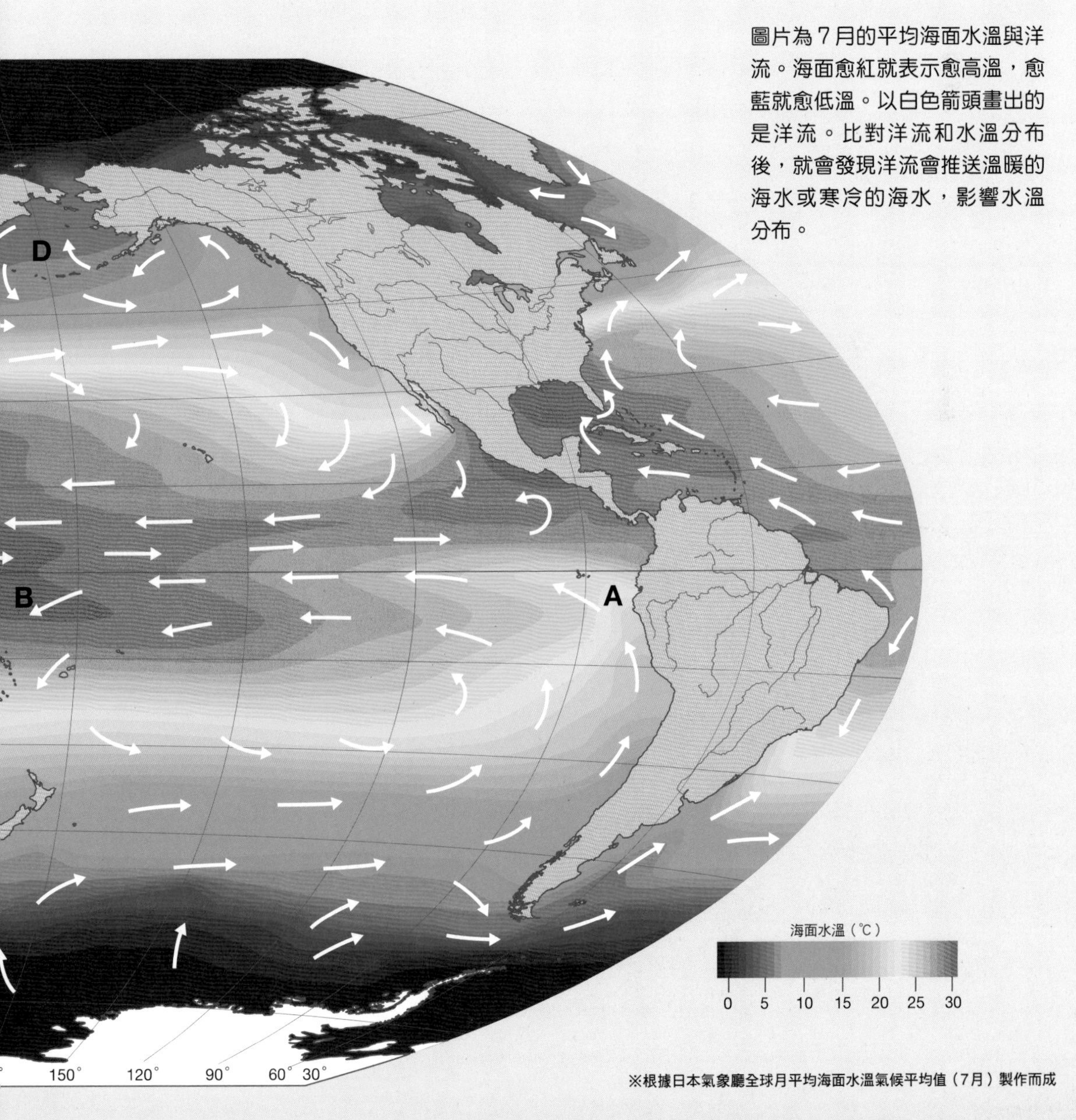

※根據日本氣象廳全球月平均海面水溫氣候平均值（7月）製作而成

調節陸地氣候的海洋

沿海地區存在大量的水，夏季時白晝的低溫潮溼海風從海洋吹進陸地，降低陸地的氣溫。而到了冬季，因為沿海地區水蒸氣多，使輻射冷卻（夜晚地表釋放熱量冷卻的現象）減弱，海洋累積的熱量也會傳到陸地上，所以陸地的氣溫不易下降。因此，晝夜溫差或季節溫差縮小，這種氣候稱為「海洋性氣候」（oceanic climate）。相形之下，離海較遙遠的內陸地區，夏季白晝的氣溫上升，冬季的氣溫則節節下降，晝夜溫差或季節的溫差擴大，稱之為「大陸性氣候」（continental climate）。

這種傾向以幾乎沒水的高緯度沙漠地區最為顯著。比如位在蒙古戈壁沙漠的城市達蘭扎德嘎德（北緯43.3度），7月的平均最高氣溫為34.1℃，平均最低氣溫為9.8℃，1月的平均最高氣溫為2.9℃，平均最低氣溫達到零下27.0℃。

這樣可以看出，海洋在穩定氣候上扮演了多麼重要的角色。

即使緯度相同，氣候也會因沿海和內陸而改變

儘管澳洲大陸的兩座城市：田南特克里克（Tennant Creek）和唐斯維（Townsville）幾乎位在同一個緯度（南緯約19度），氣候卻相差甚遠。這是因為離海的距離不同所致。

夏季的田南特克里克氣候乾燥，時有熱風吹拂

白天的地表溫度因太陽的熱量而增高，熱空氣變成上升氣流。由於附近沒有海洋或湖泊，所以從周圍吹進來的風乾燥炎熱。對生命來說當地環境相當嚴酷，棲息的動植物稀少。12月（夏季）的平均最高氣溫為37.2℃。

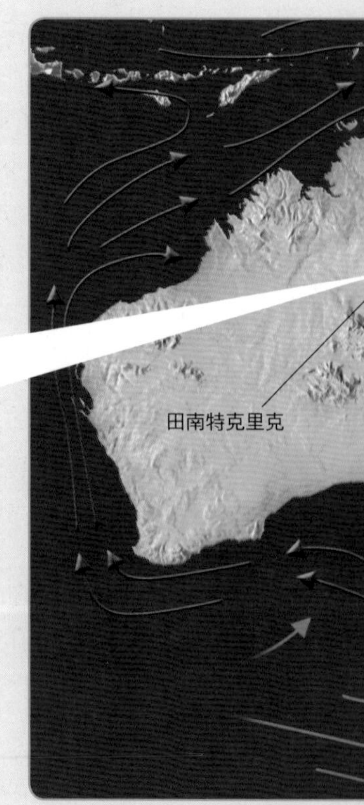

海洋影響氣候

圖片是以澳洲的兩座城市為例。陸地比海洋容易升溫和冷卻。夏季的白晝，陸地變得比海洋熱，陸地的上空會產生上升氣流。雖然沿海會吹進潮溼的海風，內陸吹的卻是乾燥的風。冬季的夜晚則海洋比陸地溫暖。沿海水蒸氣多使輻射冷卻減弱，雖然海洋累積的熱量也會傳遞到陸地上，卻不會傳遞到內陸。

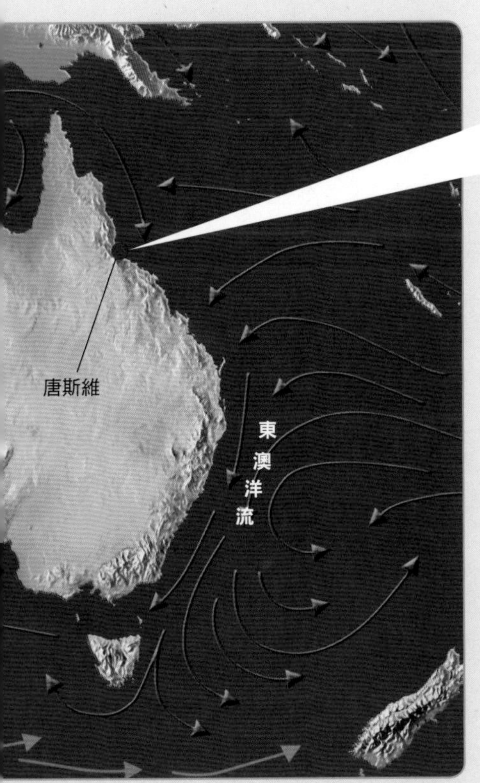

夏季的唐斯維吹拂低溫潮溼的海風

此地白天的陸地溫度比海洋高。地表附近變熱的空氣形成上升氣流，將低溫潮溼的海風從海洋吹進陸地。由於海風降低了地表的溫度，所以地表不會變得太熱。12月（夏季）的平均最高氣溫為31.4℃。

SECTION 31

Tropical cyclone

熱帶氣旋

颱風、颶風及氣旋只會在海上生成

熱帶氣旋會依照發生地稱為「颱風」，「颶風」（hurricane）或「氣旋」（cyclone），請參見下方的專欄。

颱風發生和成長必須要有大量的水蒸氣。

大量的水蒸氣順著上升氣流送到高空，變成雲後釋放熱量。藉由這份熱量升溫的氣塊會變輕，具有浮力，引發更強勁的上升氣流，於是形成超過1萬公尺的積雨雲。

大量積雨雲匯集的地方，空氣升溫膨脹，氣壓下降。接著空氣就從周圍吹進來，開始在地球自轉的影響（科氏力）之下慢慢捲起渦旋。北半球捲起渦旋的方向是逆時鐘。邊捲起渦旋邊吹進來的風從周圍匯集水蒸氣，讓積雨雲愈益成長，因而產生颱風。

要維持颱風發生和成長的循環，就需要大量的水蒸氣。而熱帶或副熱帶溫暖的海洋海面水溫約為27℃以上，能夠供應颱風所需的水蒸氣，所以颱風會在這個地區誕生。

專欄 COLUMN 名稱因發生地區而異的「颱風」、「氣旋」及「颶風」

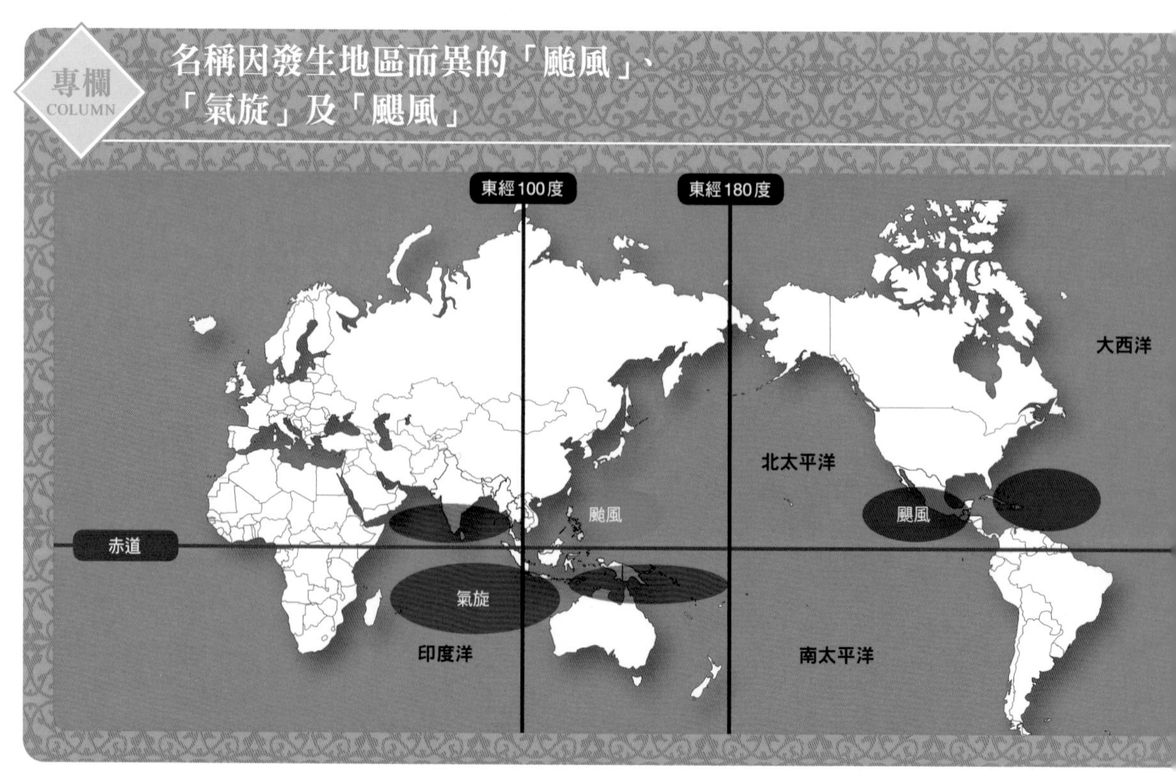

颱風的一生

圖片為颱風興衰的模式。颱風出現後，邊移動到溫暖的海上邊增強勢力，再於寒冷的海上減弱勢力。由於是出現在北半球，所以渦旋就會如圖所示，朝逆時鐘方向旋轉。

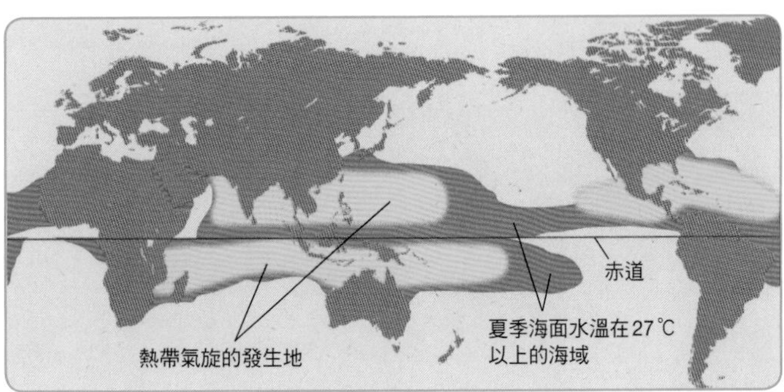

颱風產生的地點和發生條件

圖片上標示了「熱帶氣旋」含颱風在內的主要發生地（黃色），以及夏季海水溫度在27℃以上的海域（粉紅色）。但赤道上不會出現熱帶氣旋，因為「科氏力」不會在赤道上作用。沒有科氏力，就無法捲起所需的渦旋讓熱帶氣旋發生。除此之外，高空的大氣潮溼，或是地表附近與高空的風力差距不大，也是熱帶氣旋出現的必要條件。

「颱風」、「氣旋」及「颶風」都是熱帶氣旋。颱風指的是發生在東經180以西的北太平洋和南海的熱帶氣旋；颶風指的是發生在大西洋和東經180以東太平洋的熱帶氣旋；氣旋指的則是發生在孟加拉灣、印度洋及澳洲近海的熱帶氣旋。另外，這三者的差異除了發生地不同之外，中心附近的風速和其他認定數值也各有不同。

COLUMN

波浪是如何形成的呢？

海邊有大小不一的波浪源源不絕地拍打又後退。這些波浪是如何形成的呢？

波浪可依形成的方式分為好幾種。主要有吹拂在海面上的風引發的「風成浪」(wind wave)、海底地震引發的「海嘯」(tsunami)，或是將月球引力引發的潮汐漲落視為波浪的「潮浪」(tidal wave)等。我們平常在海邊看到的波浪主要為風成浪，現在就來看看風成浪從產生到抵達海岸的過程。

從「風浪」變成「長浪」

當風吹拂在近海的海上之後，海面就會搖晃，形成波浪。假如風再持續吹送，水面上的

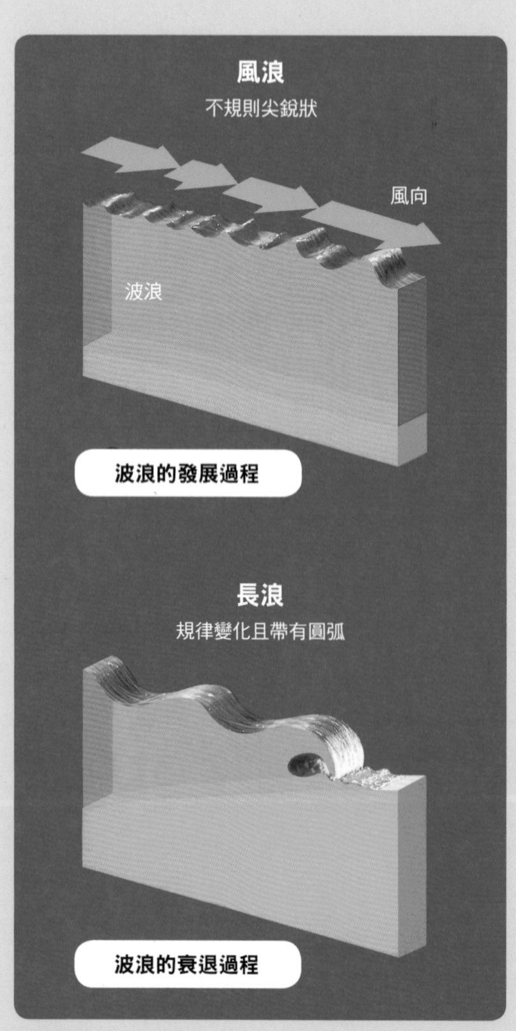

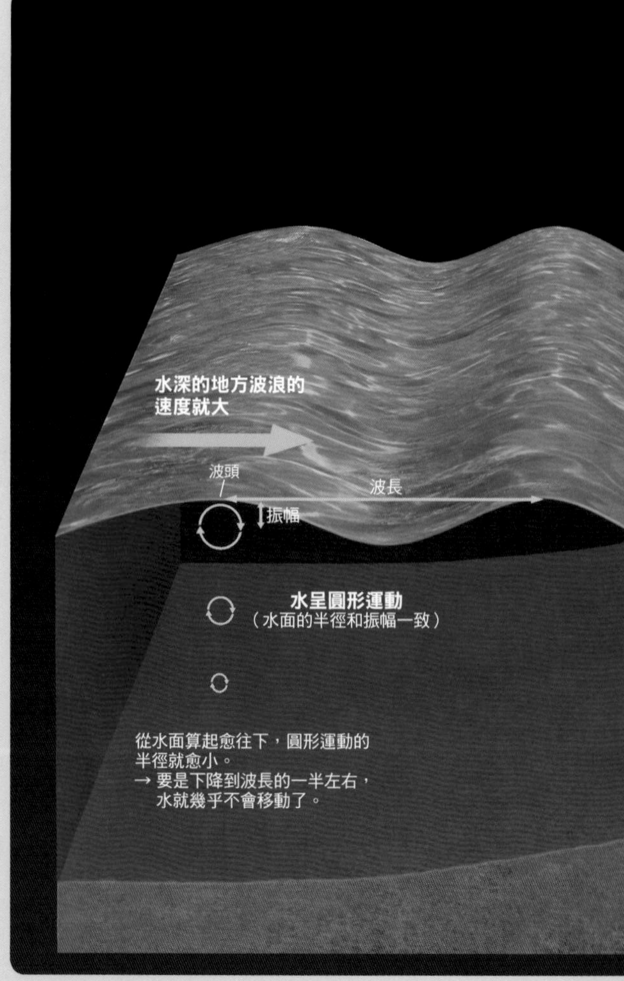

起伏就會逐漸變大，形成波頭尖銳的「風浪」。風浪會吸收風的能量，配合風的強弱發展下去。

假如風浪穿過風吹的地方或是風速減弱，就會變成波長較長、波頭圓弧的「長浪」（swell）。長浪的特徵在於波浪會傳遞到遠方，幾乎不會失去強度。要是長浪在漫長的旅程尾聲終於接近海岸，就會受到水淺的影響，導致波長縮短，並同時急遽增加波浪的高度。接著就如右下方的圖所示，前端波浪狀的波形變得不穩而碎裂，看似往前方塌陷（碎波）。這就是風成浪的一生。

波浪會傳遞，海水卻不會移動

乍看之下，波浪似乎是一團水湧過來，但其實就算波浪前進，海水也鮮少一起行進，而是在同樣的地方來來回回。漂浮在波浪中的樹葉不會朝岸邊流過來，原因就在於此。

南冰洋風暴形成的波浪會來到相距5000公里的衝浪勝地夏威夷。假如想要將南冰洋的海水移動到夏威夷，就需要巨大的能量，風力完全不足以供應。然而，實際上波浪只是傳遞風製造的振動，因此能夠送到遙遠的地方。

拍打海岸的波浪

這是表示波浪拍打海岸動向的剖面圖。形成長浪的波浪進入水淺的海域後，受到海底的影響，波浪的波長或速度就會變化。最後波浪的形狀就會維持不住而潰散，產生白浪。這種現象稱為碎波（breaking wave）。

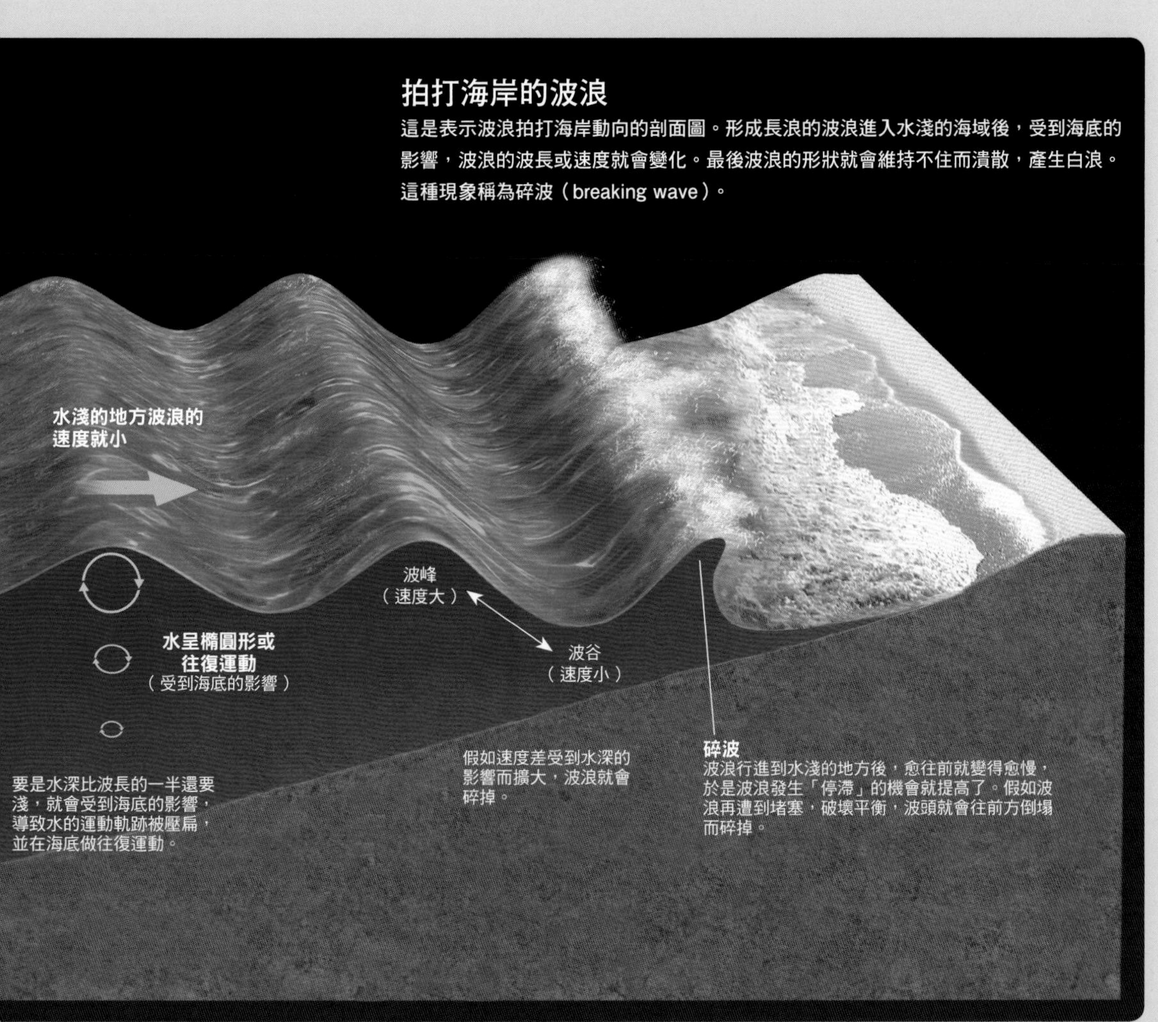

4

世界氣象的機制

How the world's weather works

氣象或氣候會受到各種條件的影響

世界各地不同尺度的氣象

從霧或龍捲風之類的氣象，到地中海溫暖的氣候，以下各頁將不管尺度大小，說明產生氣象的機制及所在頁數。

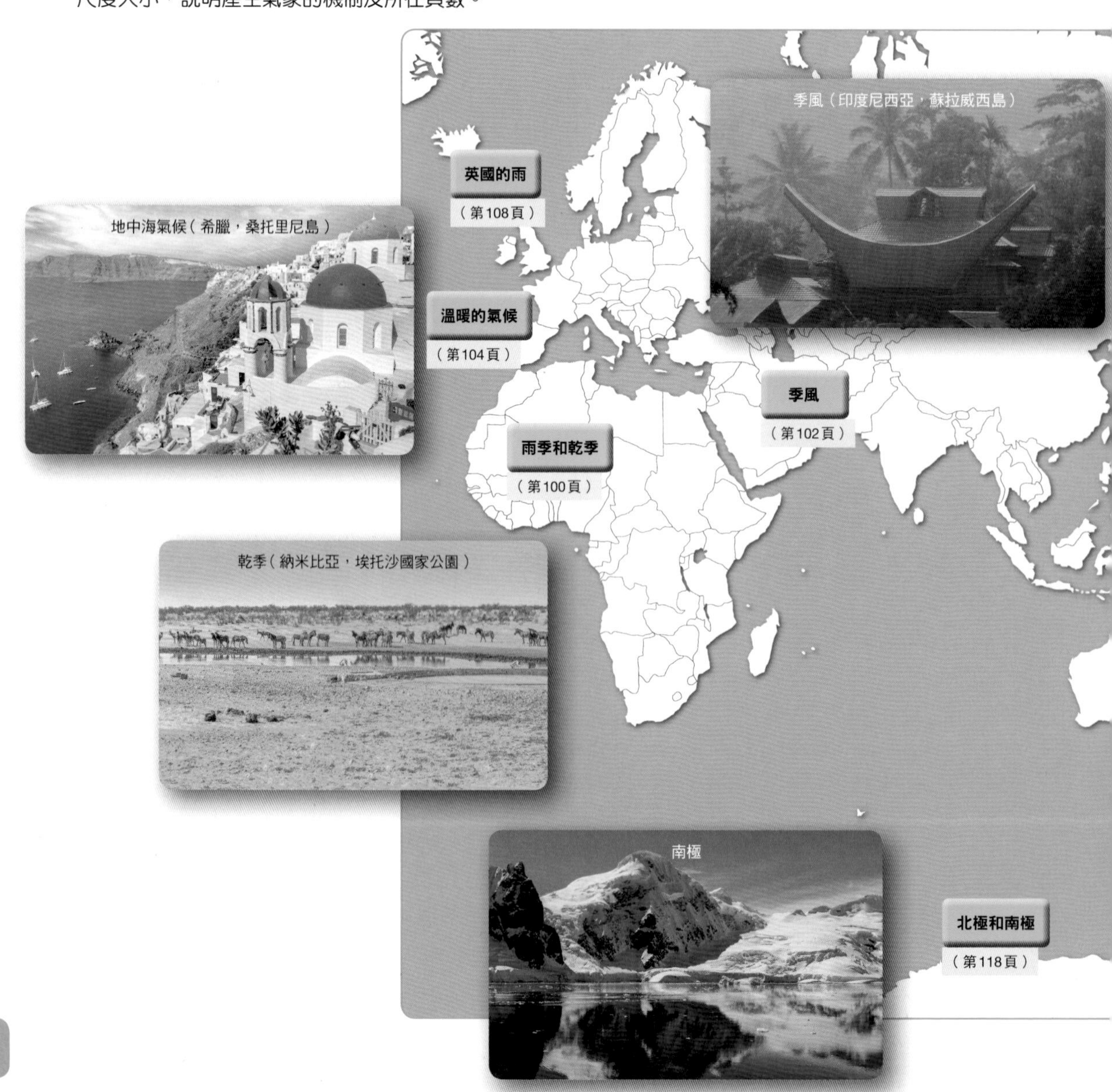

地球上某些地區會有特殊的氣象。比如肯亞、泰國等低緯度國家，降雨的季節（雨季）和不降雨的季節（乾季）就涇渭分明。另一方面，印度夏季的西南風則會把大量水蒸氣運到內陸，降下傾盆大雨。將每個地區整年的氣象加以歸納，稱之為「氣候」（第36頁）。

氣候或氣象是根據大氣的環流、洋流、緯度、地形等各種條件而生。有時山脈或其他地形會衍生出氣象，有時反倒是來自海洋的風衍生出沙漠之類的地形。

本章將會從這些氣候或大氣現象當中，介紹較有特色的幾種。

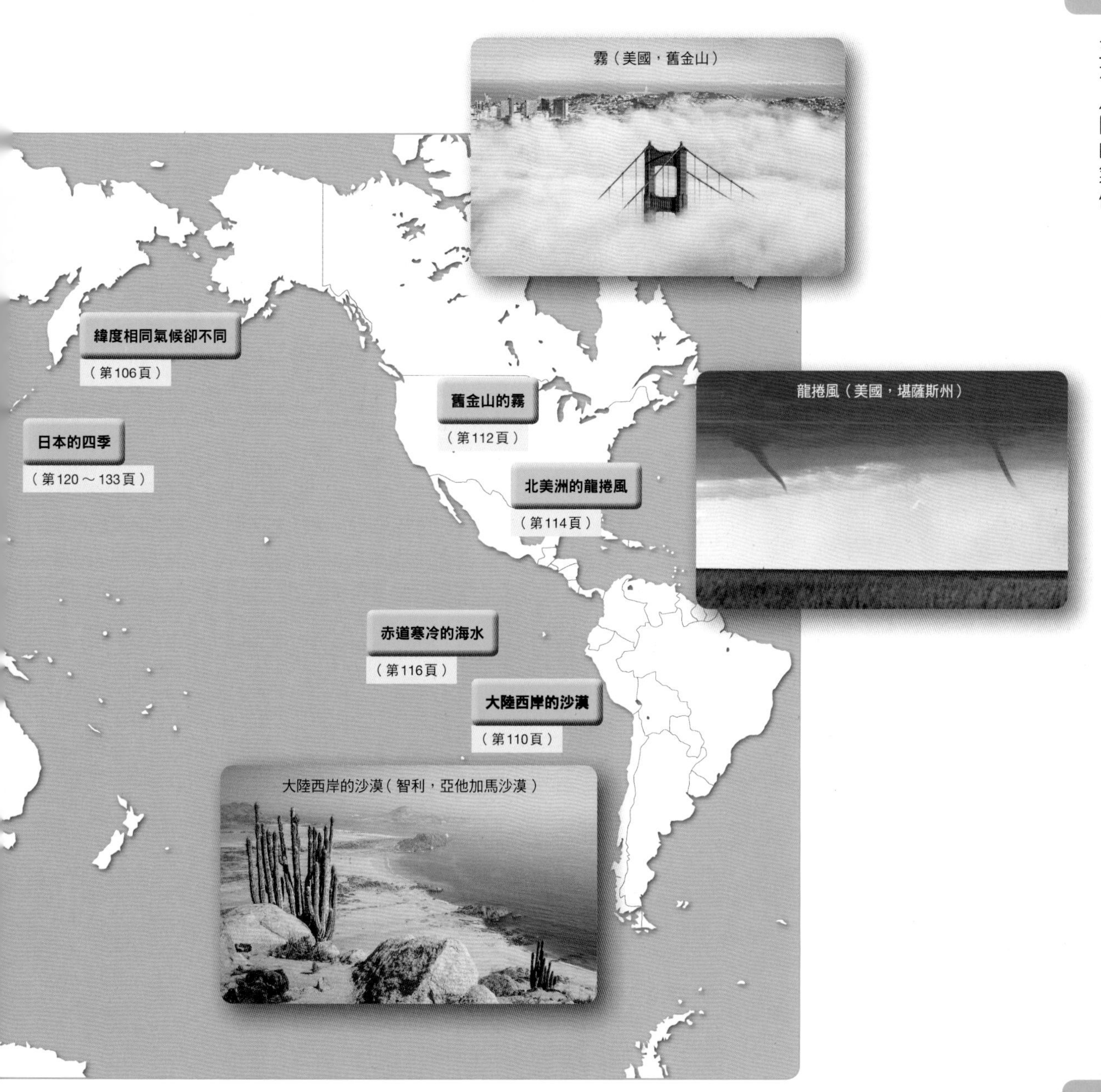

非洲形成雨季和乾季的理由

肯亞的「莽原」一望無際，是樹木稀少的大草原，又稱熱帶草原。這個國家有雨季和乾季。當3～5月，10～11月每年2次的雨季季節一到，就會降下相當大量的雨，植物因此得以生長。牛羚和其他大型哺乳類便會以植物為目標，進行大規模的群聚移動。

從大氣環流模式來看，陽光幾乎是垂直照

肯亞的雨季和乾季

地球的地軸對公轉軌道面傾斜23.4度，所以陽光垂直照射的地方會依公轉軌道上的位置而異。這裡以肯亞為例。

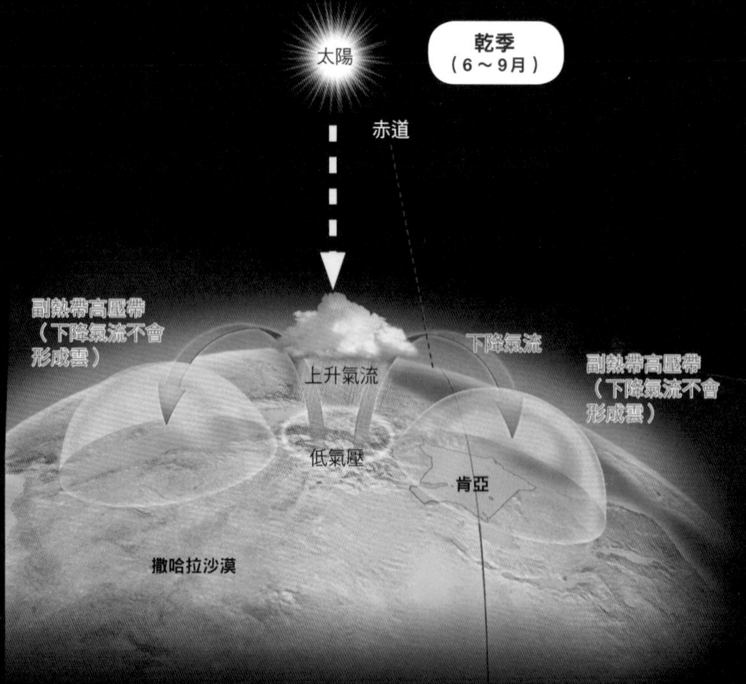

陽光垂直照射的位置偏北就會形成乾季

每逢6～9月，陽光垂直照射的地區就會偏移到肯亞北方。接著肯亞北方地表的空氣就會升溫，產生上升氣流而降雨。爾後，氣流就會在上空往南北移動，將熱能釋放到太空。接著就會冷卻變重，形成下降氣流回到地表。下降氣流不會形成雲，不降雨，所以乾燥。

陽光垂直照射赤道，形成每年2次的雨季

每逢3～5月，10～11月，陽光就會從正上方照射位在赤道的肯亞。陽光使得地表變熱，地表附近的空氣升溫，形成上升氣流。這時水蒸氣會被送到上空冷卻，形成雲而降雨。另外，雖說是雨季，也不是一整天都降雨。午後地表最為溫暖，容易產生上升氣流，也容易降雨。

射在肯亞所在的赤道，使地表強烈升溫，產生上升氣流，形成雲，所以降下大量的雨。

然而，實際上地球繞著太陽公轉時，地軸會傾斜，陽光未必會時時垂直照射赤道。陽光垂直照射的地方，6～9月之際會移動到北半球，12～2月則會移動到南半球。隨著照射位置移動，導致降雨的低氣壓帶和其南北方的副熱帶高壓帶就會移動。

肯亞在陽光垂直照射的春秋兩季會籠罩在低氣壓帶下，持續降雨。不過夏冬兩季就會脫離低氣壓帶，進入副熱帶高壓帶※，因而連日無雨，形成每年各2次的雨季和乾季。這種雨季和乾季交替的氣候稱為「熱帶草原氣候」（tropical savanna climate）。

※在赤道上升的氣流會在南北30度附近變成下降氣流，並在地面製造高氣壓。這股高氣壓稱為「副熱帶高壓帶」。這個緯度不會產生上升氣流，天氣不會變壞。

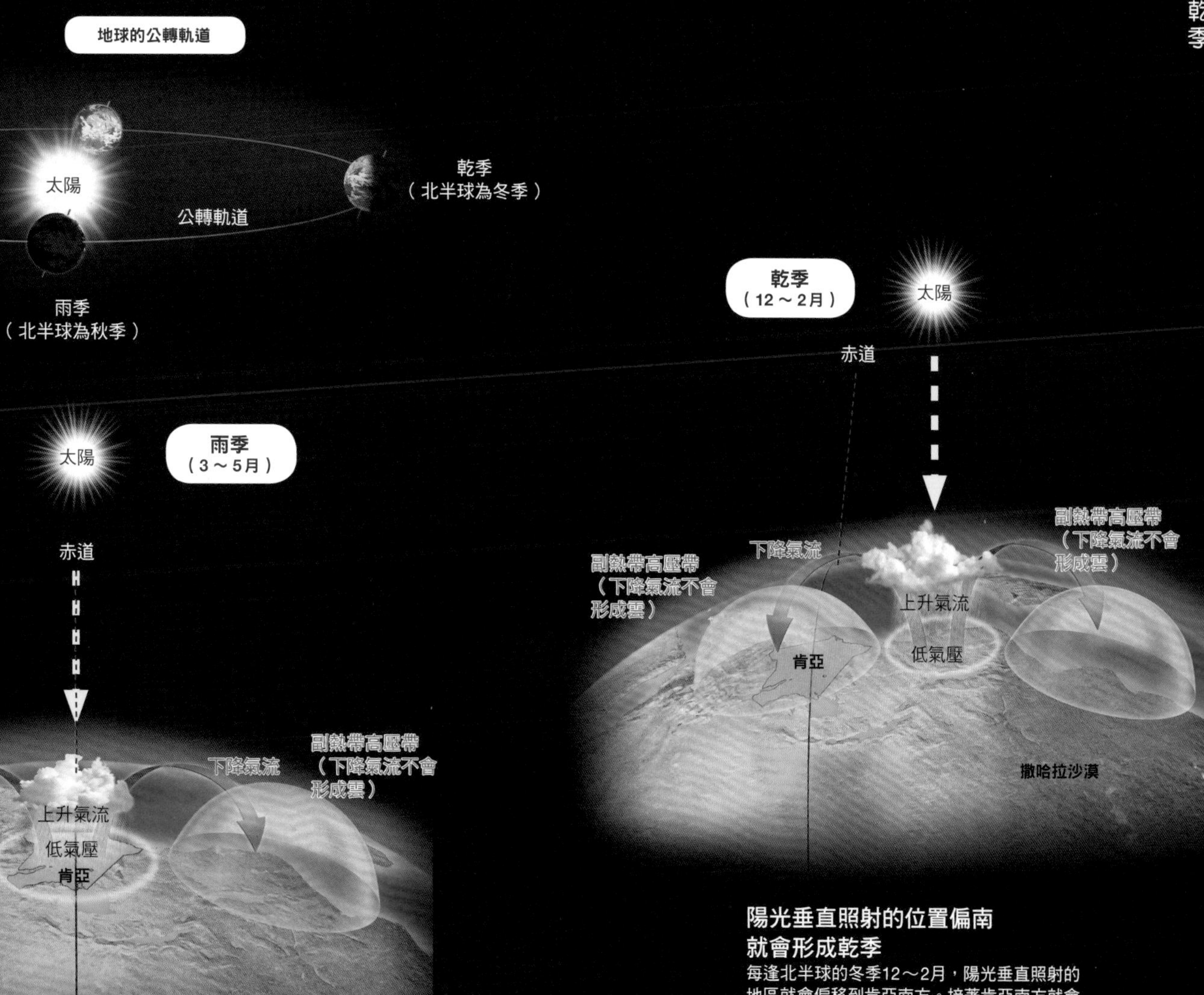

陽光垂直照射的位置偏南就會形成乾季

每逢北半球的冬季12～2月，陽光垂直照射的地區就會偏移到肯亞南方。接著肯亞南方就會產生上升氣流，形成雲而降雨。爾後，氣流就會冷卻變重，形成下降氣流回到地表。下降氣流不會形成雲，不降雨，所以乾燥。

因喜馬拉雅山脈而產生的東亞季風氣候

夏季從海上吹來的涼風稱為「海風」（sea breeze）。

陸地比海洋容易升溫，日出後，陸地的空氣就會受熱迅速膨脹。膨脹湧起的空氣會在高空流往海洋。空氣移動到最後就會在地面形成「低氣壓」，在海面形成「高氣壓」。另一方面，接近海邊的陸地空氣則會從高壓移動到低壓，也就是產生空氣的移動（風），從海洋移往陸地，這道風就是海風。另外，夜晚陸地的溫度會急遽下降，空氣冷卻的陸地會形成高氣壓。結果就會和白天相反，陸地形成高氣壓，海洋形成低氣壓，從陸地往海洋吹出「陸風」（land breeze）。

海風和陸風是在海邊幾公里範圍內發生的局部現象。假如是與海風和陸風機制相似，並在幾千公里大範圍內產生的風，則稱為「季風」（monsoon），又稱為季節風。

亞洲是知名的季風吹送區。就如右圖所示，夏季受到強烈的日照後，印度內陸就會升溫，風會從氣溫較低的海洋吹進內陸。這道風在印度洋攜帶大量水蒸氣，撞上喜馬拉雅山脈後上升，再將水蒸氣化為雨降下來。另外，這道風是溫暖的南風。這種由高溫潮溼的風造成的氣候稱為「季風氣候」（monsoon climate）。

冬季則相反，嚴寒導致大陸內部形成高氣壓，海洋形成低氣壓。往海洋吹送的冷空氣因為喜馬拉雅山脈阻隔無法前往印度洋，而是往東南方的太平洋流動。所以冬季的東亞會吹送寒冷的西北風。

夏季海邊吹拂的「海風」和「陸風」

白天的海邊，陸地的溫度受到陽光照射而急遽上升，反觀海洋的溫度則沒上升那麼多。結果陸地和海上的氣壓便產生落差，形成空氣循環。這時，從海洋吹向陸地的風稱為「海風」。夜晚一到，陸地的溫度失去陽光照射而急遽下降，反觀海洋的溫度則沒下降那麼多。結果就會形成方向與白天相反的空氣循環。這時，從陸地吹向海洋的風稱為「陸風」。

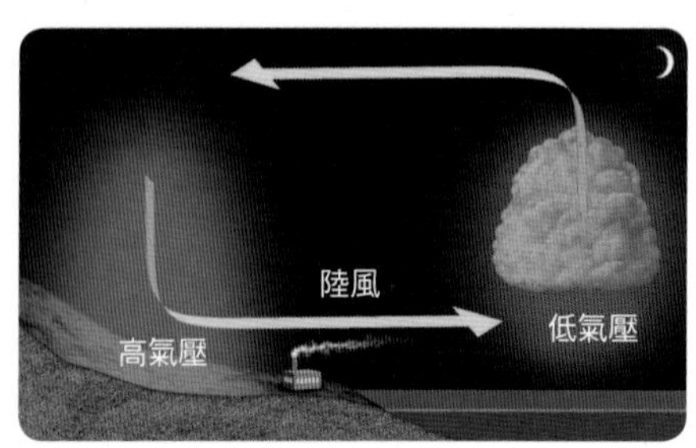

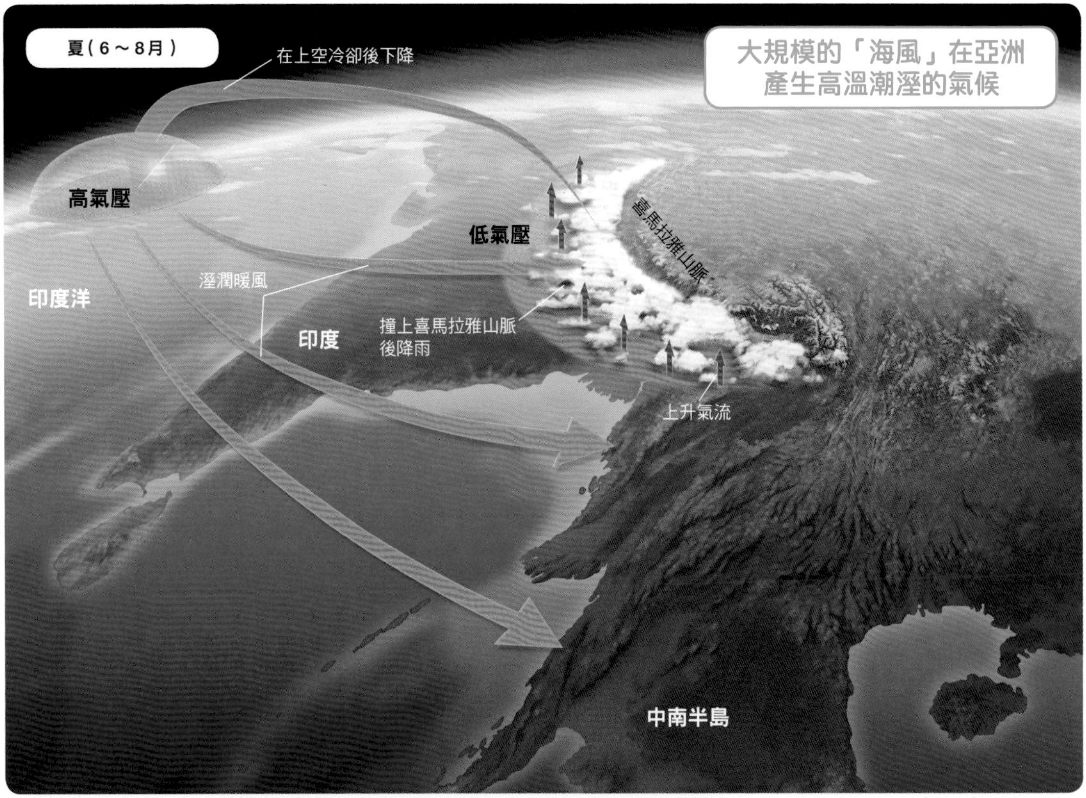

夏（6～8月）

大規模的「海風」在亞洲產生高溫潮溼的氣候

在上空冷卻後下降
高氣壓
低氣壓
喜馬拉雅山脈
印度洋
溼潤暖風
印度
撞上喜馬拉雅山脈後降雨
上升氣流
中南半島

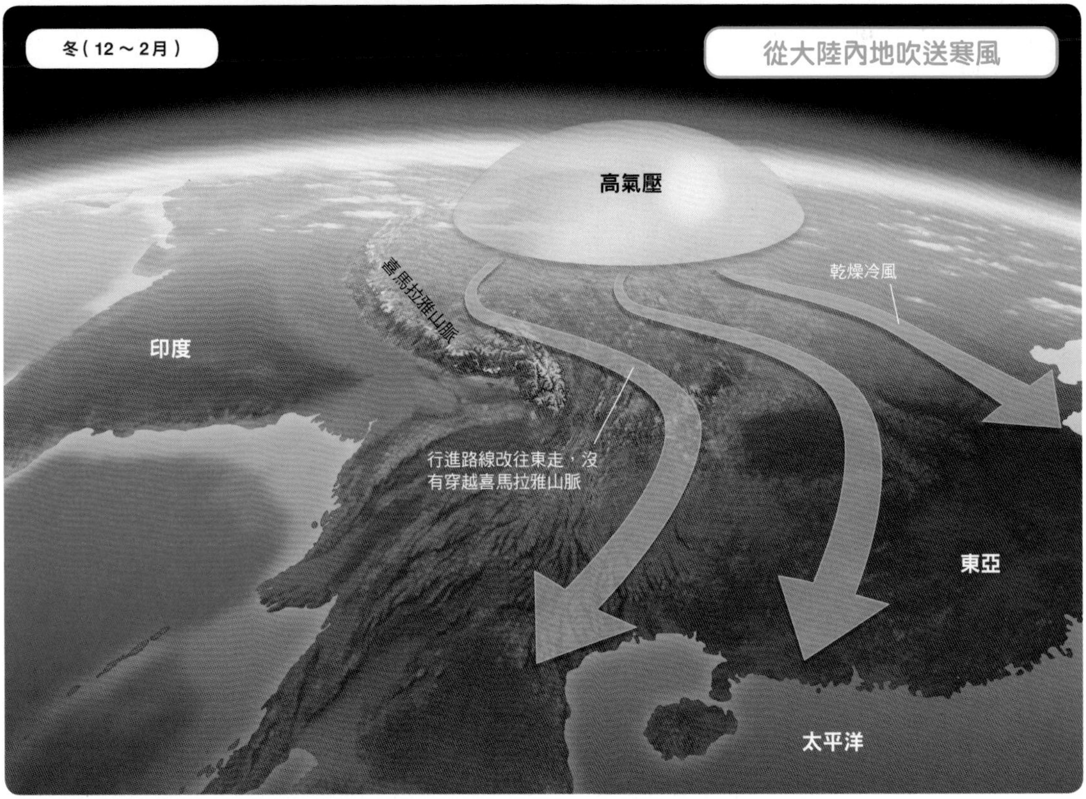

冬（12～2月）

從大陸內地吹送寒風

高氣壓
喜馬拉雅山脈
乾燥冷風
印度
行進路線改往東走，沒有穿越喜馬拉雅山脈
東亞
太平洋

地中海像是巨大「浴池」，海水溫度幾乎和周圍的氣溫一致

義大利孕育出羅馬帝國和其他古代文明。當地氣候的特徵在於夏季炎熱乾燥，冬季降雨且溫暖宜人。氣候溫暖的原因在於地中海。

就如浴池的熱水在變冷之前要花時間一樣，海水一旦升溫也不會輕易冷卻。雖然或多或少會因海域而異，不過夏季因強烈的日照而升溫的海平面，即使到了冬季也只會降

地中海周圍的溫和氣候

這個地區特別與眾不同的氣候有3種，就是地中海的熱能讓冬季也很溫暖的地中海氣候、沙漠氣候和西岸海洋性氣候。沙漠氣候是受副熱帶高壓帶影響而形成，西岸海洋性氣候則是受墨西哥灣流延伸的暖流影響而形成。

強大的高氣壓阻擋低氣壓進入地中海

北上的一部分墨西哥灣流冷卻，形成寒流（加那利洋流），穿越伊比利半島近海南下。即使夏季到了，加那利洋流流過的海域水溫也不會上升，相對於陸地則較冷。因此，寒流上方的空氣會冷卻變重，形成高氣壓。這個高氣壓會變成「屏障」，使得大西洋發生的低氣壓難以進入地中海內部。

低5℃左右。

海面水溫幾乎不變的地中海，從三方圍繞義大利半島。地中海沒有大規模的洋流流動，寒流和暖流不會從外部流入，就像巨大的浴池一樣維持溫度。義大利半島在這種影響之下，即使到了冬季也不會大幅變冷。而若夏季一到，地中海西邊伊比利半島外的大西洋近海，會產生巨大的高氣壓。這是因為溫度比義大利半島內陸區低的加那利洋流（寒流），讓接近海平面的空氣冷卻變重。這股高氣壓會延伸出去，阻擋大西洋上從西邊移動過來的低氣壓進入地中海。

另外，喜馬拉雅山脈的印度側產生的上升氣流（上一頁），其中一部分會在冷卻的同時滲到地中海上空，再於地中海附近形成下降氣流，所以地中海本身也會形成高氣壓，天氣就不容易變壞了。

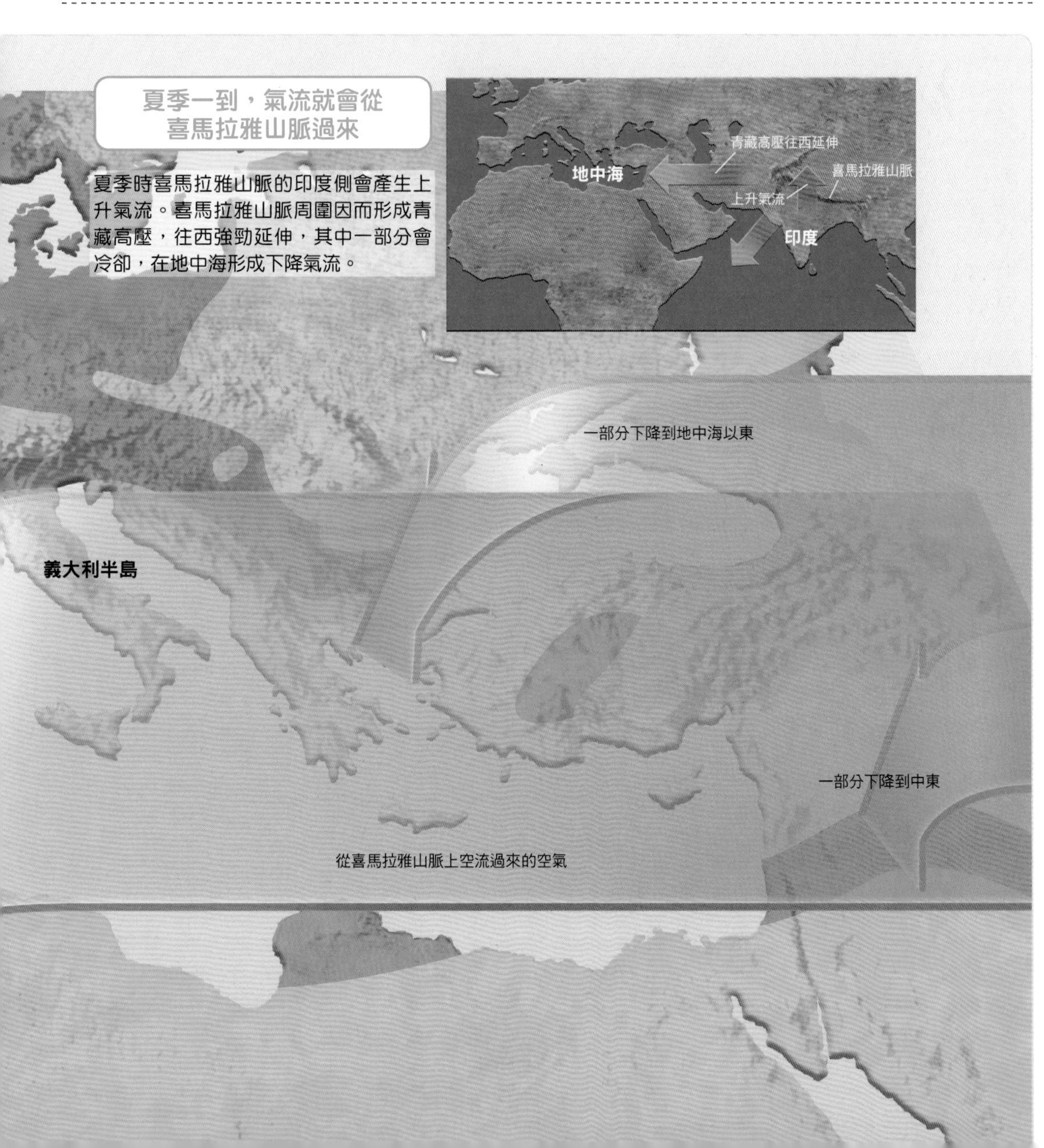

SECTION 36

Latitude and ocean currents

緯度和洋流

倫敦的緯度比北海道高卻更溫暖的理由

英國倫敦的緯度相當於日本北海道往北500公里以上的位置，年平均氣溫卻與日本東北地區幾乎相同，為10℃左右。然而倫敦即使到了冬季也很溫暖，月平均氣溫也不會在冰點以下。這是為什麼呢？

下圖的右側可見北大西洋平均海面水溫的分布。仔細觀察英國周圍的海水溫度，就會發現其中遍布10℃以上的海水，以高緯度來說算是溫暖。與遍布在大西洋另一頭同緯度的海水溫度相比，即使將近10℃也很溫暖。倫敦的氣候會如此溫暖，就是和這溫暖的海水有關。

右圖是以紅色和藍色箭頭畫成的洋流。將洋流和海水溫度的分布搭配著看，就會發現從美國佛羅里達半島一帶流向歐洲的洋流，長程橫跨大西洋，將溫暖的海水送到英國附近。倫敦會溫暖就是拜這股洋流所賜。

遍布在海岸的溫暖海水，即使到了陸地寒冷的冬季也會變成「暖氣設備」，加溫該地區的空氣。洋流是地球規模的「熱」送貨員，在世界各地的氣候上扮演重要的角色。

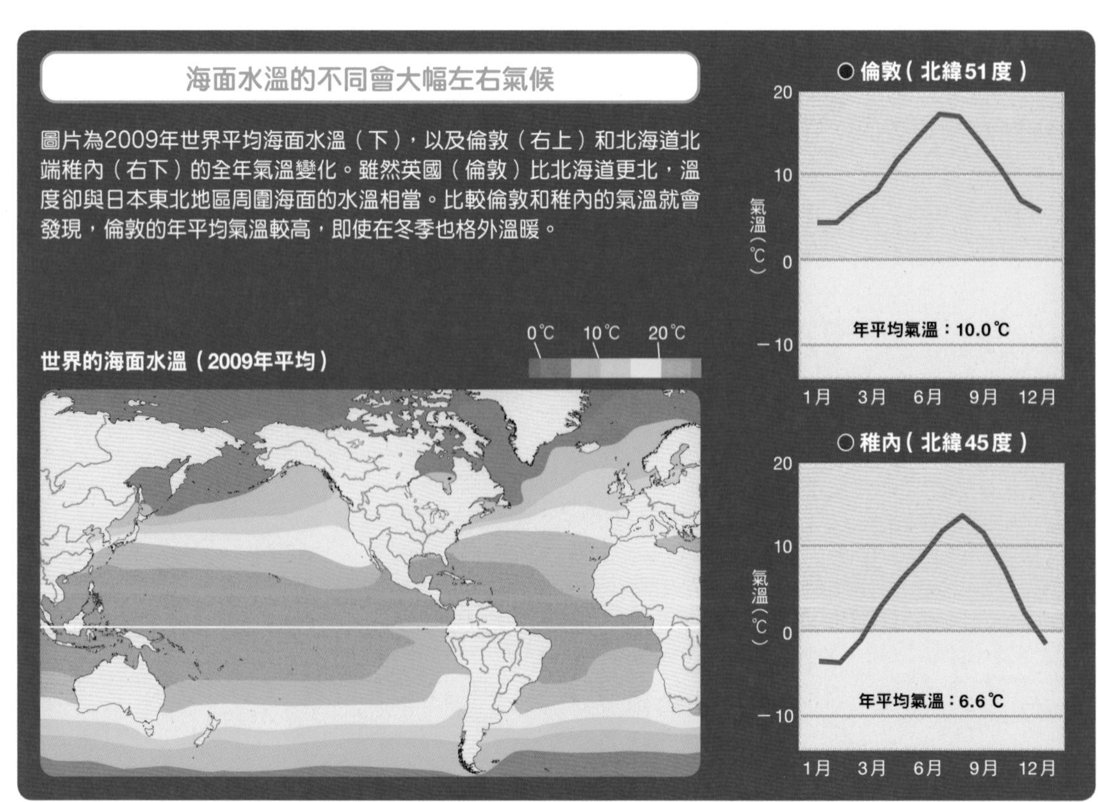

圖片為2009年世界平均海面水溫（下），以及倫敦（右上）和北海道北端稚內（右下）的全年氣溫變化。雖然英國（倫敦）比北海道更北，溫度卻與日本東北地區周圍海面的水溫相當。比較倫敦和稚內的氣溫就會發現，倫敦的年平均氣溫較高，即使在冬季也格外溫暖。

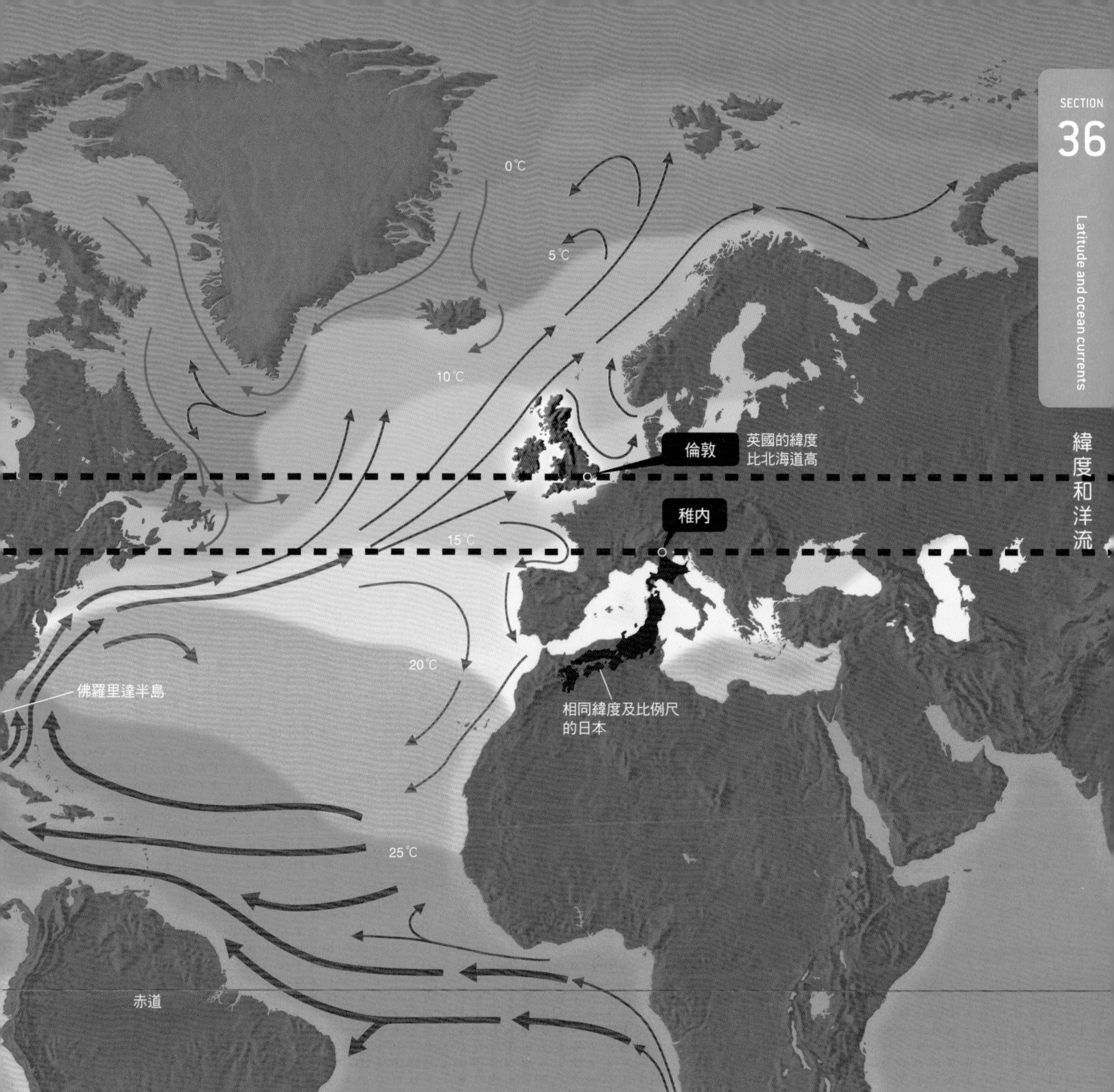

洋流將溫暖的海水送往歐洲

畫在海上的紅色或藍色箭頭是洋流。洋流從西往東橫渡大西洋北上，將熱帶和副熱帶地區溫暖的海水，沖到歐洲的高緯度地區。另外，洋流可以分別稱為「暖流」和「寒流」。一般來說，從低緯度流到高緯度的洋流多半稱為暖流，從高緯度流到低緯度的洋流多半稱為寒流。只不過，科學上並沒有水溫或緯度等的界定。這裡是用紅色箭頭畫出從熱帶和副熱帶朝高緯度地區行進的洋流及分支的洋流，用藍色箭頭畫出來自極地的洋流，所以與一般的暖流和寒流分類不見得一致。

英國降雨後略微停歇，很快就會再下

英國、挪威等高緯度的歐洲國家，降雨幾十分鐘就放晴也是家常便飯。而晴天也是幾十分鐘就變天，再次降下短時間的雨。天氣如此反復就是這個地區的特徵。

為什麼會形成這樣的氣象？原因在於和漩渦狀雲相隨的低氣壓。漩渦狀的雲和雲之間，會有晴朗的空隙連續通過當地，因此發生忽雨忽晴的現象。

這種低氣壓是在中緯度發生的「溫帶氣旋」（extratropical cyclone）。溫帶氣旋會依照右下方說明圖的步驟1～4變化。日本列島多半在1、2、3的步驟上，英國則多半在步驟4的正下方。

溫帶氣旋產生於暖氣團和冷氣團的南北接壤處。北半球基本上南方的氣團溫暖輕盈，北方的氣團寒冷沉重。所以在兩個氣團的接觸面中，南方暖氣團會移動到北方冷氣團的上方，北方冷氣團則往南方暖氣團的下方移動。此時兩股氣流會受到地球自轉的影響，分別朝逆時鐘方向繞過去。接著就會因為暖氣團上升而形成雲降雨，再藉由上升氣流增強，降低旋轉中心的氣壓，發展出北大西洋的溫帶氣旋。

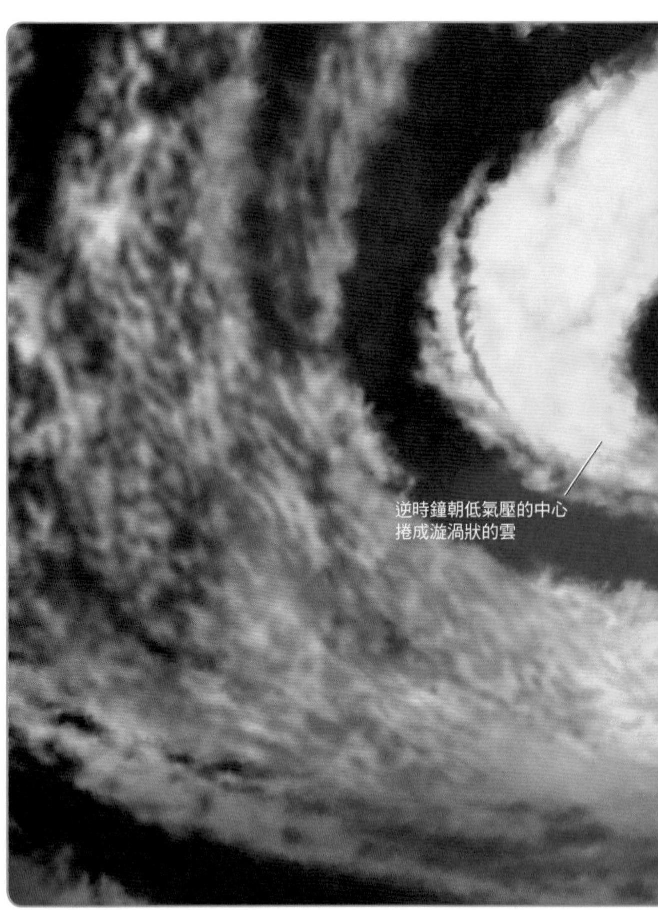

北大西洋溫帶氣旋的一生

圖片為北半球溫帶氣旋的一生。假如北大西洋低氣壓中心的暖氣團上升導致已形成的雲也捲進去，就會如上圖般製造出漩渦狀的雲。一旦變成這種狀態，暖氣團在上層，冷氣團在下層，大氣的狀態安定，溫帶氣旋就會迅速消失。

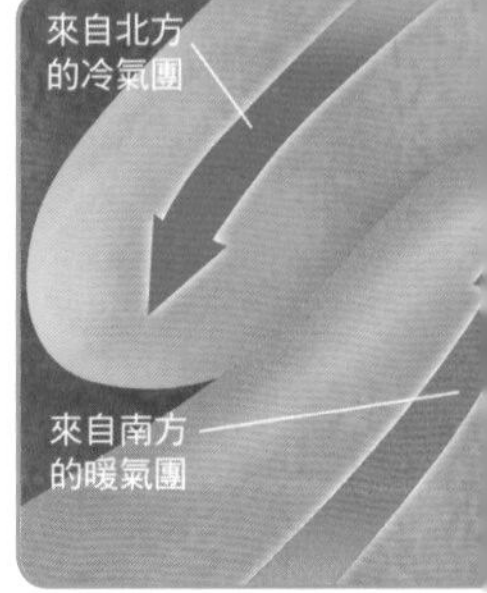

1. 來自北方的冷氣團和來自南方的暖氣團接觸。

形成渦旋的低氣壓

這是英國附近的溫帶氣旋示意圖。漩渦狀的雲朝低氣壓的中心形成，然後在雲的下方降雨。當這種低氣壓通過時，天氣會持續地忽雨忽晴。

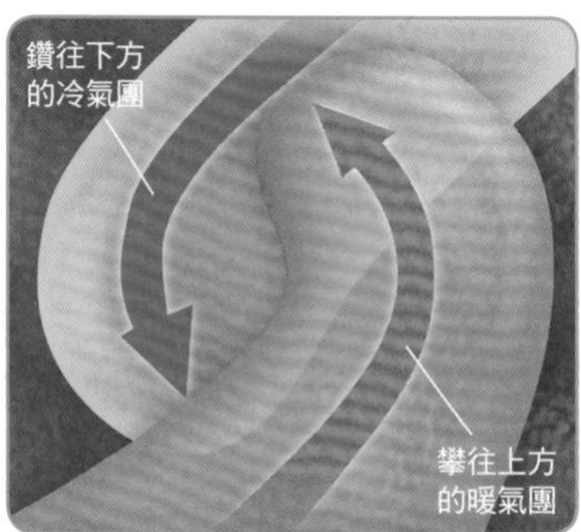

2. 冷而重的冷氣團試圖以逆時鐘方向繞到暖氣團下方，暖而輕的暖氣團則試圖以逆時鐘方向繞到冷氣團上方。

3. 被冷氣團頂上去的暖氣團，將水蒸氣送往高空，形成雲。這時旋轉的中心會形成低氣壓。

4. 冷氣團以逆時鐘方向朝低氣壓的中心捲成渦旋，接著暖氣團和上空的雲也捲成漩渦狀。下層為冷氣團，上層為暖氣團，大氣的狀態穩定，低氣壓消失。

海洋也是沙漠形成的肇因

說到沙漠，或許大家想到的是像蒙古的「戈壁沙漠」一樣，遍布在離海遙遠的大陸內部。

不過海岸地區也會布滿細長的沙漠，例如南美洲智利的「亞他加馬沙漠」。

既然靠海，溼潤的風就可能從海洋吹進來而降雨，但亞他加馬沙漠卻幾乎不下雨。

亞他加馬沙漠的近海流著「秘魯洋流」（洪堡德洋流）。這股洋流會從南冰洋送來冰冷的海水，所以沿岸的海水溫度會變低。

高氣壓逗留在這個地區冰冷的海上，周圍吹送的風（西南風）再將低溫海洋所冷卻的空氣送進陸地。冷空氣只會蘊含少量的水蒸氣，當水分稀少的空氣在陸地升溫後，溼度就會降得更低，形成乾燥的空氣。換句話說，就算將這種空氣送到高空中，也很難形成雲。

智利靠海的這個地區是低矮的山地，來自海洋的氣流難以入侵。再者，隨著高氣壓而來的下降氣流會在當地上空製造大範圍的空氣「頂蓋」，妨礙上升氣流。於是上下就如冷熱水分離的浴池一樣，形成穩定的結構，不會產生對流。再加上海水寒冷，各種條件累積下來，於是形成海岸沙漠。

大陸的西岸容易找到環境相同的地方。非洲的「納米比沙漠」或「撒哈拉沙漠」的西側部分，及北美洲西海岸的「索諾拉沙漠」等地，都是以同樣機制產生的沙漠。

專欄 COLUMN 世界的沙漠及其形成方式

緯度20～30度的地區，熱帶升溫的空氣會下降，終年難以形成雲，雨水稀少。撒哈拉沙漠和其他大沙漠一望無際，離海遙遠的內陸也會形成戈壁沙漠和其他沙漠。一旦離海遙遠，水蒸氣的供給就會減少，不會下雨。另外，夏季的印度要是因為季風而產生上升氣流，西側（阿拉伯半島）就會產生下降氣流，與上升氣流取得平衡。結果就變成雲難以形成的乾燥氣候，造成沙漠。

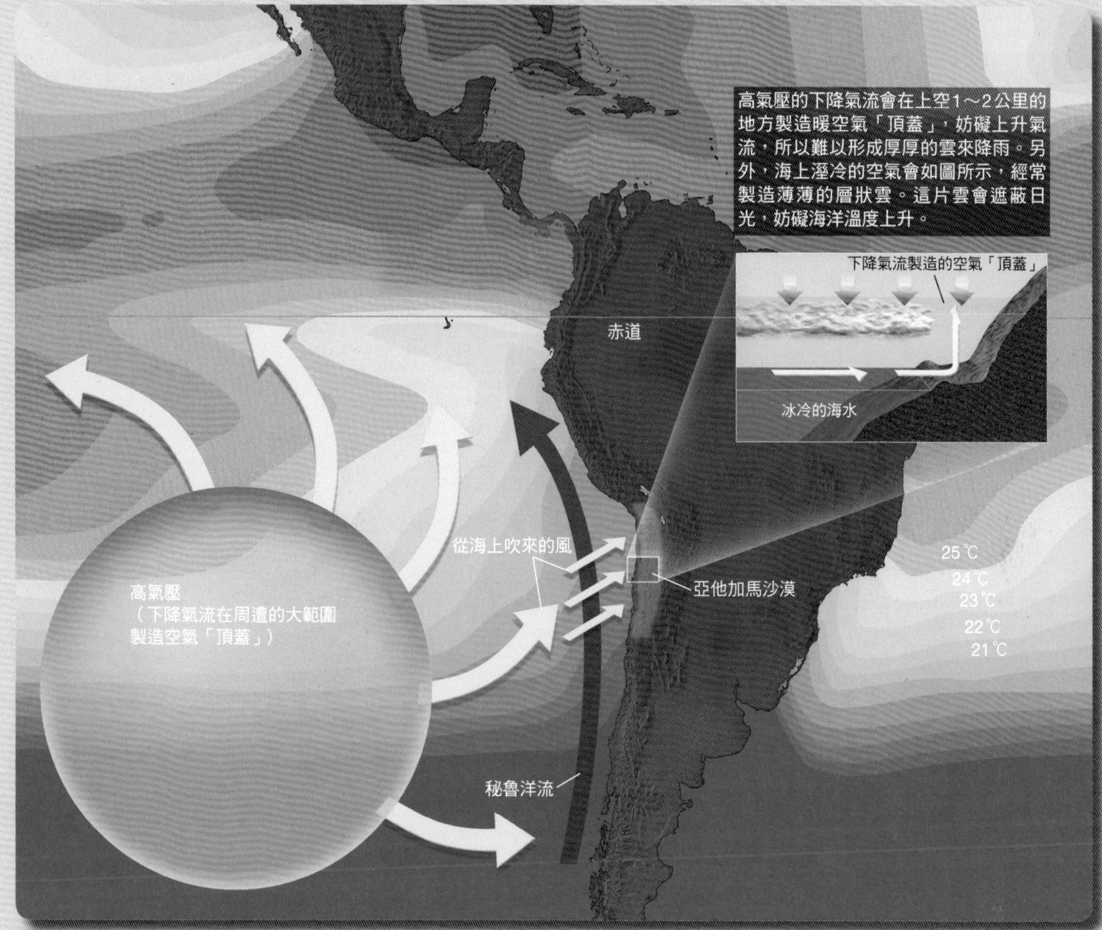

高氣壓的下降氣流會在上空1～2公里的地方製造暖空氣「頂蓋」，妨礙上升氣流，所以難以形成厚厚的雲來降雨。另外，海上溼冷的空氣會如圖所示，經常製造薄薄的層狀雲。這片雲會遮蔽日光，妨礙海洋溫度上升。

下降氣流製造的空氣「頂蓋」

冰冷的海水

赤道

從海上吹來的風

亞他加馬沙漠

高氣壓
（下降氣流在周遭的大範圍製造空氣「頂蓋」）

秘魯洋流

25℃
24℃
23℃
22℃
21℃

海岸地區形成沙漠的機制

圖片為以南美洲大陸西側為中心的高氣壓（藍色圓頂）、風（黃色箭頭）、洋流（藍色箭頭）和海面水溫。海面水溫以7月為平均值，愈紅愈高，愈藍愈低。為了讓大家輕鬆了解冰冷海水的廣度，以24℃等溫線為分界，顏色由紅變藍。高氣壓所在的副熱帶緯度帶（20度～30度）地區，雖然會因季節而多少有些落差，但在熱帶加溫而上升的空氣會在這個緯度下降。因此，高氣壓（下降氣流）終年都會穩定存在。就如本頁右上角的圖所示，高氣壓會製造空氣「頂蓋」，妨礙來自地表的上升氣流。另外，這個地區吹送的南風，還會產生「海岸湧升流」效應，讓位在深處的冰冷海水湧起。而且南風經常在海上吹送，使得水分蒸發旺盛，產生消除熱能的效應，於是海岸區的海水溫度就更低了。低溫的海水會使空氣冷卻變重，讓高氣壓更為增強。

從太空看到的亞他加馬沙漠

圖片上方為北方。安地斯山脈的東側和西邊的海上有雲，但是包含亞他加馬沙漠在內的海岸地區（黃色之內），幾乎沒有雲。

海岸地區湧起的冰冷海水造成舊金山的濃霧

美國西岸的舊金山一到夏季，就會產生非常多霧（右下方的照片）。霧的產生與海洋有關。

舊金山附近就如右圖所示，一整年都吹北風（1）。北半球的北風會讓表面的海水往西移動（2），這個效應稱為「艾克曼輸送」（第68頁）。此方向朝著大海，假如風將表面的海水送往洋面，就必須要從別處補充流失的海水。要是北風跨越南北長距離吹送，將表面的海水帶到洋面上，只能從海域下方湧出海水來補充（3），稱之為「海岸湧升流」（coastal upwelling）。

再怎麼溫暖的海域，深度幾百公尺下方也遍布著冰冷的海水層。海岸湧升流湧起的就是這種冰冷的海水。從太平洋進來的溼潤空氣，受到舊金山海岸冰冷的海水冷卻，水蒸氣就會化為細微的水滴，產生霧。

海洋除了洋流之外，還會產生上升或下降的流動，對氣象造成大幅影響。

專欄 COLUMN

有冰冷海水上湧的舊金山海岸

舊金山的緯度為北緯37度，與日本的福島縣幾乎相同。福島縣海岸地區夏季的海面水溫為22℃左右，舊金山海岸卻會降到12℃左右。雖然緯度相同，但因為海面幾百公尺下的冰冷海水湧上來，海水溫度就變低了。

14℃
16℃
舊金山
美國
18℃
從海上吹來的風
高氣壓
20℃
20℃
22℃
24℃
26℃
1. 從海上吹來北風
2. 表面溫暖的海水藉由艾克曼輸送往西邊（海上）移動
3. 冰冷海水湧起（海岸湧升流）

冰冷海水上湧的機制

圖片為美國西岸夏季海面水溫的分布。可以看出接近海岸的等溫線往南方大幅彎曲，海岸布滿冰冷的海水。另外，北風吹送時會與海岸線平行。北風藉由艾克曼輸送將表面溫暖的海水送往西邊，冰冷的海水則會像是填補空缺一樣沿著海底湧出。冰冷的海水會冷卻來自海上的溼潤空氣，於是產生霧。

濃霧壟罩的舊金山

照片中的近處是舊金山的觀光名勝金門大橋。因為低溫海水而產生的霧，被海風送進內陸的都市區，但會在陸地的空氣升溫後迅速消失。

北美洲沒有山脈的地方會出現龍捲風

龍捲風（tornado）是在地面發生的激烈空氣渦流，從積雲或積雨雲形成柱狀和漏斗狀的渦流而成。龍捲風發生的機制會在第5章說明，這裡來看看當中危害最甚的北美洲龍捲風。

北美洲大陸西部有縱貫南北的洛磯山脈，除此之外就沒有大山脈，沒有類似亞洲的喜馬拉雅山脈或歐洲的阿爾卑斯山脈這種東西方向的大山脈。

加拿大和其他高緯度地區會因為輻射冷卻而使大地變冷。因此，接壤大地的氣團溫度跟著下降。另一方面，墨西哥灣、加勒比海等低緯度地區，則會形成蘊含大量水蒸氣且氣溫又高的氣團。假如這時美洲大陸內產生低氣壓，這兩個氣團就會分別從北方和南方吹進大陸內。如前所述，北美大陸因為沒有橫向的大山脈，氣團的勢力不會受到山脈減弱而直接大規模相撞。

相撞之後，大量的暖空氣就會被推升到上層。蘊含在暖空氣裡的水蒸氣隨之冷卻，形成巨大的積雨雲，製造巨大的渦流。

專欄 COLUMN

從受災狀況推算龍捲風強度的「藤田級數」

美國平均1年就有54.6人成為龍捲風的犧牲者（1975年～2000年，年間平均值）。龍捲風和其他陣風一樣，很難得到風速的實測值。因此，日本的氣象學家藤田哲也（1920～1998）在1971年時想出「藤田級數」（Fujita scale，下表），從已經發生的受災狀況大致推測風速。此級數被列為國際標準。日本則在2015年制定「日本版改良藤田級數」（JEF scale），能夠更準確地評估風速。

級數	風速	受災情形
F0	17～32m/s（約15秒間的平均）	電視的天線和其他脆弱的結構物倒下。小樹枝折斷，淺根的樹木傾斜。
F1	33～49m/s（約10秒間的平均）	屋瓦飛起來，玻璃窗破掉。根弱的樹木倒下。
F2	50～69m/s（約7秒間的平均）	住家的屋頂被剝除。大樹倒下或被扭斷。
F3	70～92m/s（約5秒間的平均）	住家倒塌。列車傾覆。森林的大樹也折斷或倒下。
F4	93～116m/s（約4秒間的平均）	住家支離破碎。列車被吹跑，汽車也飛往空中。
F5	117～142m/s（約3秒間的平均）	住家被吹跑到不留痕跡。列車和其他重物被推升，飛往空中。

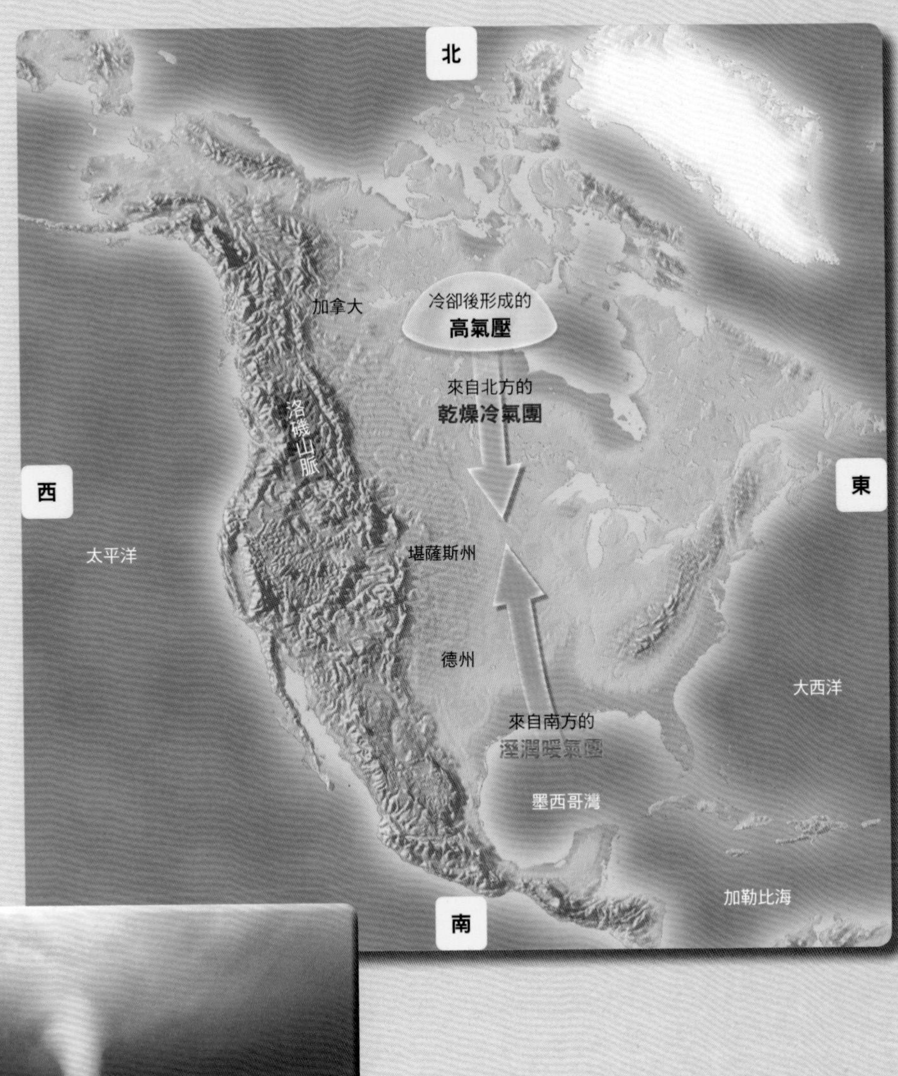

冷氣團和暖氣團在中央區的平原相撞而產生龍捲風

北美洲大陸除了縱貫南北的洛磯山脈之外，就沒有大山脈了。因此，南北的氣流在中央的平原不會受到妨礙，來自加拿大的冷氣團和來自墨西哥的暖氣團威力不減，直接相撞。以龍捲風的好發地區來說，位在洛磯山脈東側的堪薩斯州（照片）或德州等地區就很出名。

理應溫暖的赤道海水卻冰冷的理由

太陽從幾近正上方照射赤道上的海面，理應是地球最溫暖的海域。但若看看海水溫度的分布（下圖），就會發現太平洋東部的赤道上，細細延伸出比周圍還要冰冷的海水。到底為什麼會發生這種現象呢？

日本的海洋物理學家吉田耕造（1922～1978）於1959年提出這個疑問的解答。藉由與海岸湧升流同樣的機制，也能說明赤道冰冷的海水帶是怎麼來的。

赤道上會產生湧升流的並非「海岸」。赤道經常會吹拂向西的風（東風）。這道東風稱為「信風」，不只是太平洋的東部，基本上全世界的赤道附近都一樣。吹起東風之後，赤道北側（北半球）的海水就會藉由艾克曼輸送往北移動。另一方面，赤道南側（南半球）則是因為科氏力作用的方向而與北半球相反，使得海水藉由艾克曼輸送往南移動。換句話說，要是赤道吹起東風，表面的海水就會往南北「分別」流動。

海水往南北移動後，遍布下層的冰冷海水就會湧上表面以補充。上述就是延伸在赤道上的海水帶真面目。這種現象稱為「赤道湧升流」（equatorial upwelling）。

海面水溫的分布

下圖為2009年海面水溫分布的平均值，右圖畫的則是下圖紅框圍起來的區域。太平洋西部的赤道上，無法辨識出冰冷的海水帶。因為信風吹來的溫暖海水會累積在表面，難以形成湧升流。同樣的狀況也發生在大西洋。

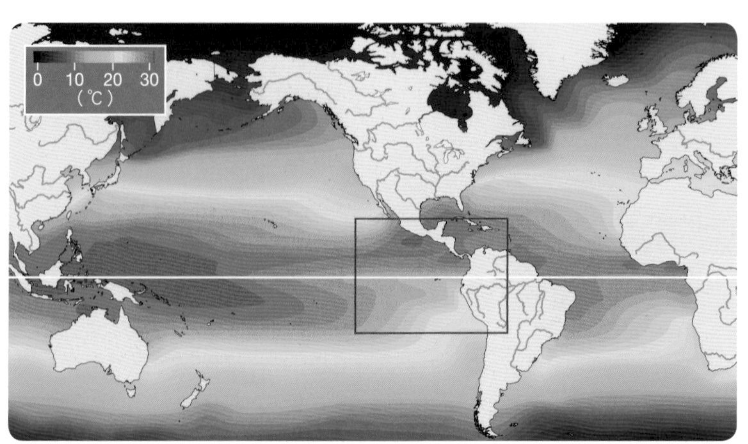

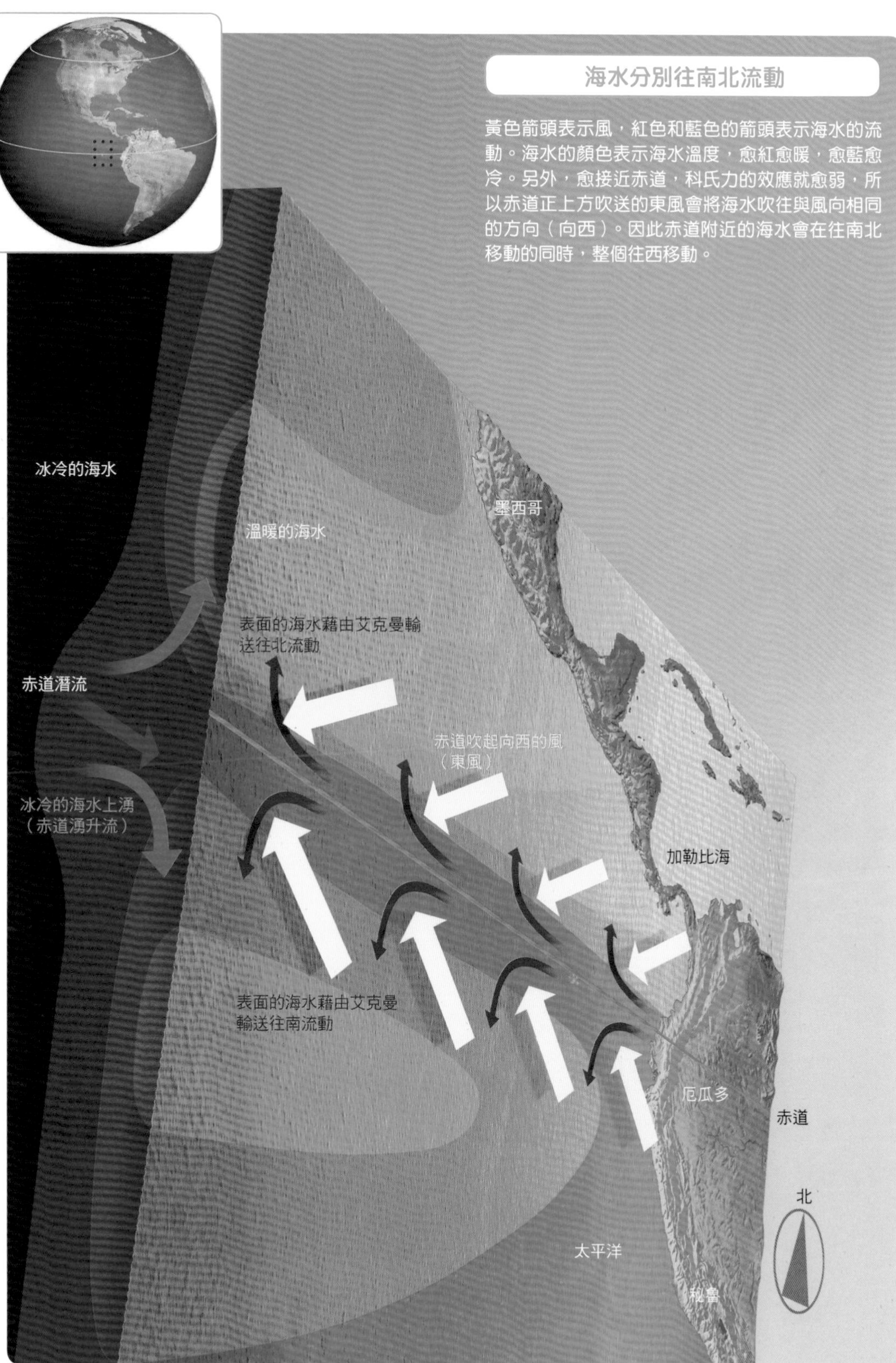
海水分別往南北流動
黃色箭頭表示風，紅色和藍色的箭頭表示海水的流動。海水的顏色表示海水溫度，愈紅愈暖，愈藍愈冷。另外，愈接近赤道，科氏力的效應就愈弱，所以赤道正上方吹送的東風會將海水吹往與風向相同的方向（向西）。因此赤道附近的海水會在往南北移動的同時，整個往西移動。
冰冷的海水
墨西哥
溫暖的海水
表面的海水藉由艾克曼輸送往北流動
赤道潛流
赤道吹起向西的風（東風）
冰冷的海水上湧（赤道湧升流）
加勒比海
表面的海水藉由艾克曼輸送往南流動
厄瓜多
赤道
北
太平洋
秘魯

南極氣溫遠比北極低

相對北極地區斯瓦巴群島（北緯76度）的年間平均氣溫（氣候平均值）為零下4℃，南極大陸沃斯托克站（南緯78度）的年間平均氣溫則為零下55.2℃，相差接近50℃。

這個差距是地理因素所致。雖然冬季北極地區大部分冰封，下方卻有廣達1400萬平方公里的海洋。這片海洋的保溫效果，使得北

從北極吹來的風很微弱

北極海即使在夏季時也有冰，分布範圍以北美洲大陸的近海為中心。然而，沒有大陸的北極與南極一比較，嚴寒度較弱，產生的高氣壓大小和從當地吹出的風強度都不大。北極海的高氣壓在阿拉斯加的近海很發達。因為來自太平洋的洋流和大西洋側不同，幾乎不會流進來，所以從很早時就會結冰，驟然變冷。阿拉斯加的近海遠在西風蜿蜒路徑的北邊，沒有順利送來暖氣團，也是一個原因。另外，冬季西伯利亞、阿拉斯加和其他內陸也會因為輻射冷卻而變成低溫。風會從當地產生的高氣壓，吹進相對高溫且容易產生低氣壓的北極海。北極的氣象與周圍的大陸息息相關。

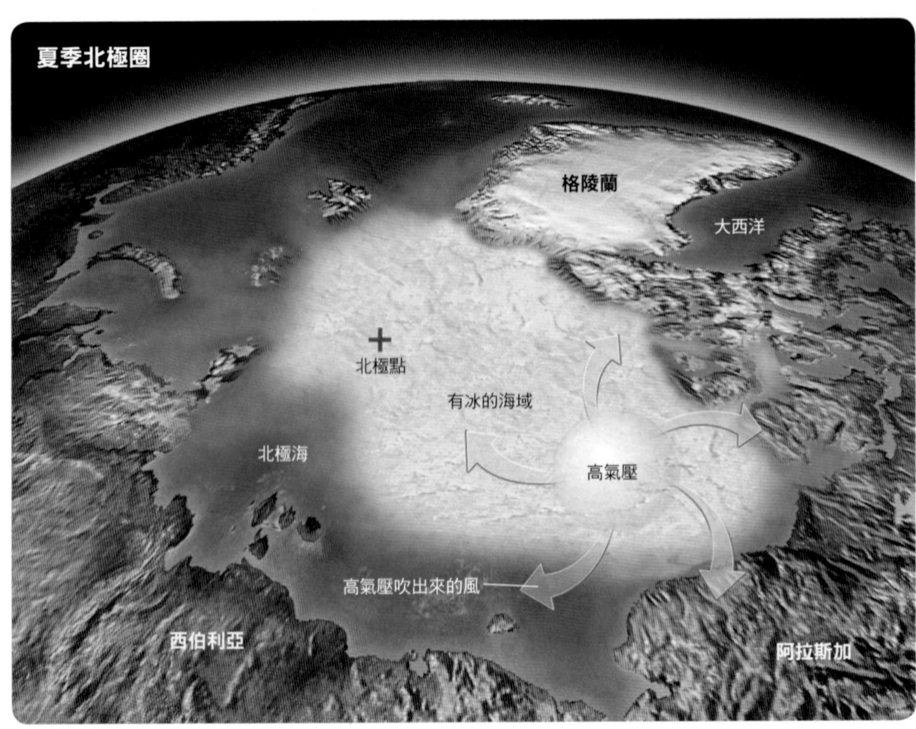

極圈的氣溫不會顯著下降。反倒是西伯利亞東北部的冬季氣溫較低。

另一方面，南極大陸的面積為1360萬平方公里，約為台灣陸地面積的380倍，平均海拔則為2300公尺。這片大陸在寒冬期間產生的輻射冷卻會讓氣溫大幅下降，就算低於零下65℃也不稀奇。只要冬季一到，顯著下降的氣溫就會讓地表附近的大氣變重。因此高氣壓發達，經常向周圍吹出強風。再者，由於南極大陸的形狀像是倒扣著的碗，所以風會從高地往低地吹。有時沿著冰谷風速可達每秒幾十公尺。這道風稱為「下坡風」(katabatic wind)。

另外，相較於北極周圍被大陸環繞，南極則是被海洋環繞。因此，北極的氣象多半與俄羅斯、阿拉斯加、加拿大或格陵蘭等地連動。反觀南極則孤立於其他大陸，形成獨特的氣象型態。

南極大陸覆碗狀的地形讓寒風往下吹

從東北方上空看到的南極大陸。南極大陸的地形中央較高，愈接近海岸愈低，就像倒扣著的碗一樣。

南極大陸的剖面圖

南極大陸做為基盤的陸地上方附著厚達2000公尺左右的冰層（ice sheet）。另外，這張剖面圖在描繪時強調了高度。

塑造日本季節的四個高氣壓

日本跟台灣不同，四季分明。夏季的悶熱讓熱帶地區相形見絀，冬季的積雪量在世界也是屈指可數，季節的轉折點在梅雨或秋雨。塑造這些季節的變化主要是四個高氣壓。

日本位於歐亞大陸以東，是四面環海的島

生成於日本周圍的四個高氣壓

1 西伯利亞高壓　在西伯利亞冷卻後形成

西伯利亞高壓會替日本帶來「寒冬北風」。到了冬季時，輻射冷卻會使得西伯利亞的大地變冷，接著地表附近的空氣跟著冷卻變重，形成高氣壓。這種高氣壓是在大陸形成，特徵在於水蒸氣量少，所以又冷又乾燥（第122頁）。

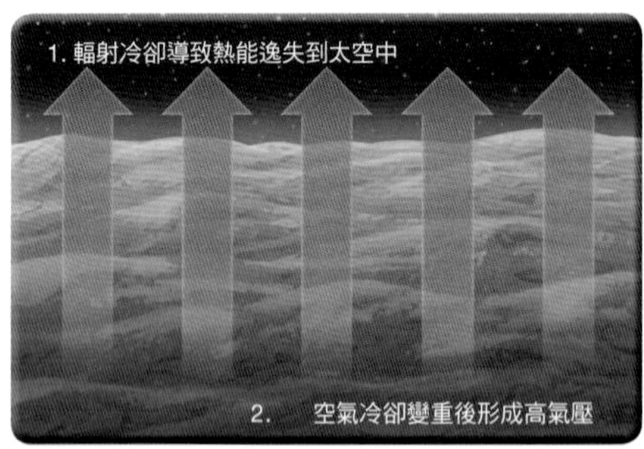

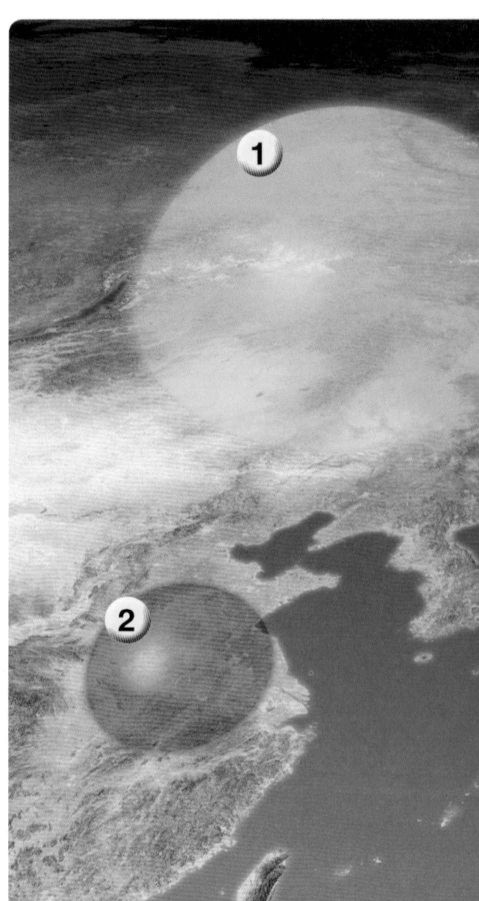

2 移動性高壓　乘著西風由西向東移動

春秋兩季，大陸的高氣壓和海上形成的低氣壓會乘著西風，由西向東交互移動（第126頁）。

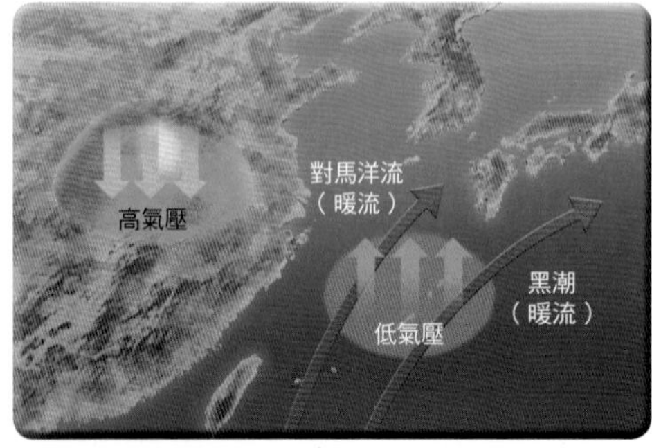

國。大陸的性質就像鐵板一樣，白天會因為太陽而容易升溫，晚上則會因為「輻射冷卻」向太空釋放熱量而容易變冷。另一方面，海洋的性質則是難以升溫也難以冷卻。

在大陸、海洋的溫差與高空吹送的西風作用下，形成特性因季節而異的高氣壓，影響著日本的天候。這四種高氣壓為吹出乾冷空氣的「西伯利亞高壓」，伴隨乾暖空氣的「移動性高壓」，吹出溼冷空氣的「鄂霍次克海高壓」，以及伴隨著相當溼暖空氣的「太平洋高壓」。

從下一頁起就要來看看各個高氣壓塑造的日本四季特徵。

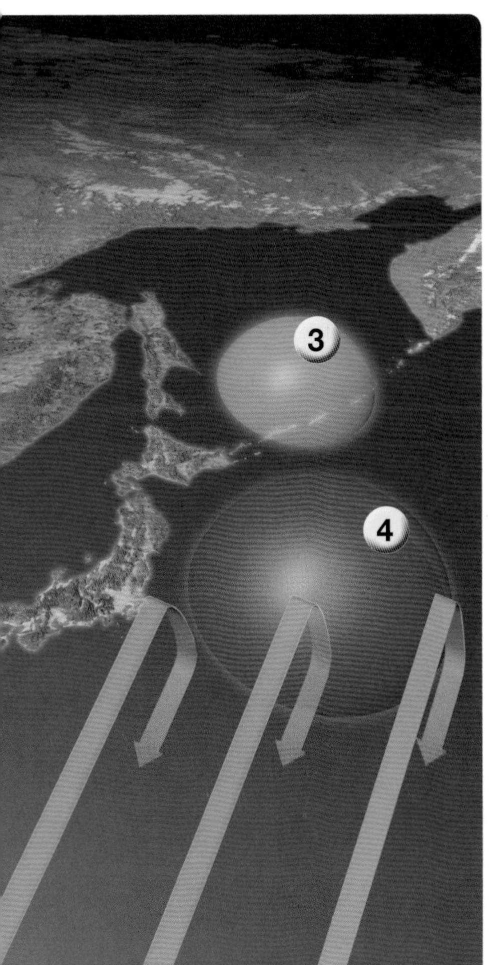

鄂霍次克海高壓

在冰冷的鄂霍次克海上形成

鄂霍次克海即使氣溫上升也很難像大陸那麼溫暖，從春季後半到夏季的這段時期，氣壓容易提高。假如這種高氣壓逗留在日本的北海道或東北地區，就會吹送當地稱為「山背」的冷風，導致霧或冷害發生（第128頁）。

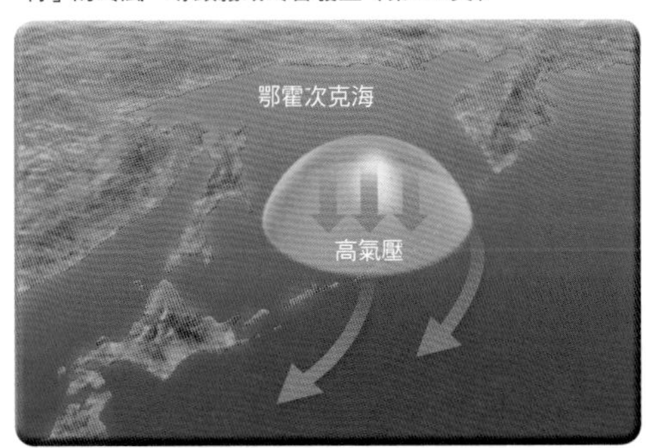

4 太平洋高壓

在大氣的循環中形成

太平洋高壓形成於赤道附近加溫上升的空氣下降之處。夏季一到，赤道附近的上升氣流處和北方的下降氣流處都會北上，於是太平洋高壓就會籠罩在日本附近（第130頁）。

帶來大雪的西伯利亞高壓

位在歐亞大陸內陸的西伯利亞地區，冬季會因夜間的輻射冷卻奪走地表的熱量，甚至達到零下40℃的低溫。因此空氣會冷卻變重，產生高氣壓，稱為「西伯利亞高壓」。

從西伯利亞高壓流出的冷空氣會往日本行進，途中經過日本海時，由於暖流（對馬洋流）會從南方流進該處，即使在冬季也會比較溫暖。來自西伯利亞高壓的冷空氣原本是乾燥的，但在通過溫暖的日本海上空之際，會大量吸收水蒸氣，製造出冬季特有的條狀雲。條狀雲屬於積雨雲，能夠降下大量的雪。這種雲會撞上縱貫日本列島的山脈，讓日本海側的山區降下大雪。

日本海的水蒸氣是雪的來源

來自西伯利亞高壓的風在日本海吸收的水蒸氣，絕大多數情況下無法越過山脈。因此會在日本海側形成雪，逸失水蒸氣。爾後這道風吹向太平洋側，把高地的冷空氣拉下來。冬季寒冷的地方風就是這樣形成的。

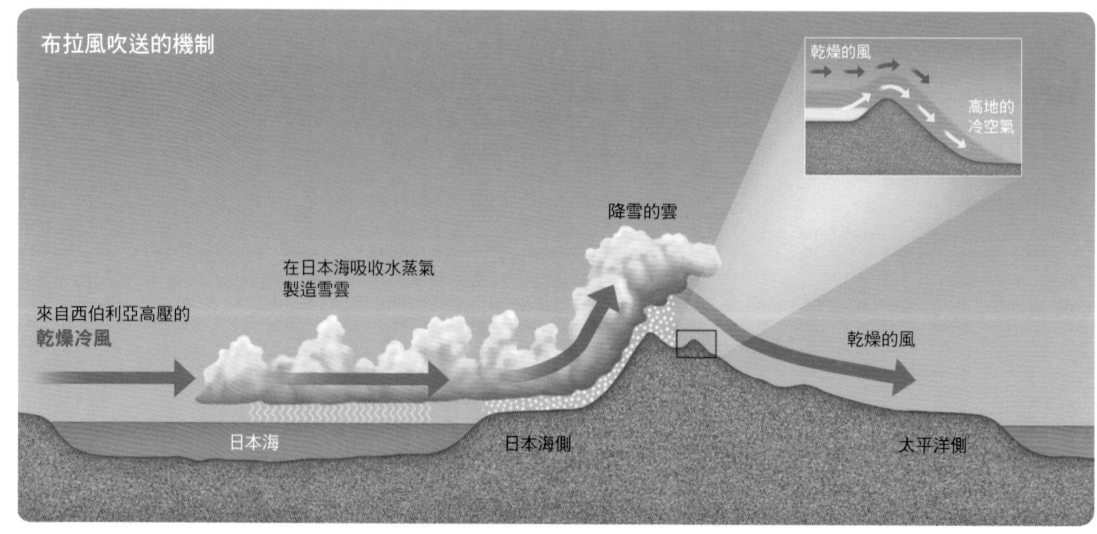

西伯利亞高壓將冷風吹往日本

圖片為日本附近冬季的氣壓配置和雲的模樣。日本列島西側強大的西伯利亞高壓會往日本吹出冷風，讓日本海上製造的雲在日本海側降下大量的雪。

專欄 COLUMN 條狀雲形成的機制

右圖為條狀雲形成的機制。西伯利亞高壓吹出的冷風，會因日本海溫度較高而從下面升溫。這樣一來，風的流動就會呈螺旋狀。換句話說，上升氣流和下降氣流會並列。下降氣流形成的地方不會製造雲，而上升氣流在的地方則會製造出排成一列的雲，於是就形成條狀雲了。

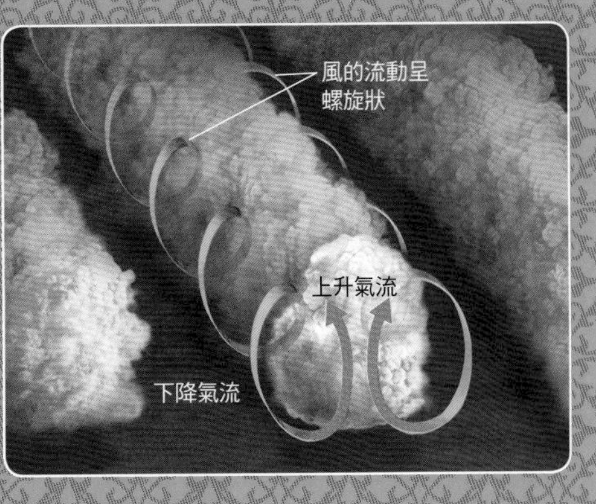

預告冬季結束的南風「春一番」

到了二月中旬，持續的嚴寒告一段落，稍暖的南風取代北風吹進日本列島。這道南風在日本稱為「春一番」。

冬季期間，西伯利亞高壓會讓強烈的西北風吹送到日本附近。雖然在中國大陸產生的低氣壓，會乘著西風接近日本，但在冬季時，西風也會往南移動，行進方向因此偏南而穿越太平洋側一帶。

來自西伯利亞高壓的風會在春季將近後減弱，西風也會稍微北上。接著，低氣壓通常會穿越日本海。每年立春後，來自太平洋側的高氣壓強風就會吹向低氣壓，其中的第一道風稱為「春一番」。西伯利亞高壓減弱代表冬季馬上會結束，所以日本人會把春一番當作季節分界的代名詞使用。

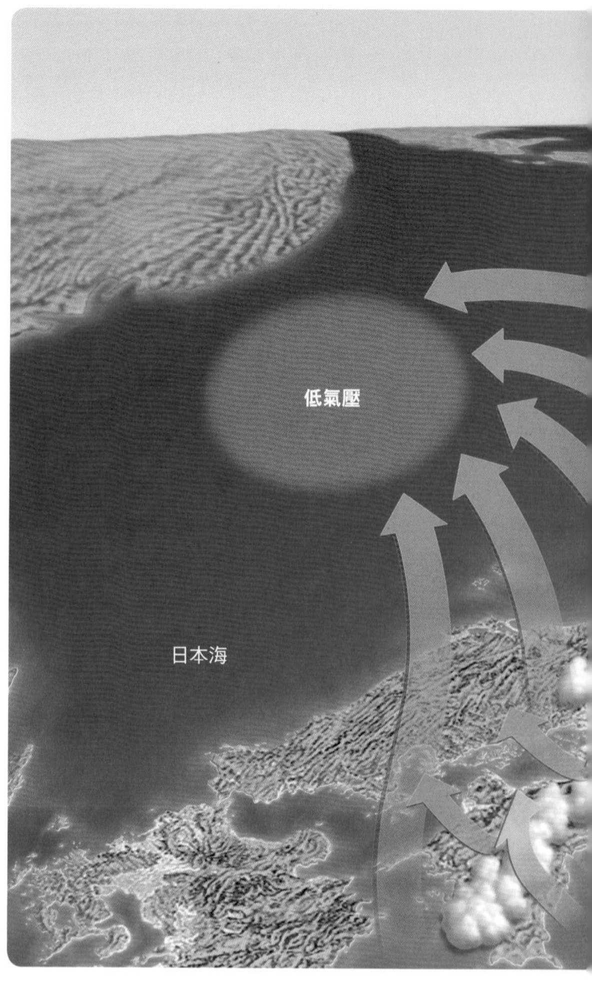

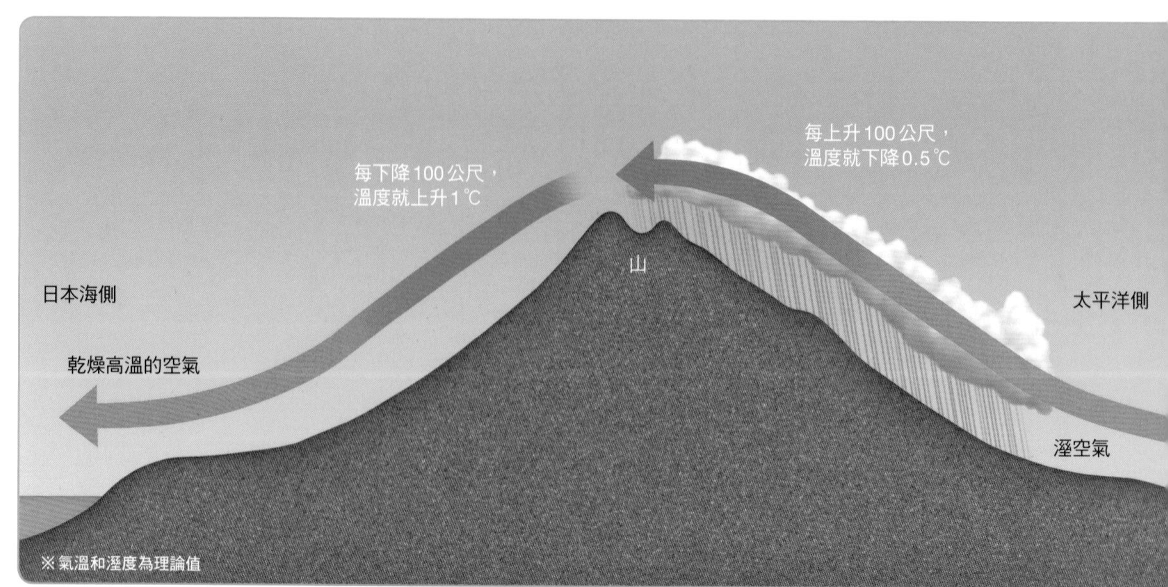

春一番

預告春季來臨的稍暖南風，從太平洋側吹向日本海側的低氣壓。

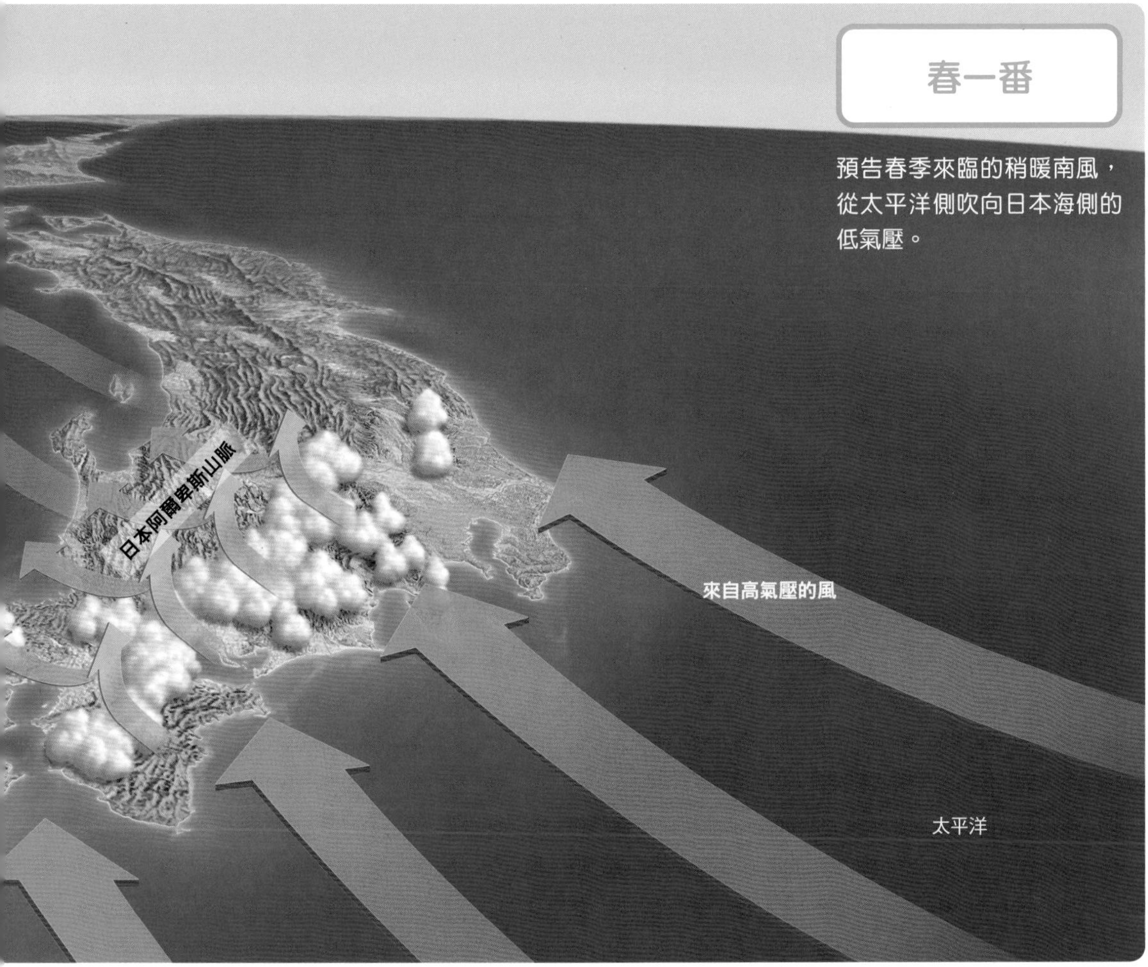

日本阿爾卑斯山脈

來自高氣壓的風

太平洋

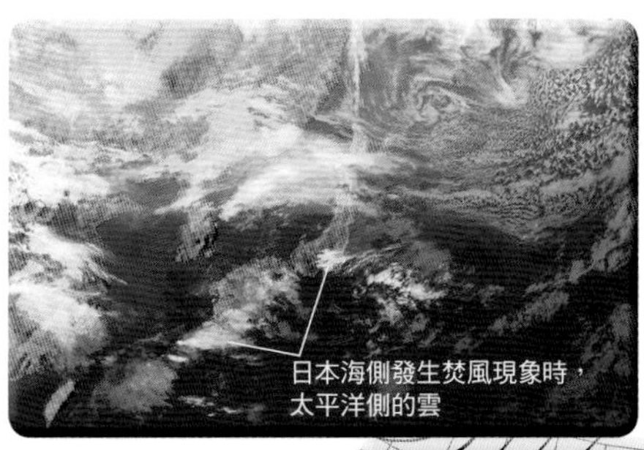

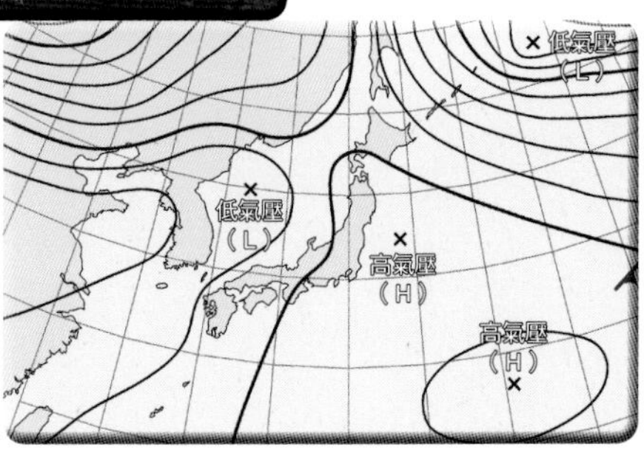

焚風現象發生當天的衛星雲圖和天氣圖（天氣圖判讀法見第六章）。

南風引起的「焚風現象」

從南方吹往日本的風，會在太平洋上吸收水蒸氣。這道風穿過日本列島的山地時會化為上升氣流，產生雲，讓太平洋側的各個地區降雨，越過山脊的空氣因此喪失水蒸氣。當太平洋側形成雲的同時，上升的空氣會因為凝結成水滴時散發的熱而變暖，溫度比乾燥的空氣上升時還要高。因此，溫度高於太平洋側的乾燥風就會吹到日本海側。這種現象稱為「焚風現象」。焚風（foehn）這個詞原本是指從阿爾卑斯山脈往下吹的局部風。除了歐洲的阿爾卑斯地區之外，美國的阿帕拉契山脈東側等地也會因為同樣的原理產生焚風。日本有時會因為這種暖風而引發雪崩。

移動性高壓產生多變的秋日天空

日照量減少的秋季一到，造成夏季炎熱的太平洋高壓勢力就會減弱。相對地，西風則會增強而南下，於是從中國大陸出發的低氣壓或高氣壓就會來到日本附近。這種高氣壓不會像太平洋高壓一樣停在同一個地方，而是乘著西風往東移動，所以稱為「移動性高壓」。

乘著西風而來的移動性高壓和低氣壓之中，若是低氣壓通過流經日本南方的「黑潮」、流入日本海的「對馬洋流」等暖流的上方，就會吸收海上的熱量或水蒸氣，發展出大量的雲，天氣就因此變壞了。反過來說，要是移動性高壓來臨，天氣就會晴朗。秋季天氣多變的原因就在於此。同理，春季的天氣也一樣多變莫測。

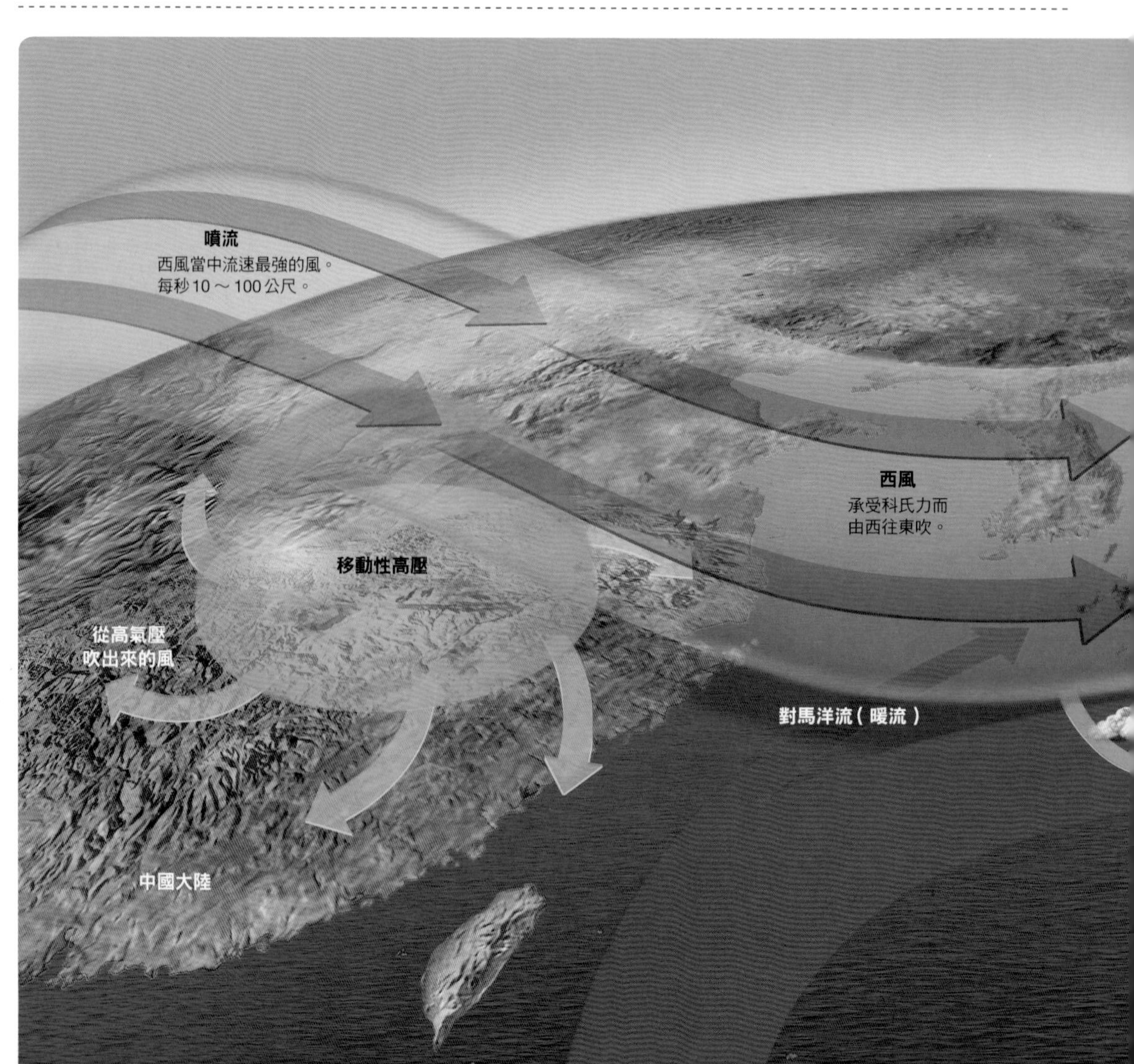

秋高氣爽的衛星雲圖和天氣圖

這是晴空萬里的秋日衛星雲圖。受到中國大陸的高氣壓影響，日本的中國地區到東日本都是晴天。衛星雲圖和下面的天氣圖為2020年11月15日的資料。

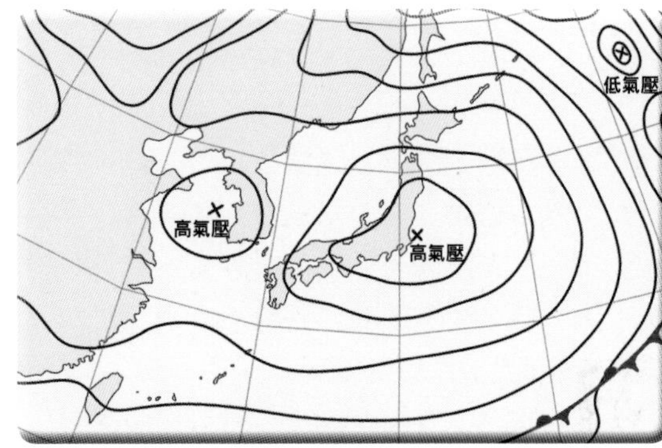

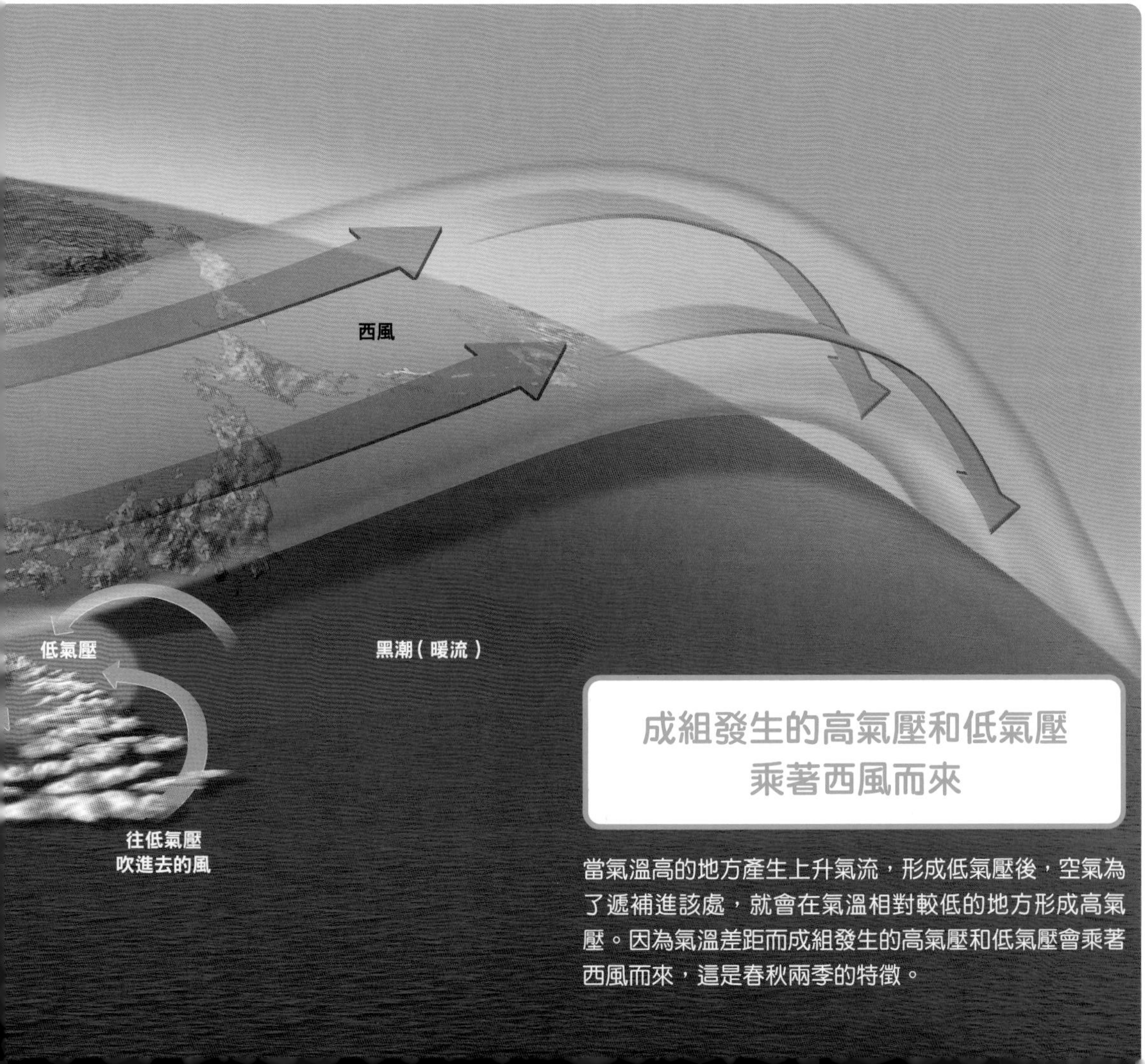

成組發生的高氣壓和低氣壓乘著西風而來

當氣溫高的地方產生上升氣流，形成低氣壓後，空氣為了遞補進該處，就會在氣溫相對較低的地方形成高氣壓。因為氣溫差距而成組發生的高氣壓和低氣壓會乘著西風而來，這是春秋兩季的特徵。

「梅雨」是由兩個高氣壓推擠而成

從6月到7月，除了北海道之外的日本全國，都會處於持續長期降雨的「梅雨」時期。

會產生梅雨，是因為鄂霍次克海高壓吹出的冷風，和太平洋高壓吹出的溼暖風在日本列島上碰撞所致。這段時期，兩股高氣壓的勢力相當，雙方的風互相碰撞推擠。結果，風因此無法前行而形成上升氣流，持續製造雨雲。兩股空氣推擠的交界稱為「梅雨鋒面」。梅雨鋒面橫跨日本列島，有時甚至會延伸到5000公里以上。

鄂霍次克海高壓會發達，是受到流動在高空中的西風（噴流）影響。冬季吹到喜馬拉雅山脈南方的西風，這段時期會撞上喜馬拉雅山脈的西側，分成南北兩支。支流會在遙遠的鄂霍次克海上空合流。接著上空就會匯集空氣，產生下降氣流，發展出鄂霍次克海高壓。

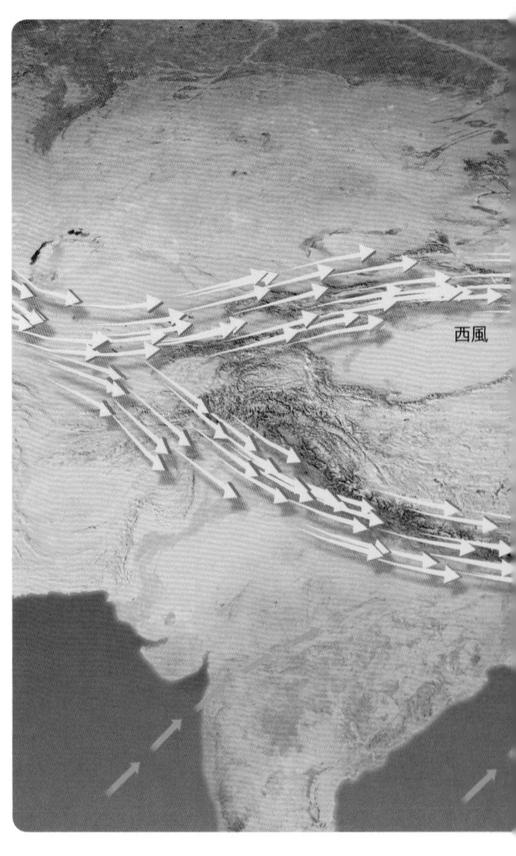

寬廣的雲帶從日本綿延到孟加拉

從太平洋高壓和鄂霍次克海高壓吹出的風，在海洋上行進的同時，分別補給水蒸氣。當勢均力敵的兩者相撞後，風因無法前行而形成上升氣流。上升氣流會將水蒸氣送到高空，形成雲而降雨。太平洋高壓和鄂霍次克海高壓帶來的影響到中國為止，但是這個季節孟加拉和印度尼西亞半島會因為季風而產生雲帶。結果雲帶看起來就會像是從日本綿延到孟加拉。

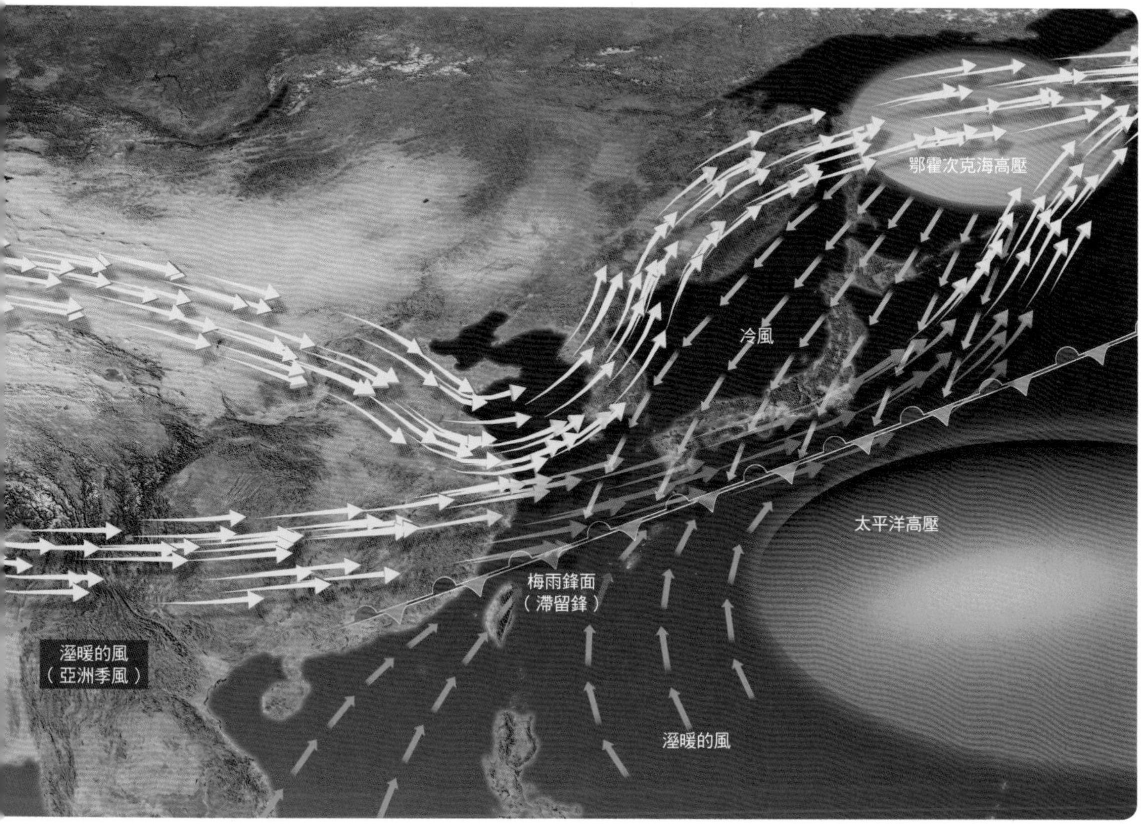

溼空氣持續流入形成梅雨

圖片為和梅雨有關的風之動向。從鄂霍次克海高壓和太平洋高壓吹出來的風在日本列島上空相撞，以至於產生梅雨鋒面，持續長期降雨。鄂霍次克海高壓是因為原本在喜馬拉雅山脈西側分為南北兩股的西風，會於這個時期合流而產生。另外，這個時期溼暖的風會遠從印度洋吹向大陸，稱為「亞洲季風」。亞洲季風也會將許多水蒸氣送往日本，帶來梅雨。

蜿蜒環繞地球的「西風」

圖片為從北半球觀看的西風狀況。西風（逆時鐘由西向東繞行地球）就像是包圍北極地區一樣。另外，這股風會往南北蜿蜒，蜿蜒的方式因地區或時期而異。西風能夠有效隔絕北方的冷空氣（冷氣團）和南方的暖空氣（暖氣團），因此西風若往南蜿蜒，就會將冷氣團帶往南邊，若往北蜿蜒，就會將暖氣團帶往北邊。

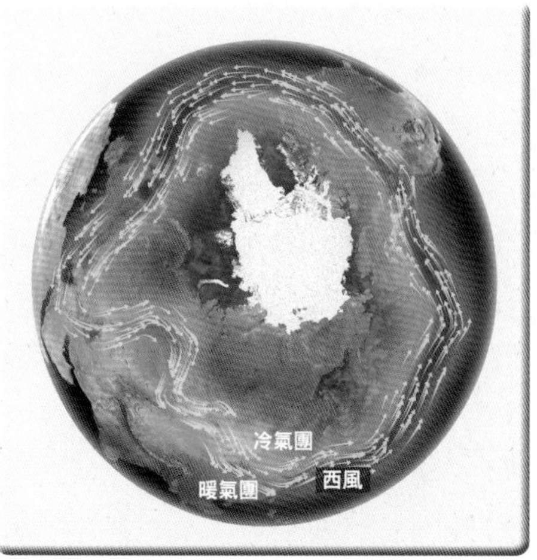

太平洋高壓為日本帶來炎夏

隨著夏季將近，太平洋高壓的威力逐漸增強，把來自鄂霍次克海高壓的風推回去，導致梅雨鋒面北上，因而在日本附近會由南往北形成「出梅」。這個時期通常是7月前後。

太平洋高壓是因為大氣環流而形成，非常穩定。因此，要是進入太平洋高壓強烈的影響範圍下，就會長期持續放晴。晴朗而悶熱的日本夏季就來臨了。

然而，根據每年狀況不同，有可能會形成「酷暑」或「冷夏」。右圖是2018年發生破紀錄酷暑的機制。形成酷暑的理由，其一是太平洋高壓的勢力維持在非常強勁的狀態，另一個理由則是大氣上層形成的高氣壓「青藏高壓」，覆蓋在太平洋高壓之上，長期壟罩在日本上空。

青藏高原是海拔平均4500公尺的地區。夏季一到，照射在青藏高原的日照就會讓海拔較高的空氣升溫。接著空氣上升到高空1萬公尺以上的高空形成高氣壓。從同樣的高度來看，該地的氣壓就會比周圍還要高。

太平洋高壓和青藏高壓籠罩在日本，使得暖空氣停留在地面附近。接著，有些地方就會因為從山上往下颳的氣流，產生氣溫上升的焚風現象，造成超過40℃的高溫。

另外，要是太平洋高壓的勢力減弱，梅雨就會拖長，形成冷夏（專欄）。

重疊的高氣壓會產生酷暑

圖片為2018年夏季的情況。出現在日本西側的是發源於青藏高原的青藏高壓。青藏高壓是在大氣上層形成的高氣壓，它延伸出去疊在太平洋高壓上面，變成兩層，壟罩在日本上空，使得酷暑持續下去。

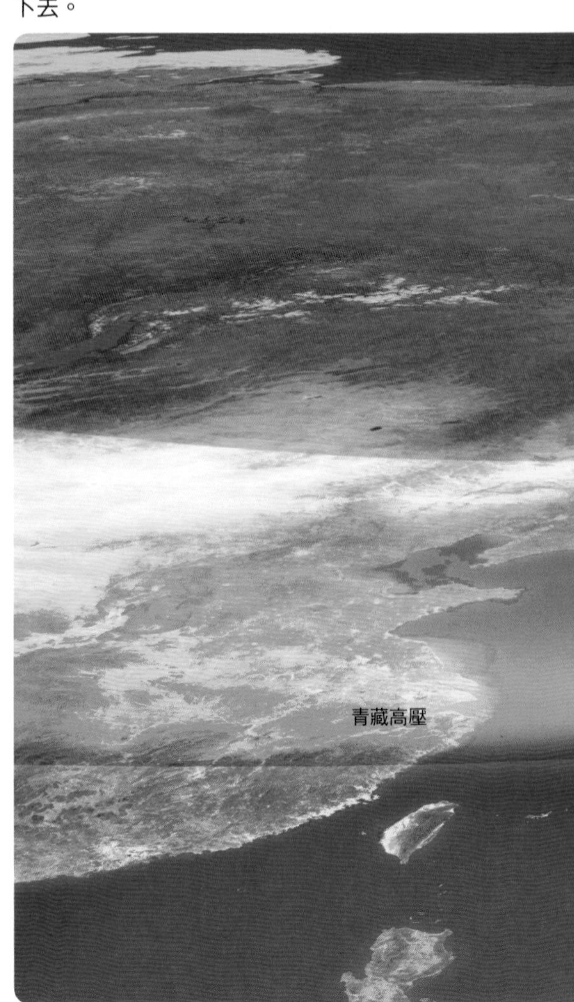

專欄 COLUMN 梅雨拖久就形成冷夏

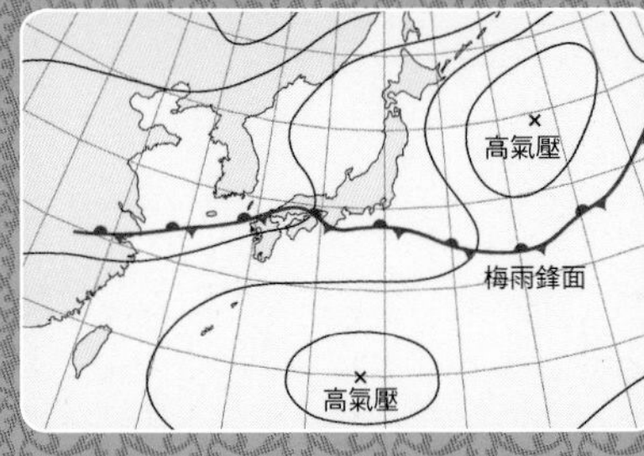

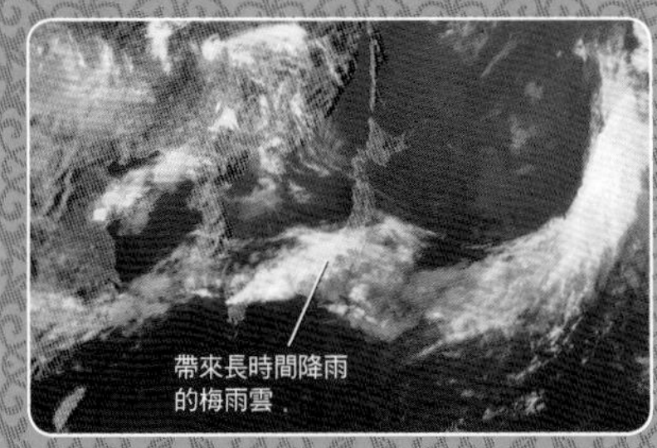

日本的冷夏有幾種模式。比如「全國低溫型」是因為太平洋高壓的勢力偏南，全國吹東北風，使氣溫變低。另外還有「北冷西熱型」，則是太平洋高壓勢力強大，從西日本覆蓋到東日本而變熱，反觀太平洋高壓和鄂霍次克海高壓之間要不是有鋒面滯留，就是有低氣壓通過，使得北日本吹東北風，涼爽的梅雨綿延不絕。上面的天氣圖是位在日本東邊和南邊的高氣壓吹出的風在日本附近相撞，形成梅雨鋒面。梅雨鋒面從中國大陸穿過九州北部，延伸到日本東海地方滯留。九州北部會遭逢大雨，從西日本到東日本形成陰天或雨天。天氣圖和衛星雲圖都是2006年 6月26日上午 9 點的資料。

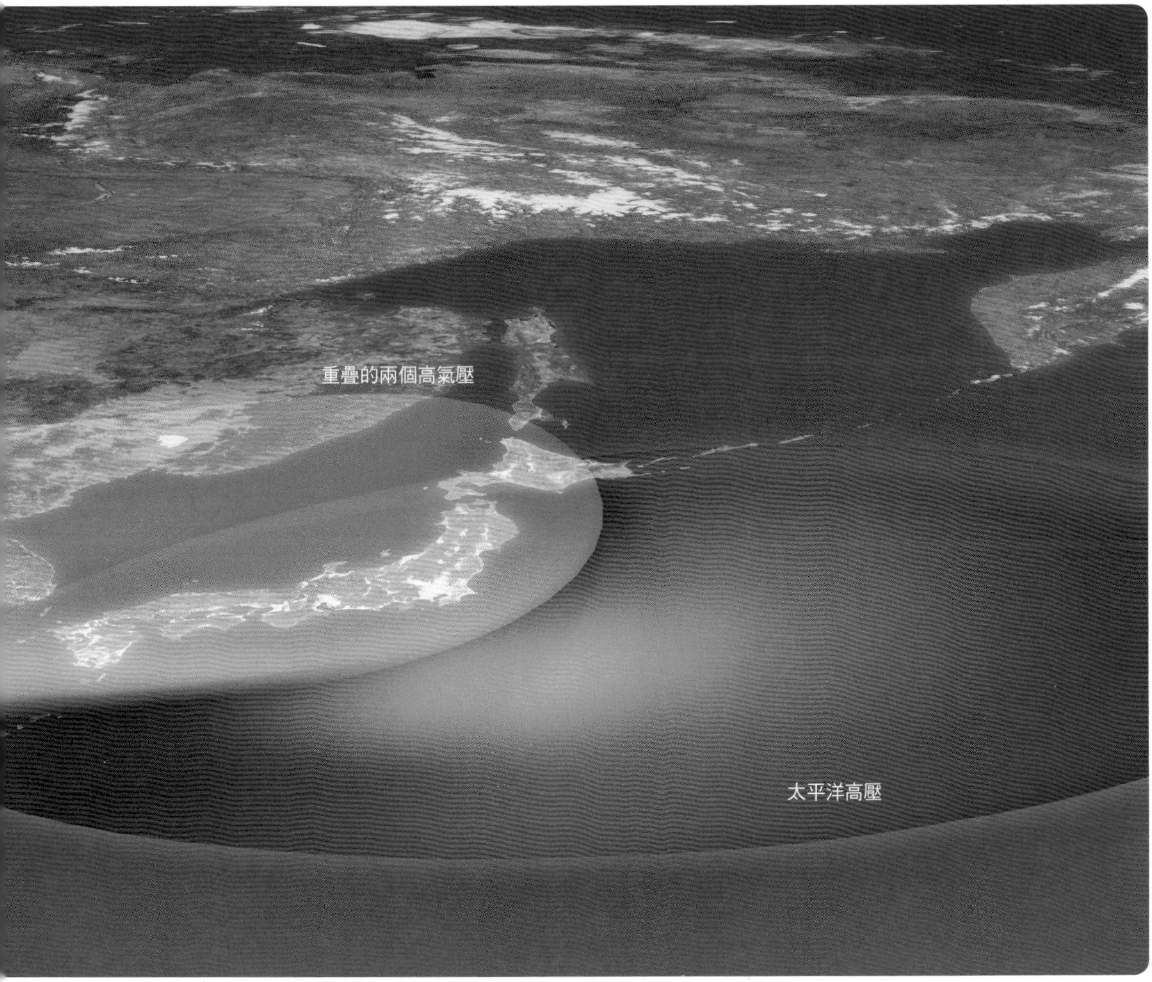

重疊的兩個高氣壓

太平洋高壓

SECTION 49

決定颱風路徑的要素

Typhoon course

颱風路徑

從低緯度熱帶海面上所產生的低氣壓稱為「熱帶氣旋」。當熱帶氣旋漸漸變得巨大，流進中心的風速每秒超過17.2公尺，便稱之為「颱風」。

颱風誕生於距離日本遙遠的熱帶海上，為什麼會專程來到日本呢？

颱風基本上會順著周圍吹送的風移動。決定颱風路徑的重大要素有三種，就是夏季逗留在日本東邊海面上的「太平洋高壓」所製造的風、「信風」和「西風」。

首先，從赤道到緯度30度以下的地區，一整年都吹著由東向西的「信風」。因此，熱帶海面形成的颱風會先往西行進。

接著，颱風會承受從太平洋高壓吹出來的風，就像要繞過高氣壓一樣，從南方迂迴到西方北上。夏季一到，「太平洋高壓」會停留在右圖的位置。這個高氣壓在北半球會吹出順時鐘方向的風。

颱風來到日本附近之後，路徑會到受西風的影響，改為偏東，往東北方邁進。

基於以上的理由，夏秋的颱風多半會採取縱貫日本列島的路徑。

各月份平均的颱風路徑

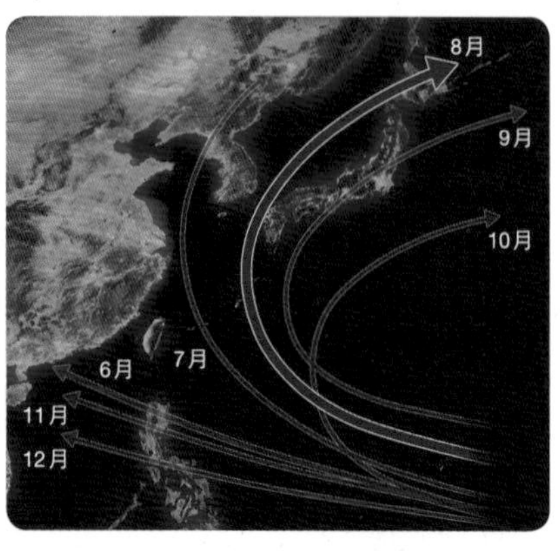

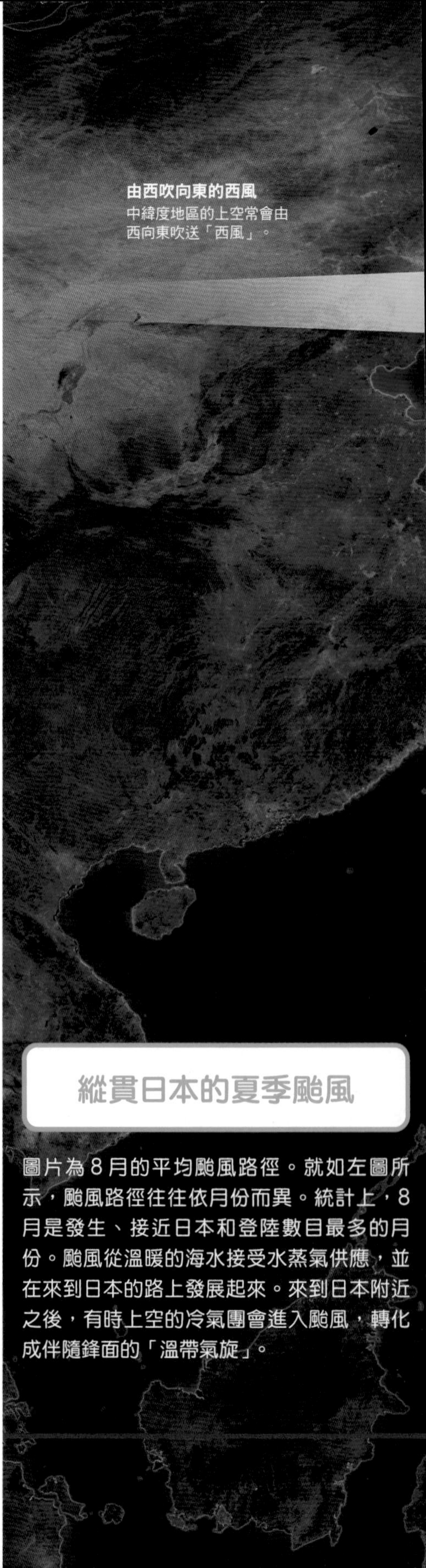

由西吹向東的西風
中緯度地區的上空常會由西向東吹送「西風」。

縱貫日本的夏季颱風

圖片為8月的平均颱風路徑。就如左圖所示，颱風路徑往往依月份而異。統計上，8月是發生、接近日本和登陸數目最多的月份。颱風從溫暖的海水接受水蒸氣供應，並在來到日本的路上發展起來。來到日本附近之後，有時上空的冷氣團會進入颱風，轉化成伴隨鋒面的「溫帶氣旋」。

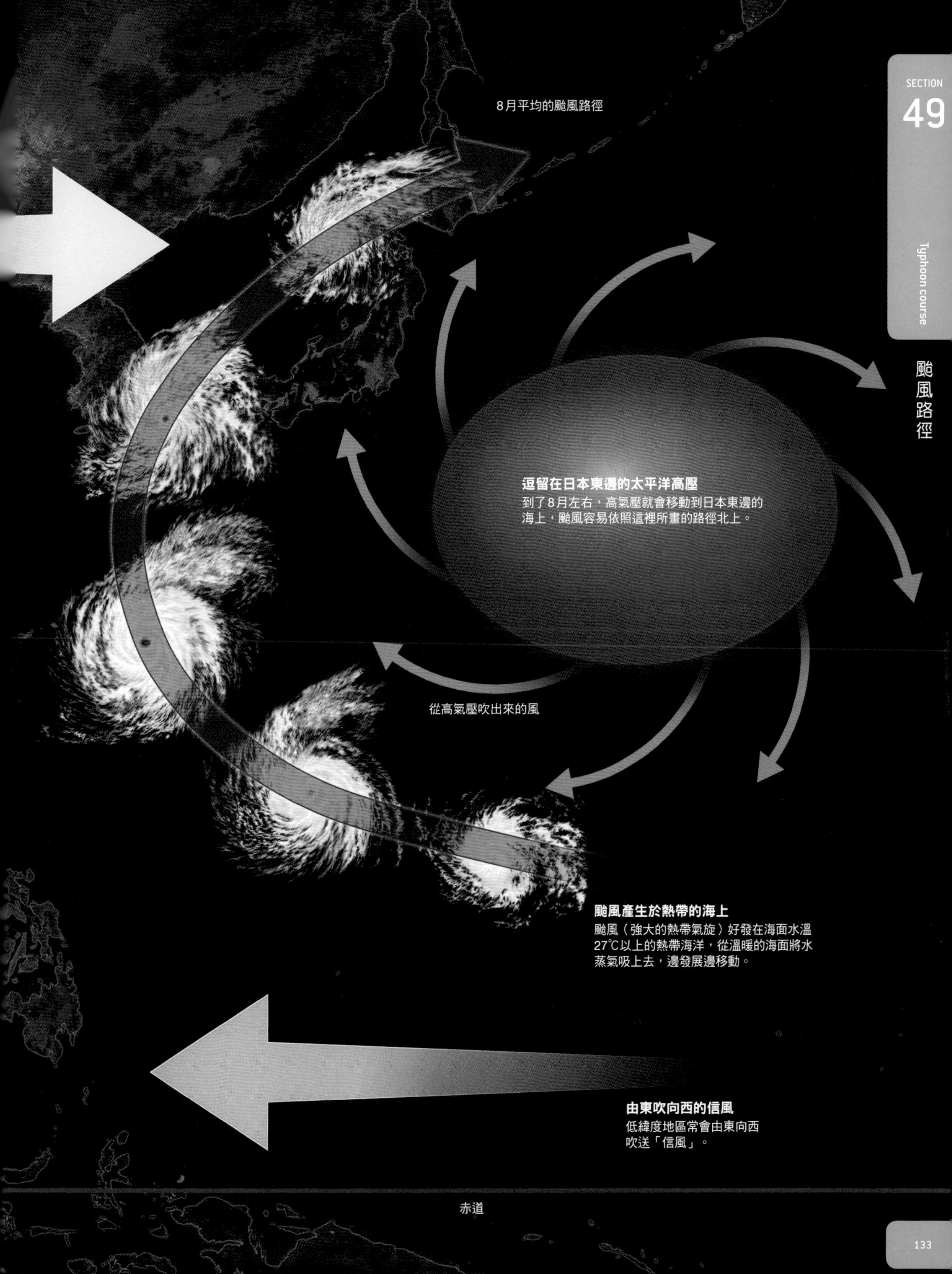
8月平均的颱風路徑
逗留在日本東邊的太平洋高壓
到了8月左右，高氣壓就會移動到日本東邊的
海上，颱風容易依照這裡所畫的路徑北上。
從高氣壓吹出來的風
颱風產生於熱帶的海上
颱風（強大的熱帶氣旋）好發在海面水溫
27℃以上的熱帶海洋，從溫暖的海面將水
蒸氣吸上去，邊發展邊移動。
由東吹向西的信風
低緯度地區常會由東向西
吹送「信風」。
赤道

COLUMN

地球的23.4度傾斜孕育出四季

四季年年更迭依舊，到底是什麼機制讓季節發生變化的呢？

地球是以貫穿北極點和南極點的地軸為中心，以1天約1圈的步調轉動（自轉）。於是，太陽照射的「白晝」和照不到的「夜晚」就會反復到來。另外，地球會在自轉的同時，花上1年繞行太陽（公轉）。公轉的軌道近似圓形，包含圓在內的平面稱為公轉面。地球並不垂直於公轉面，而是傾斜23.4度。這個傾角就成了季節發生變化的原因。

對季節變化影響最大的是氣溫。氣溫的變化和地表接收的太陽能量多寡息息相關，而地表接收的能量多寡取決於太陽照射的角度和日照時間。

陽光以愈接近垂直的角度照射地表，單位面積平均能量會愈多。而且，日照時間一長，接收能量的時間也會變長。日本位在北半球，夏至時太陽是以最接近垂直的角度照射，日照時間也長。因此，夏至是最能接收太陽能的日子。反過來說，冬至是太陽從最斜處照射的日子，接收到的太陽能最少。

假如地軸垂直於公轉面，太陽就會從同樣的角度不斷照射，日照時間也不會變化。因為地軸以絕妙的角度傾斜，才會產生現在這樣變化多端的四季。

另外，接收最多能量的夏至當天，卻不見得是1年中最熱的日子。太陽光不是直接幫大氣升溫，而是替地表升溫。而升溫後的地表就會釋放熱量，提高氣溫。這要花1～2個月左右的時間，因此實際上最熱的日子會在夏至的1～2個月之後。

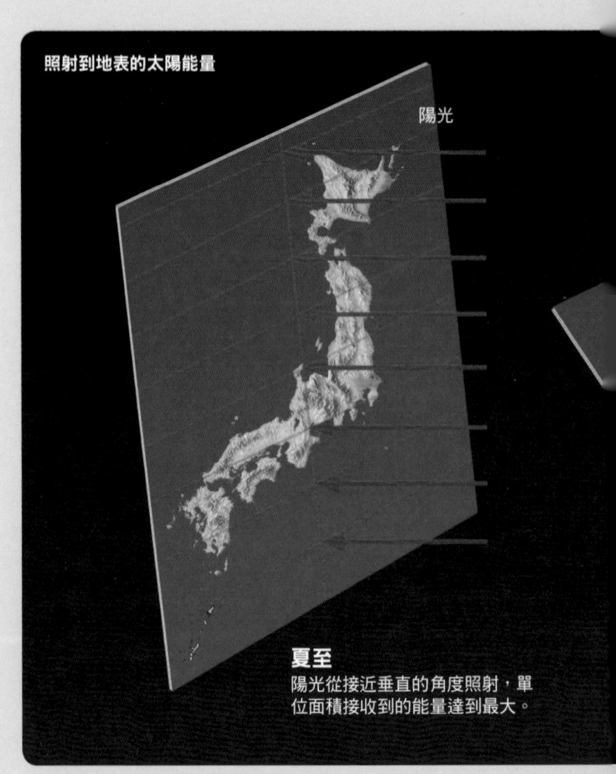

夏至
陽光從接近垂直的角度照射，單位面積接收到的能量達到最大。

地球的公轉

地球以太陽為中心，沿著圓形軌道（正確來說是橢圓）繞行１年。地球公轉時會保持地軸傾斜，致使季節產生變化。

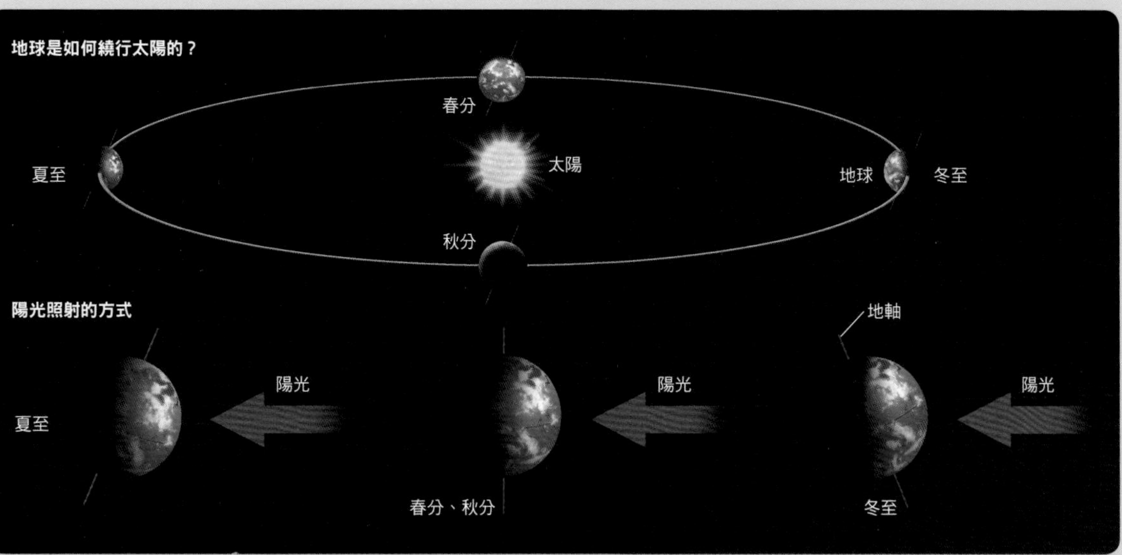

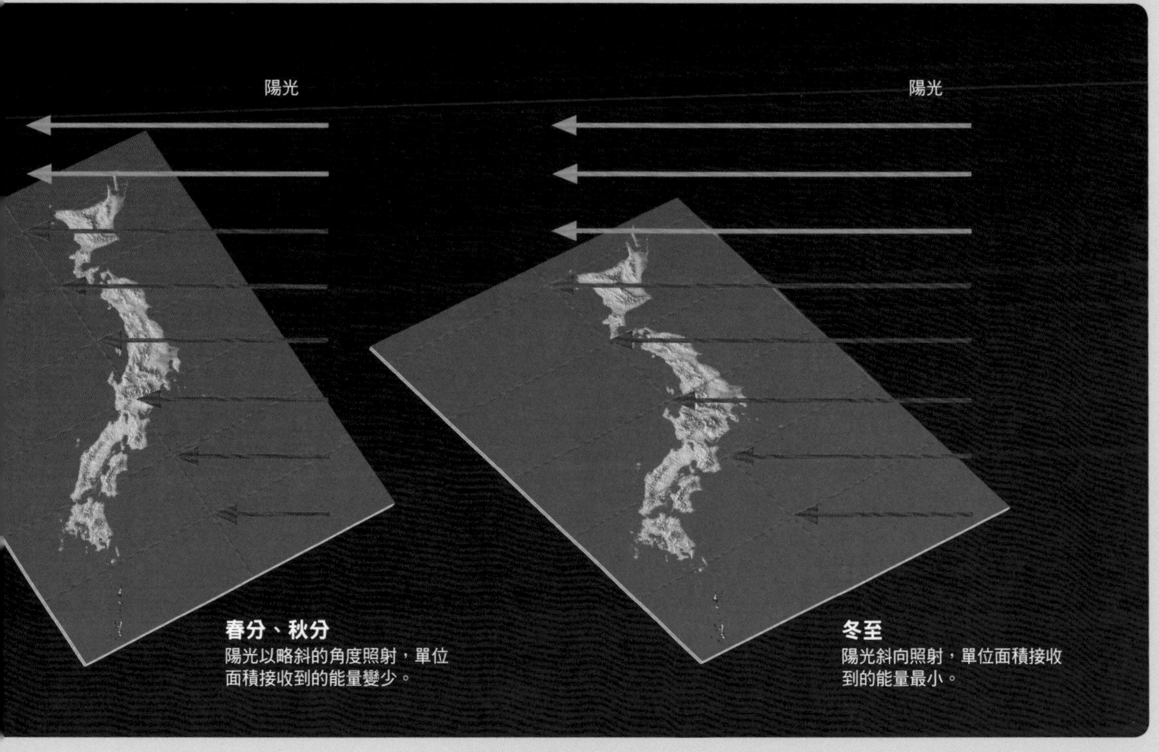

陽光
陽光

春分、秋分
陽光以略斜的角度照射，單位面積接收到的能量變少。

冬至
陽光斜向照射，單位面積接收到的能量最小。

陽光照射的方式

陽光從接近垂直的角度照射，單位面積接收的能量較多。只要拿手電筒照一下牆壁，就會發現垂直照射比斜向照射還要明亮。

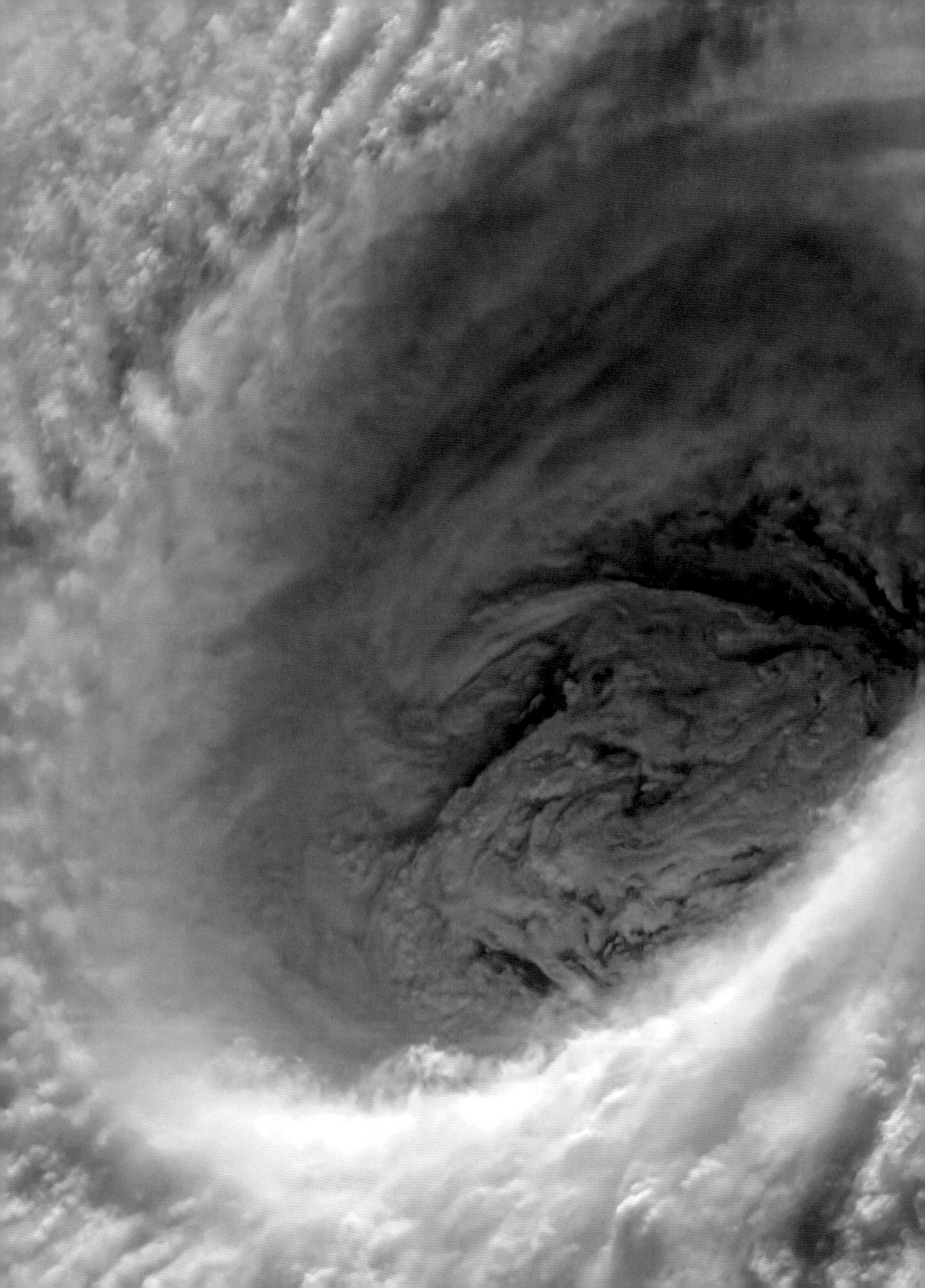

5
異常氣象與災害

Unusual weather and disasters

異常氣象是「30年發生不到1次的現象」

相信大家都聽過異常氣象或異常天氣吧。不過什麼是「異常」呢？

根據日本氣象廳的定義，「異常氣象」指的是「某個地點（地區）在某段時期（星期、月、季節）出現30年發生不到1次的現象」。極為罕見的現象才能稱為異常現象。

異常氣象和氣象災害

圖片為2010年整年在世界各地觀測到的異常高溫、異常低溫和氣象災害（根據日本氣象廳的統計資訊）。目前已證實紅色的區域是異常高溫，藍色的區域是異常低溫，黃色的區域是少雨，綠色的區域是多雨。即使只取某一年的資料，也可以看出異常現象大量發生。照片為颱風、乾旱和其他大氣現象帶來的災害。

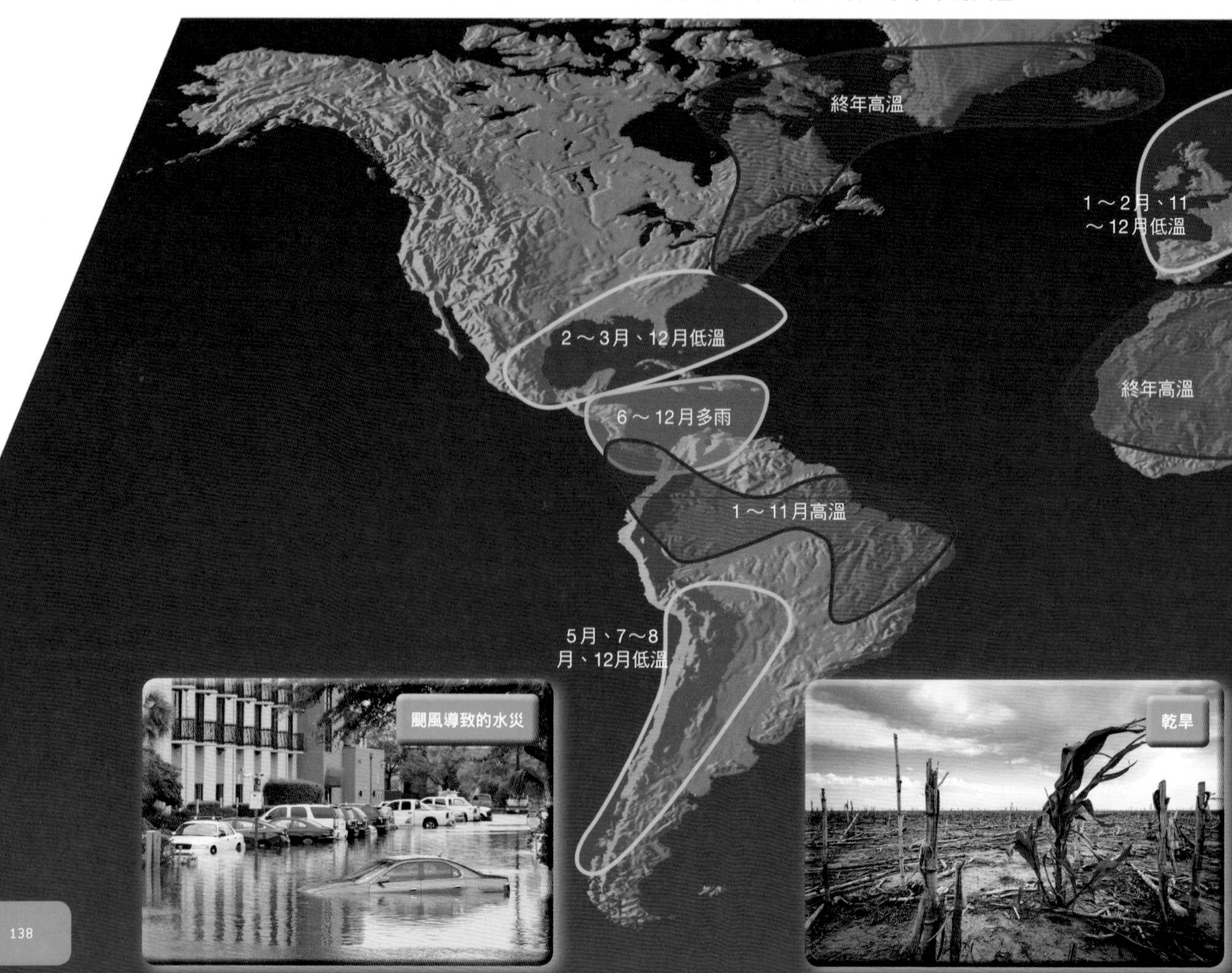

然而，新聞報導每年都會聽到異常氣象這個詞。這是因為異常氣象的標準依日本全國150處以上的觀測地點而定。某個地點30年發生一次的現象，就等於每30個地點當中可能會有1個地點發生。考量到觀測地點有150個以上，每年都在某處創下異常高溫或雨量的記錄並非不可思議。另外，氣象學上表示「平常」的詞彙為「氣候平均值」（climatological normal），定義為「30年的平均值」，日本氣象術語稱為「平年值」。

實際上來說，可能會不管出現頻率，直接將帶來災害的氣象稱為異常氣象。再者，有時人們也會單憑感覺，將出乎意料的極端氣象或天氣稱為「異常」。

這一章將會討論異常氣象或氣象相關的災害及其機制。

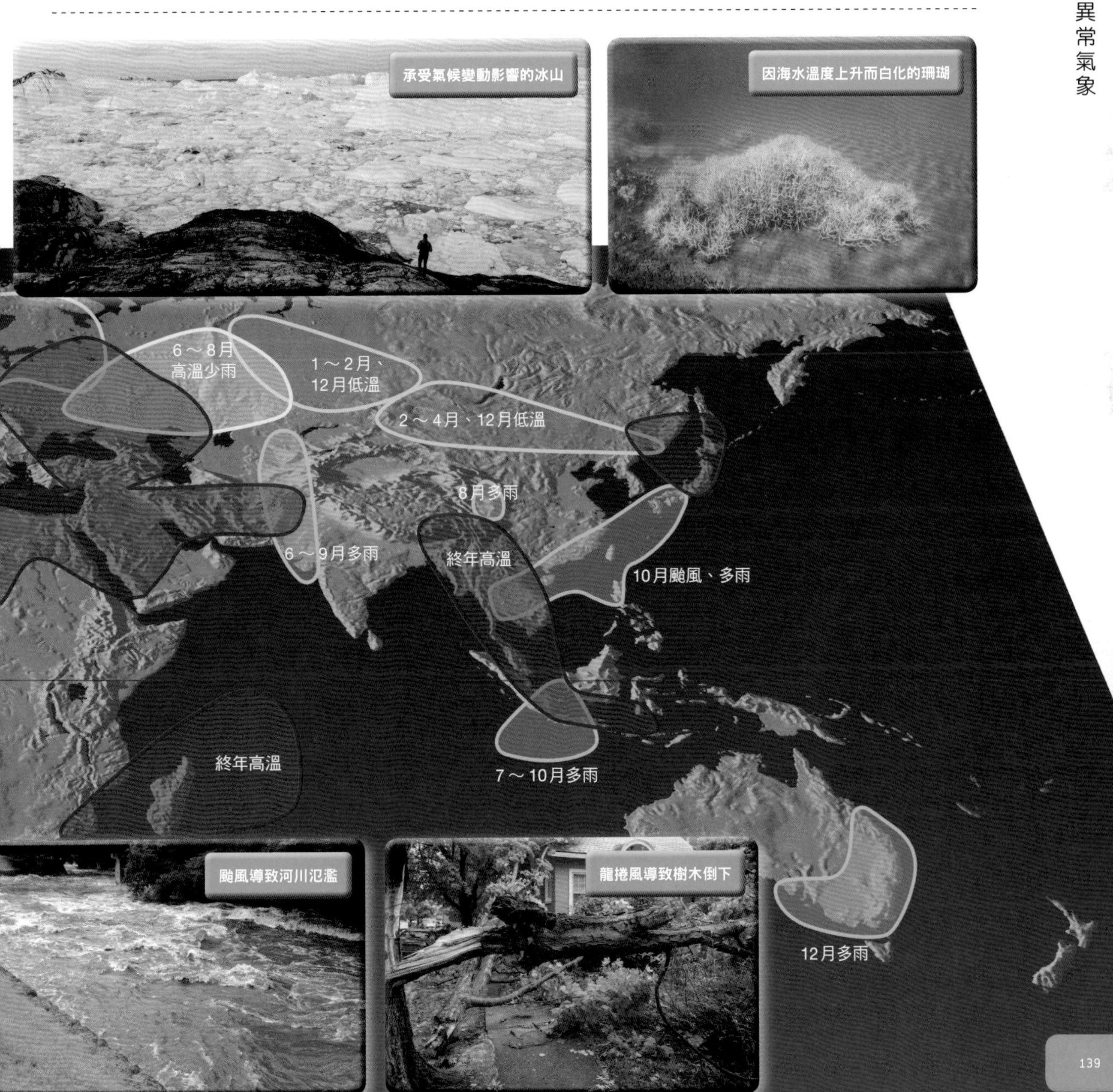

大氣現象的規模愈大，生命期愈長

異常氣象指大幅偏離過去經驗的現象。這種現象包含大雨或暴風持續好幾個小時的激烈氣象，或是持續幾個月的乾旱，以及極端的冷夏和暖冬。

下圖為各個大氣現象空間尺度（規模）和時間尺度（生命期）的關係，表示每個大氣

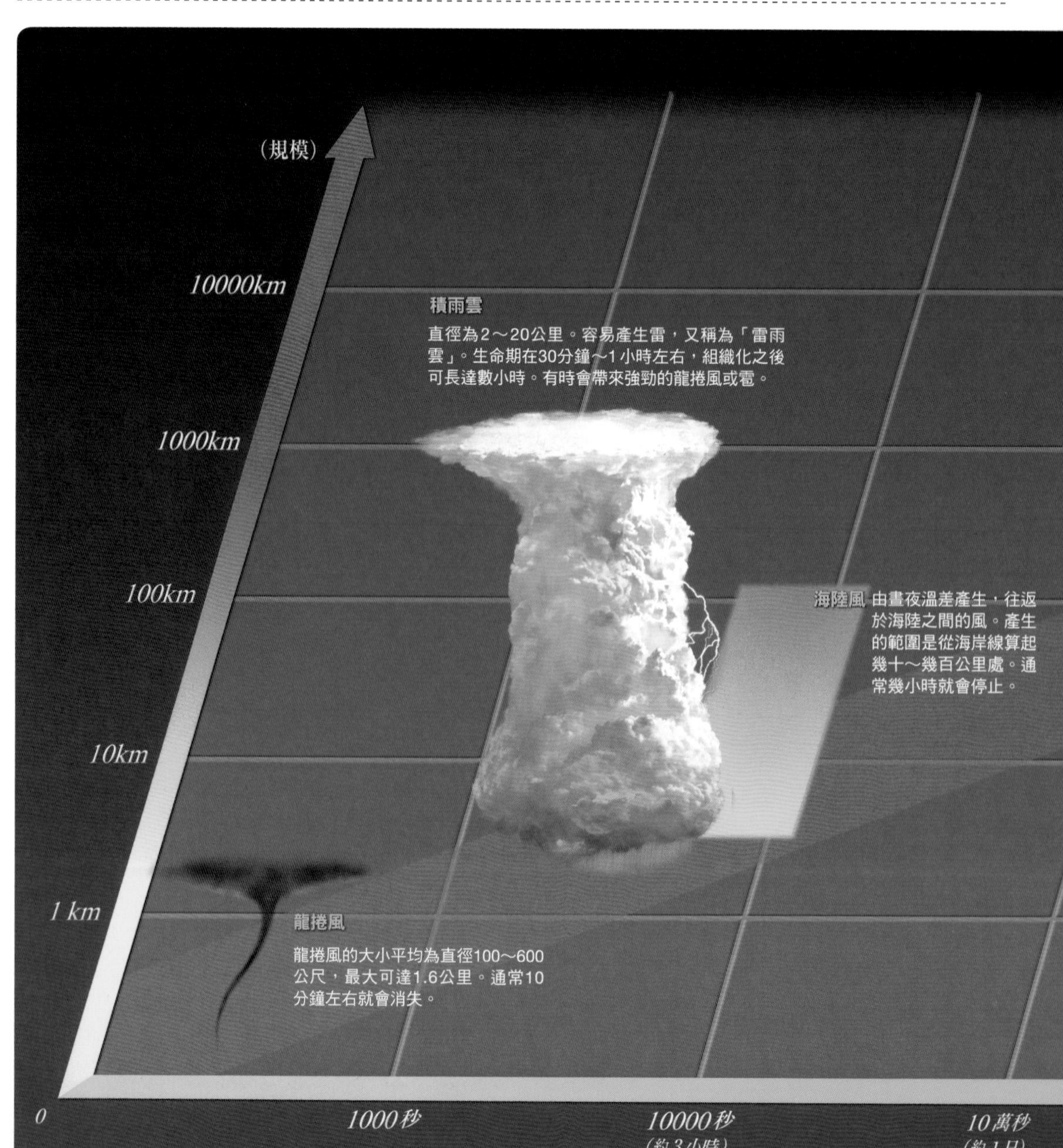

現象持續多長時間，稱為「氣象生命期」。氣象生命期從10幾分鐘到幾個月都有，長短不一。同時，大氣的現象具有特定的規模。從山區或限定部分地區的局部現象，到跨越全亞洲的各種不同範圍的天氣變化。

由此可知，規模愈大的大氣現象，通常持續時間愈長。

幾乎排成一直線的大氣現象

圖表以大氣現象的規模為縱軸，生命期（持續時間）為橫軸，標出各式各樣的氣象。形式不特定，規模或生命期帶有範圍的會以四方形表示。紫色帶狀表示從左下到右上會愈來愈大。可以看出氣象規模愈大，通常生命期就愈長。

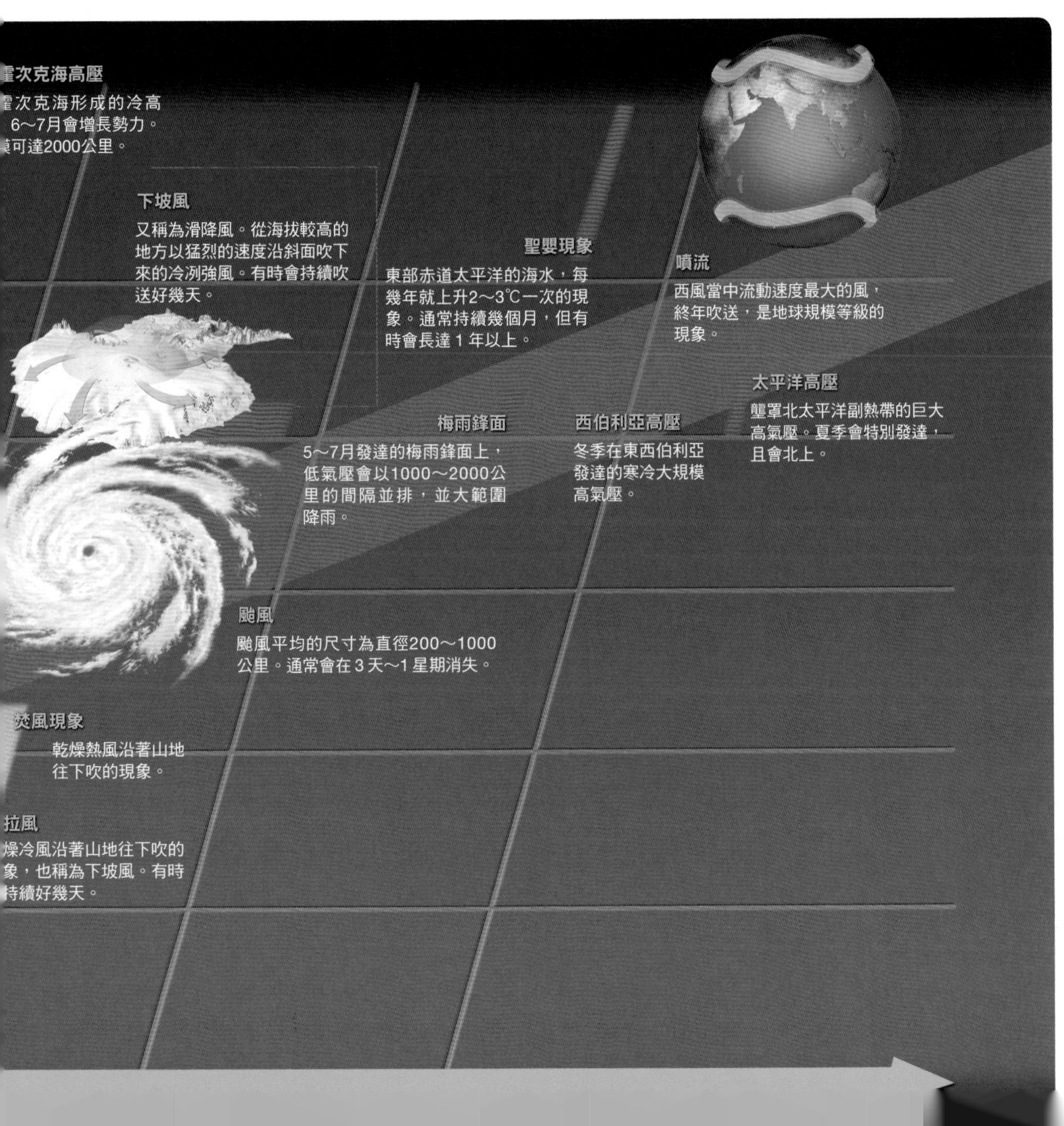

龍捲風從巨大的積雨雲產生

美國內陸地區會發生許多巨大的龍捲風，與日本是完全不同的量級。

龍捲風是從極為巨大的積雨雲發展而成，下圖這種雲稱為「超大胞」（supercell）。通常積雨雲的生命期為30分鐘～1小時左右，超大胞卻能透過強勁的上升氣流，吸納地表溼暖的空氣，持續好幾個小時，是很特殊的積雨雲。

從上空看超大胞，形狀就像整個顛倒過來的雲。另外，內部還伴隨著強勁上升氣流的小型低氣壓，直徑大約幾公里左右，稱為「中氣旋」（mesocyclone）。

地上的風相撞後產生的旋渦，會藉由中氣旋下方的上升氣流延伸到上方，形成直徑幾十～幾百公尺細的強勁渦旋，也就是龍捲風。巨大龍捲風的風速有時會達到每秒100公尺以上。

另外，有時在日本的運動會和其他戶外活動中，晴天的風會捲成渦旋將帳篷吹走，這種現象通常稱為「塵捲風」（dust devil）。龍捲風伴隨高空的積雨雲而來，在晴朗無雲時發生在地面的現象，即使呈龍捲風一樣的渦旋，也稱為塵捲風。

超大胞型的龍捲風機制

超大胞和一般的積雨雲有所差異。如圖所示，下降氣流產生的位置和上升氣流不同，所以上升氣流不會遭到抵消，雲的生命期就變長了。超大胞內捲成旋渦狀的上升氣流中氣旋，其下方會產生龍捲風。產生龍捲風後，從超大胞底下冒出的圓筒狀雲，就會往地面延伸出細長的「漏斗雲」，看起來就像龍捲風。

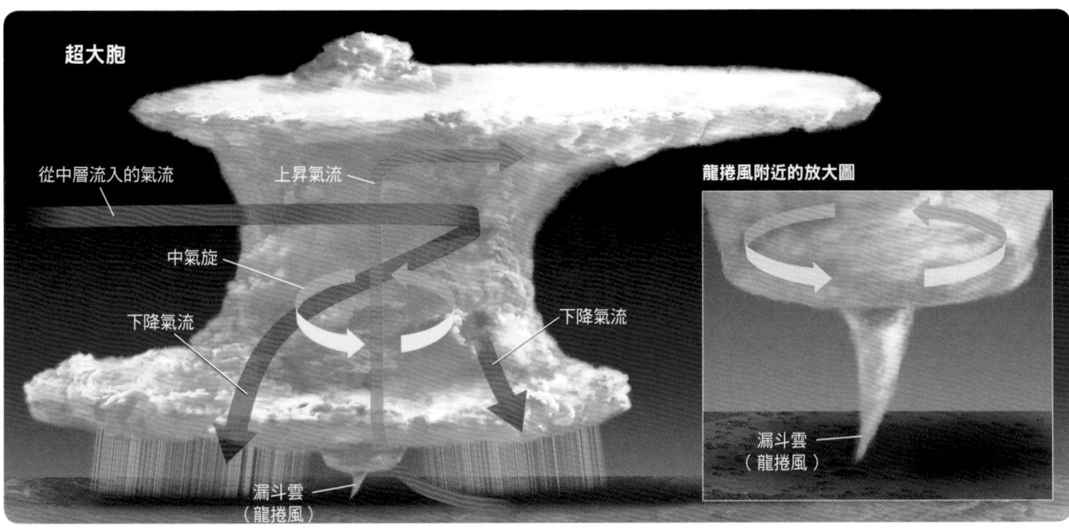

超大胞

2016年美國科羅拉多州發生的超大胞。

不斷產生的積雨雲會帶來暴雨

往下風側綿延的積雨雲

在數小時內於小區域降下100～幾百毫米的大雨，稱為「暴雨」或「豪雨」。讓大雨從天而降的，想當然耳就是積雨雲。積雨雲的生命期為30分鐘～1小時，雨量約幾十毫米，但若積雨雲在同樣的地方持續發生，就會形成暴雨。

持續產生多個積雨雲的機制之一，就是稱為「後造型」（back-building）的對流現象。只要風在高空適度流動，積雨雲就會順勢不斷產生。這種積雨雲有的會排列長達幾百公里，形成「線狀降水帶」（training），帶來集中於小範圍的暴雨，導致災害發生。

假如處在「大氣狀態不穩定」的狀況，哪怕是少許的空氣紊亂（上升氣流），積雨雲也會急速發達起來。比如從海洋吹往內陸的海風沿著山坡斜面上升或集中在一處後，就會產生上升氣流。這麼一來，積雨雲就會在該處急速發達，形成局部性大雨。

上風側不斷產生積雨雲

圖片為後造型的線狀降水帶的形成機制。就如左下方的圖所示，①地表附近的溼暖空氣上升而產生積雨雲，降下大雨。②一段時間後，積雨雲就乘著上空的風移動。積雨雲當中產生的冷空氣導致下降氣流到達地面後分散開來。這股冷空氣或山地又會推升地表附近新流過來的溼暖空氣，產生別的積雨雲。③重覆上述一連串的流程後，就會長期持續出現局部性的大雨。

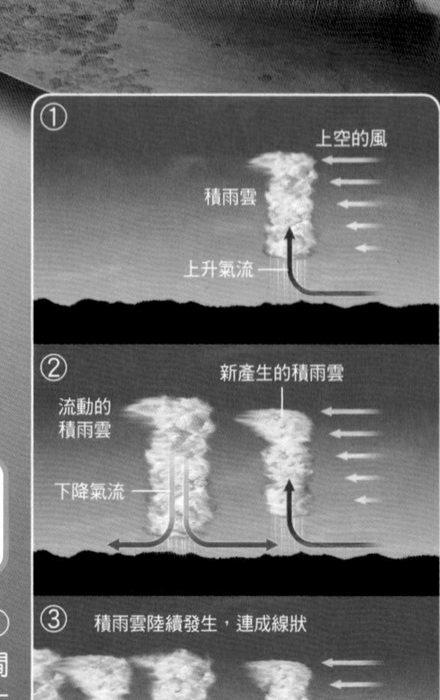

發達的積雨雲
產生積雨雲
新的雲
上空的風
上升氣流
上升氣流
上升氣流
下降氣流
暴雨
在地面擴張的
冷空氣
陣風鋒面
冷空氣與周圍的
暖空氣相撞之處

風速超過每秒67公尺的「超級颱風」

超級颱風是美軍聯合颱風警報中心（Joint Typhoon Warning Center，JTWC）所訂定的颱風等級。就如右表所示，是以 1 分鐘平均最大地面風速劃分。這種劃分方式下，風速超過每小時240公里（約每秒67公尺）的最大級颱風稱為「超級颱風」。另外，日本氣象廳則以10分鐘的平均風速，來定義颱風的「大小」和「強度」。

一般的颱風會發生在海面水溫約27℃以上的地方，海面水溫愈高，就愈可能形成強勁的颱風。

另外，颱風增強的原因不只跟飽和蒸氣壓（saturated vapor pressure）或海面的水溫有關，就連水深100公尺深處的海水溫度也會帶來影響。隨著颱風發達，強風攪動底下的海水，這麼一來，淺處的海水和深處的海水就會相混。由於深處水溫低，淺處的海水溫度跟著下降，就不會發展出颱風。但若連深處的海水溫度都很高，海面溫度就不會下降，於是颱風會持續發展，容易形成強勁的颱風。

與颱風發達息息相關的深層海水溫度

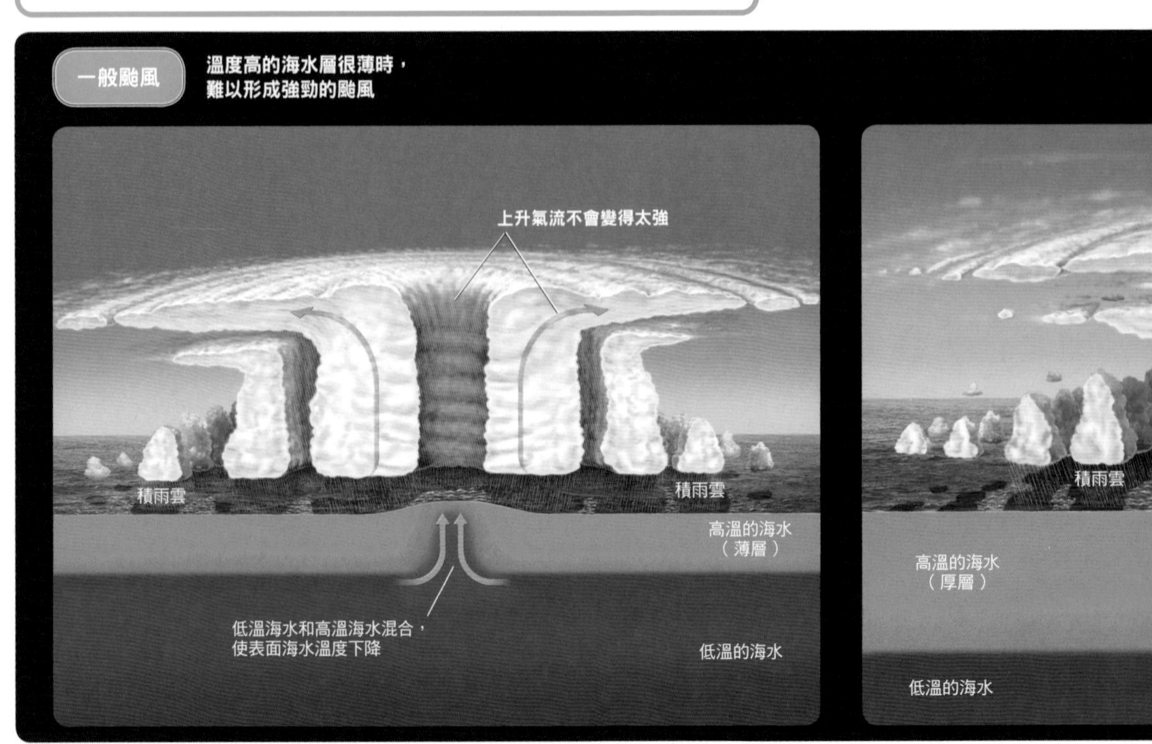

日本氣象廳的颱風強度分級

等級	最大風速
強	33m/s（64節）以上～未滿44m/s（85節）
非常強	44m/s（85節）以上～未滿54m/s（105節）
猛烈	54m/s（105節）以上

日本氣象廳的颱風大小分級

等級	風速15m/s以上的半徑
大型	500公里以上～未滿800公里
超大型	800公里以上

颱風的等級、強度和大小的劃分法

表格為美軍聯合颱風警報中心以及日本氣象廳制定的颱風大小、強度的等級劃分。單位的「節」是1小時1浬（1.852公里）的速度。圖片為美國國家航空暨太空總署（NASA）衛星拍攝到的超級颱風。

美軍聯合颱風警報中心的颱風等級

等級		風速
super-typhoon	超級颱風	130節（240km/h）以上
typhoon	颱風	64～129節（118～239km/h）
tropical storm	熱帶風暴	34～63節（63～117km/h）
tropical depression	熱帶低壓	未滿34節（未滿63km/h）

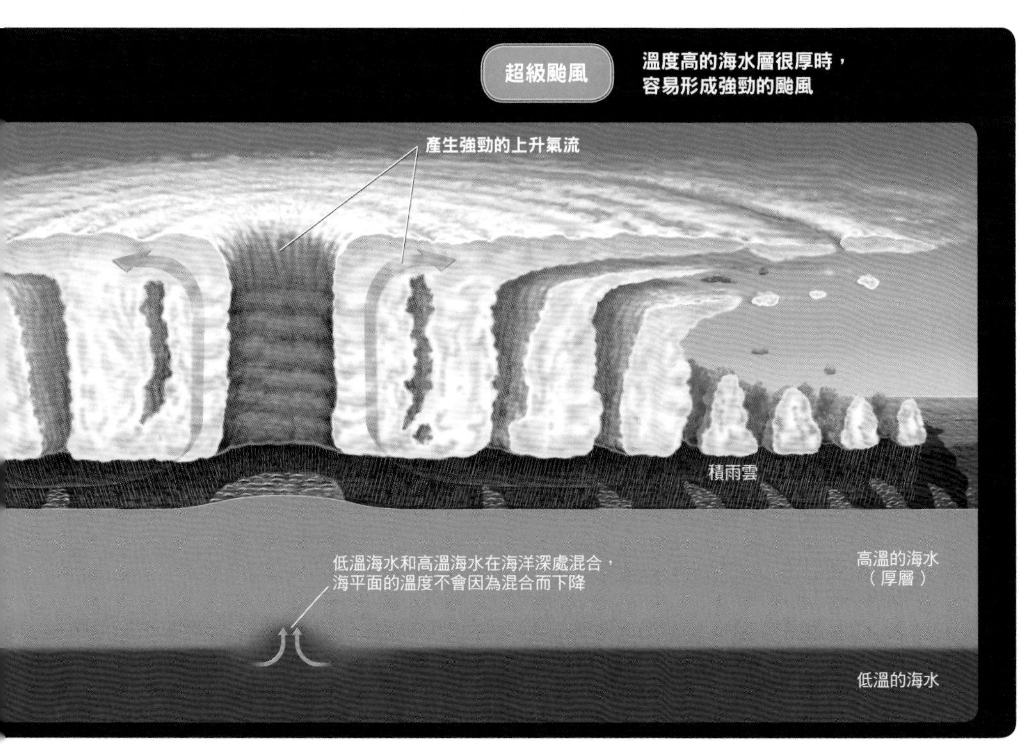

SECTION 55

每隔幾年發生一次的聖嬰現象

El Niño phenomenon

聖嬰現象

聖嬰現象（El Niño）是約每4～5年會發生一次，位於東太平洋赤道附近大範圍的海水溫度上升的現象。

太平洋的赤道附近通常會持續吹送由東向西的信風，海洋表層的溫暖海水則蓄積在西側（右頁的上圖）。然而聖嬰現象是向西的風減弱，總是被趕到西邊的溫暖海水因而流到東側（右頁的下圖）。這麼一來，東側的海水水溫會上升1℃～5℃。

溫暖的海水大量蒸發後，使上方的空氣升溫，產生上升氣流（低氣壓）。因此聖嬰現象發生後，平常位於西側的低氣壓也會隨著溫暖的海水移到東邊。

聖嬰現象讓太平洋上低氣壓的位置有所變化，遂連帶改變地球大氣的狀態，為世界各地帶來與往年不同的異常氣象。一旦發生聖嬰現象，日本或美洲大陸就容易變得多雨，澳洲等地反而容易發生乾旱。

相反地，反聖嬰現象（La Niña）則發生在信風吹送得比平常強烈時。西部溫暖的海水會積蓄得更厚，東部冰冷的水則湧現得比平常更為強勁。因此，太平洋赤道區中部到東部的海面水溫，就會變得比平常還低。

聖嬰現象監測海域的海面水溫與基準值的差距

表格為秘魯不同月份時近海海面水溫與基準值的差距（基準值是該年截至前一年為止，30年來的各月平均值）。2014年夏季發生的聖嬰現象在2016年春季結束。2015年11月為極盛期，發表的觀測值比氣候平均值的海面水溫高2.9℃，僅次於1997年11月的＋3.6℃和1982年12月的＋3.3℃。爾後從2017年秋季到2018年春季就發生反聖嬰現象。

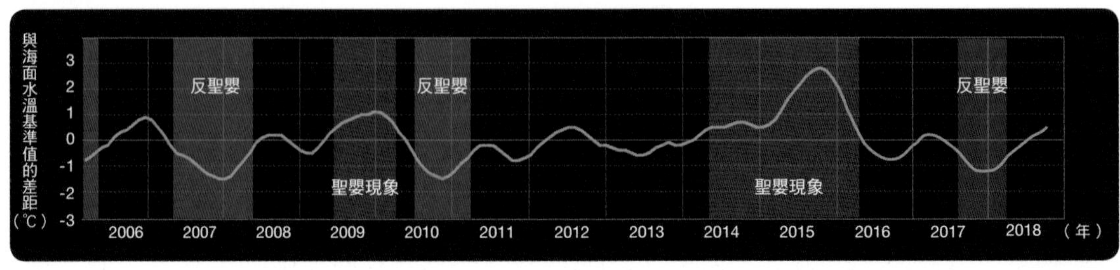

出處：日本氣象廳　地球環境海洋部的聖嬰現象監測速報

信風減弱後產生聖嬰現象

通常的狀態　由東向西吹送強勁的信風

通常太平洋的赤道附近會由東向西吹送強勁的信風，將溫暖的海水送到西側。所以東側的海平面溫度低，西側的海平面溫度高。結果，位在西側的印度尼西亞近海就會蓄積溫暖的海水，容易產生低氣壓。圖片以顏色標示海水的水溫，由低到高依序為藍色、紫色到紅色。

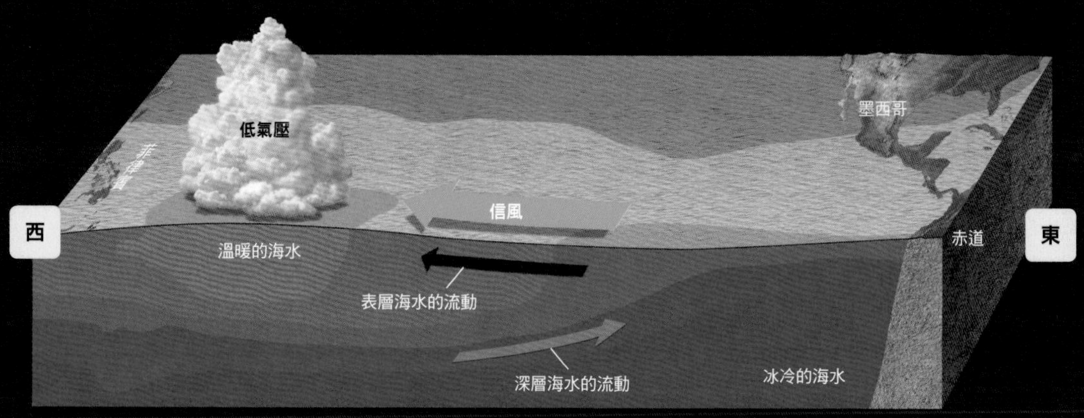

聖嬰現象　信風減弱，低氣壓往東移動

信風減弱後，位在西側的溫暖海水就會流往東側，形成東側海面水溫比往年上升的「聖嬰現象」。隨著溫暖的海水移動，原本應該在西側形成的低氣壓也會往東移動。而當信風增強，東太平洋赤道附近的海面水溫比平常下降時，就會出現與聖嬰現象相反的「反聖嬰現象」。

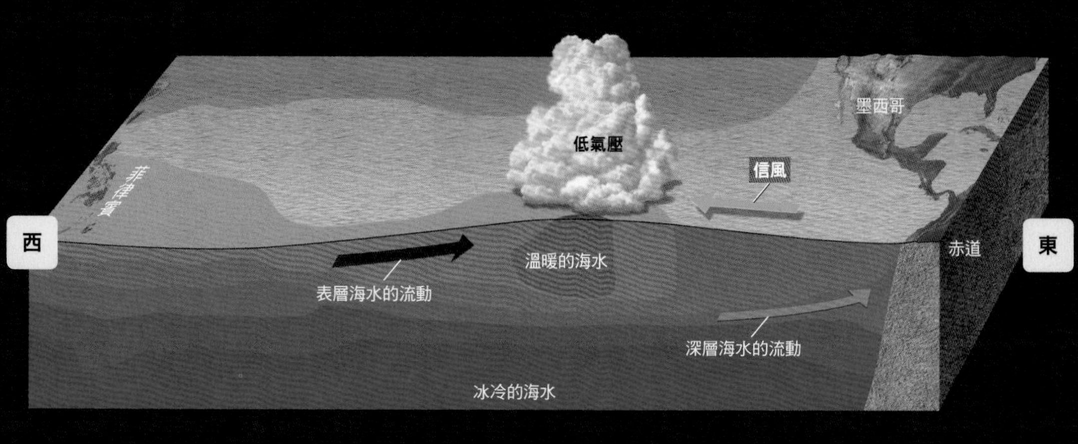

SECTION 56

Causes of unusual weather

異常氣象的原因

異常氣象由各種原因交織而成

氣象多半能以「氣溫」、「氣壓」和「溼度」這三項要素說明。其中發揮最大作用的是「氣溫」。溫差會產生大氣的流動（風）或海水的流動（洋流），引發各式各樣的氣象。然而，大氣的流動或海水的流動並非固定，而是各種因素互相影響，不斷地變

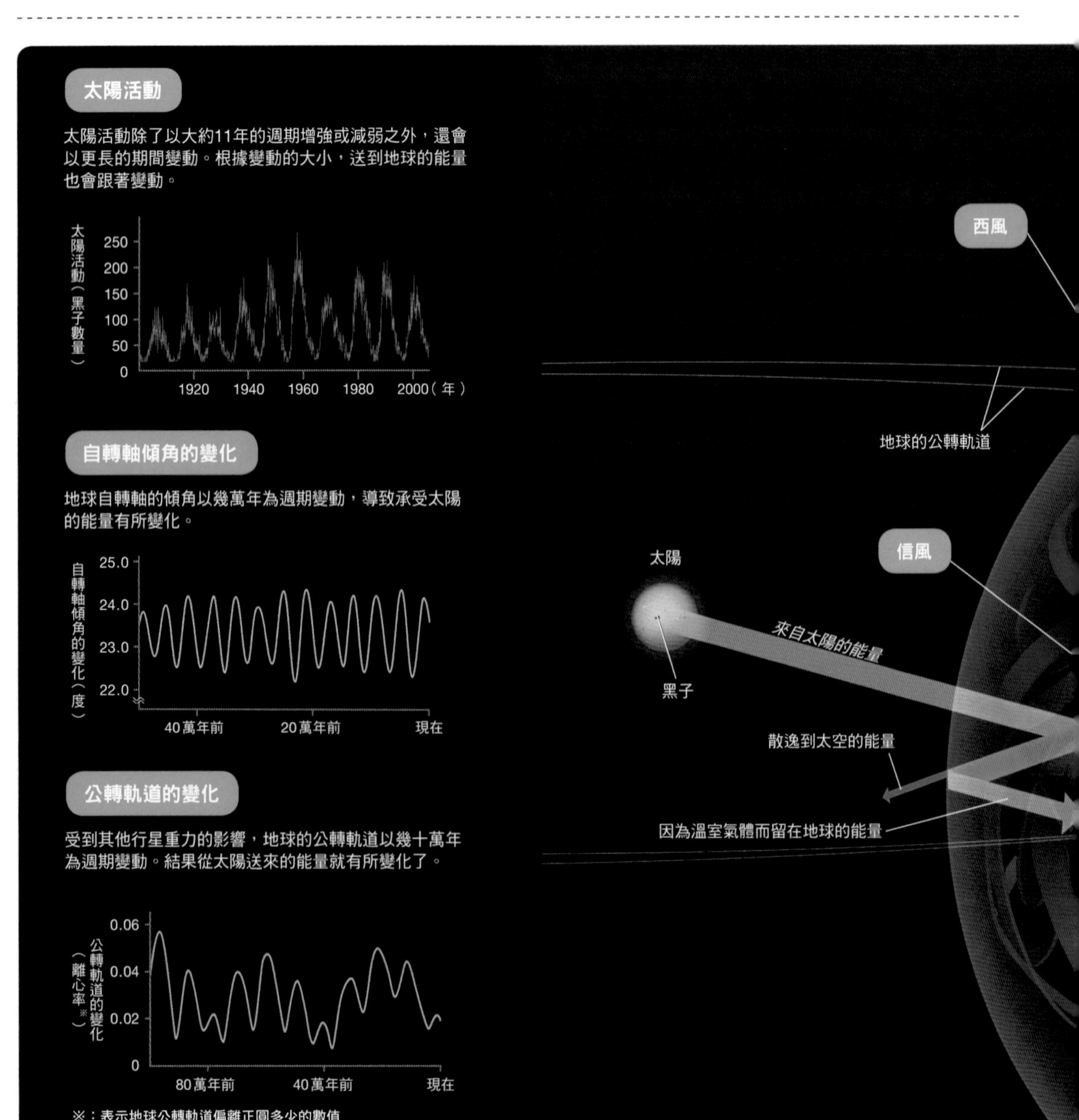

動。比如每到夏季就會變熱，炎熱的程度卻年年不同。這種自然波動導致的氣象變化，是地球氣候系統原本就具備的性質，並非異常氣象。

然而，氣象也會受到來自地球氣候系統外的影響。比如發生大規模的火山爆發後，籠罩在上空的火山灰就會落到地表附近，使陽光減弱。另外，從長遠的眼光來看，地球自轉軸的傾角（dip angle）或地球的公轉軌道也會變化。這些影響和自然波動就會導致氣候變動。

近年來，二氧化碳和其他「溫室氣體」（greenhouse gas）增加所帶來的「全球暖化」（global warming）現象，就被視為造成世界異常氣象的原因。

下一頁就來介紹關於全球暖化的知識。

造成氣候變動的各種原因

氣候變動的原因可分為氣候系統內的原因和氣候系統外的原因。異常氣象是在這些影響複雜交織下發生的罕見現象。

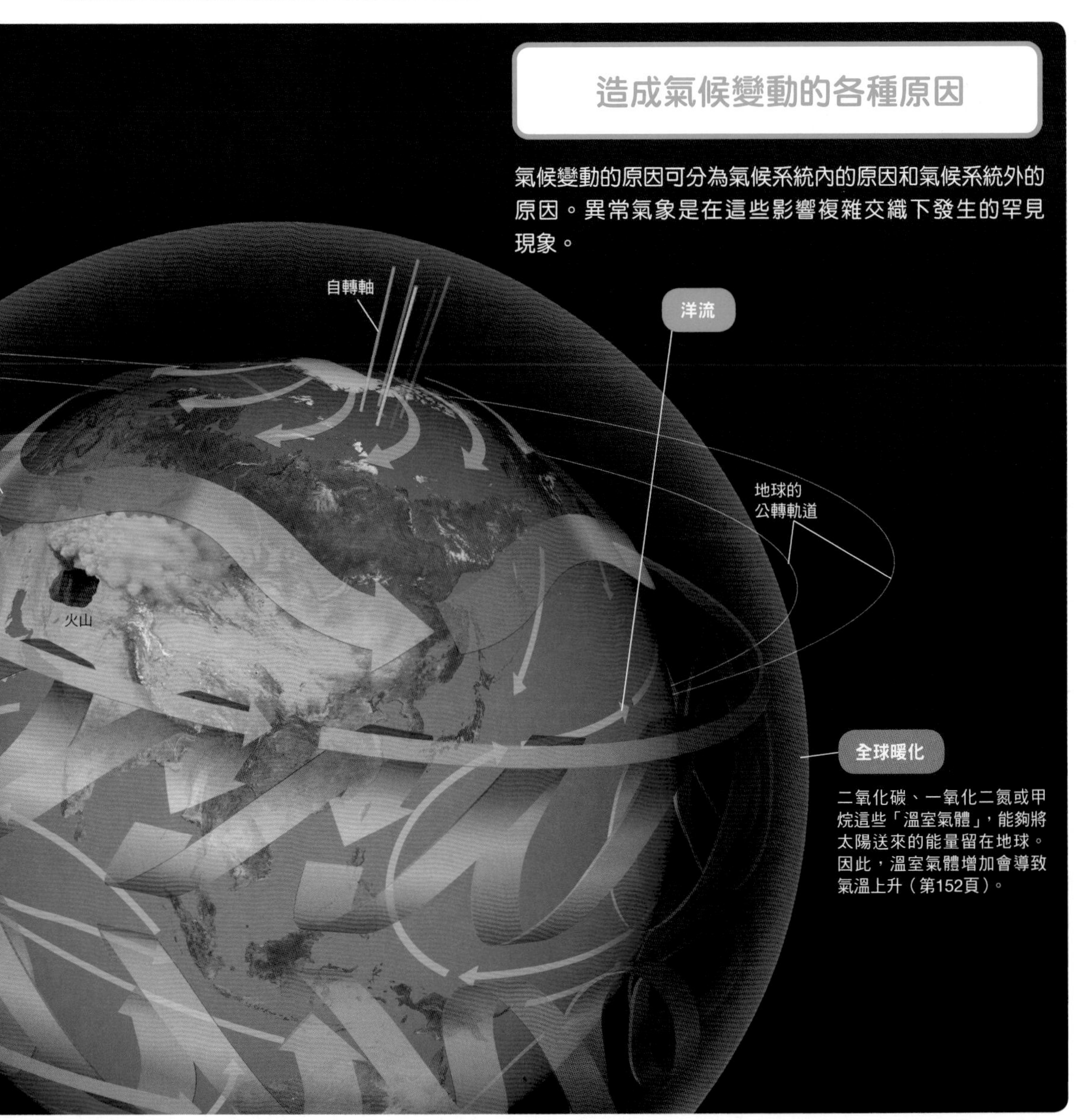

全球暖化

二氧化碳、一氧化二氮或甲烷這些「溫室氣體」，能夠將太陽送來的能量留在地球。因此，溫室氣體增加會導致氣溫上升（第152頁）。

大氣二氧化碳增加導致全球暖化

全球暖化不只是單純的地球氣溫上升，與熱浪之類的異常高溫、寒潮、乾旱、豪雨等各種異常氣象的發生也有關係。

特別是人類在18世紀中葉發生工業革命以後，燃燒許多化石燃料，排放大量的二氧化碳。二氧化碳和其他溫室氣體會將來自太陽的能量留在地球，讓能量難以散逸到外太空（第154頁）。因此，溫室氣體增加會引發「全球暖化」。

二氧化碳和其他溫室氣體的大氣濃度在何時增加多少，藉由調查就可以推估出來（右下方的圖）。1850年工業革命席捲世界之時，二氧化碳的大氣濃度為280ppm左右（1ppm為0.0001%）。然而之後二氧化碳濃度激增，2020年就已超過410ppm。截至2019年為止，世界平均氣溫也上升約1.1℃。全球暖化顯然與溫室氣體的增加有關。

另外，全球暖化也造成海平面上升。因為全球暖化會融解位在南極或格陵蘭的冰，讓海水體積增加。政府間氣候變化專門委員會（Intergovemmental Panel on Climate Change，IPCC）的報告指出，「21世紀末之前，世界平均海面水位將會上升26～82公分」。可以想見，低海拔的島嶼將會被淹沒，風暴潮（storm surge）或海嘯的災害亦將會擴大。

世界氣溫在這150年來上升大約1℃

圖片為1850年到現在氣溫發生的變化。基準值是1961年到1990年世界的平均氣溫。1850年工業革命席捲世界之後，氣溫就只升不降，這150年來上升大約1℃。

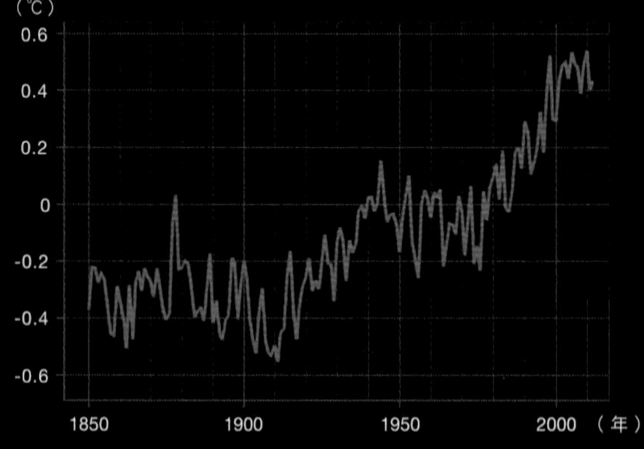

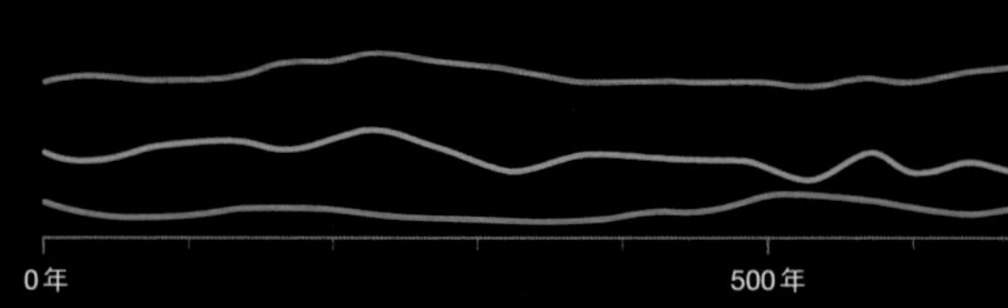

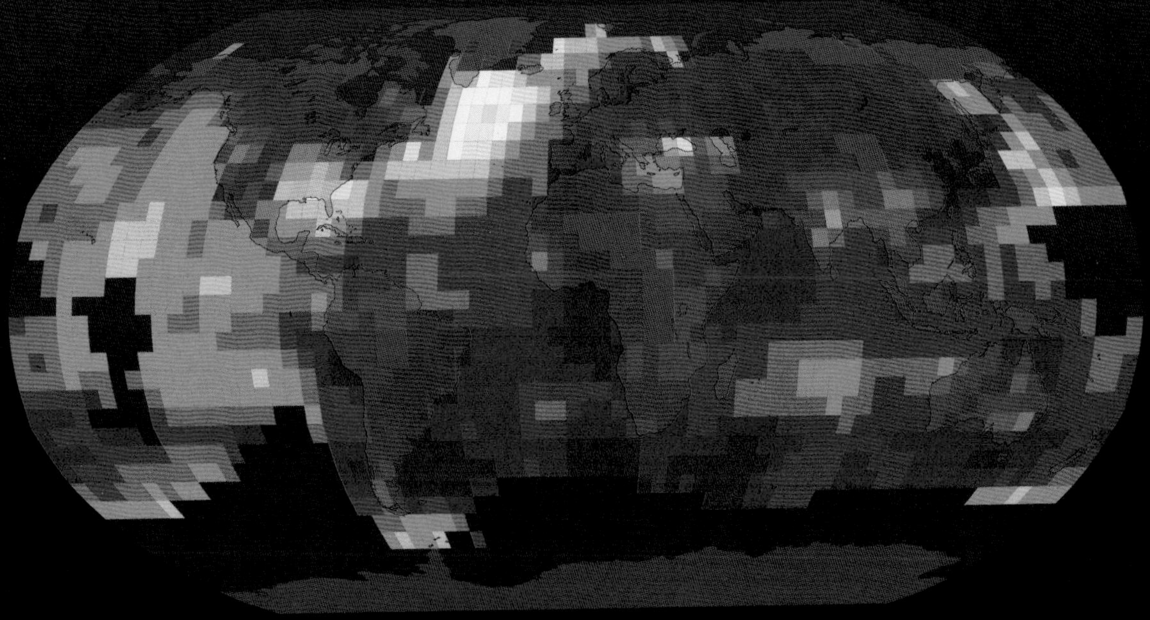

各個地區年平均氣溫的變化

上圖是以顏色表示1901～2012年之間各個地區的氣溫（年平均氣溫）變化多少，可以看出西伯利亞和南美洲的溫度上升得特別劇烈。黑色空白部分是資料不足無法計算的地方。

溫室氣體的濃度變化

圖表為過去2000年溫室氣體（二氧化碳、一氧化二氮、甲烷）在大氣中的濃度。能夠藉由調查南極或格陵蘭殘留的冰層，推測出過去溫室氣體在大氣中的濃度。結果顯示，溫室氣體的濃度從1850年工業革命席捲世界之後就急遽上升。

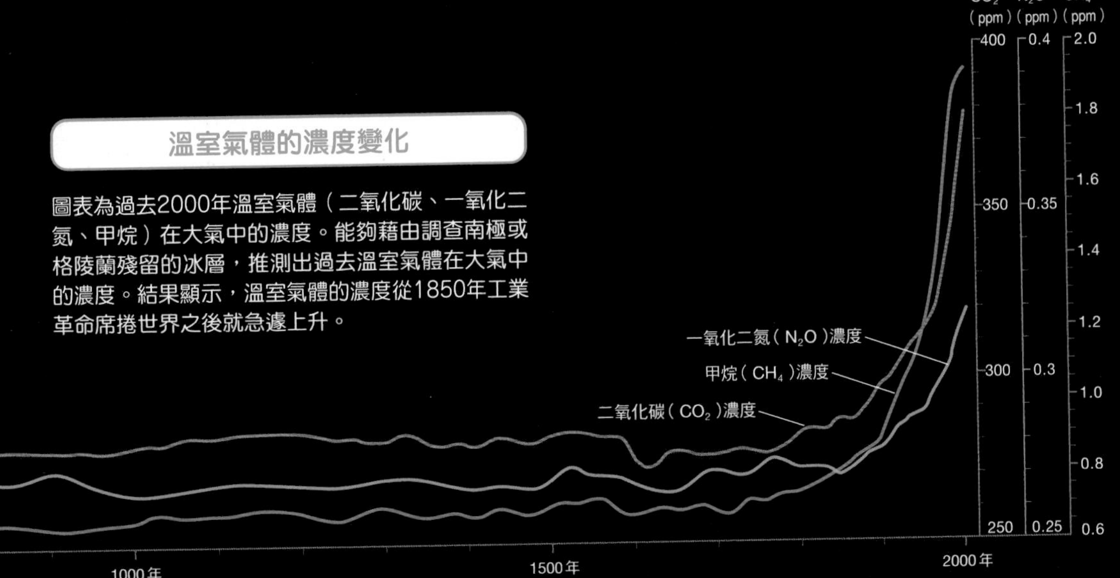

為什麼大氣二氧化碳增加後地球會升溫？

地球會因為來自太陽的光（可見光）而升溫，這股能量稱為「太陽輻射」。然而，這股能量不會全數用來讓地球升溫。有一些會轉為「紅外線」這種看不見的電磁波形式，將來自太陽的能量從地球往外太空放射出去。

大氣中蘊含的水蒸氣或二氧化碳的特徵是不吸收來自太陽的可見光，而會吸收從地表放射的紅外線。這些氣體分子吸收紅外線之後，就會朝四面八方放射出來，藉由這種再放射，地表就愈發溫暖。

類似這樣大氣讓地球升溫的現象稱為「溫室效應」。拜溫室效應所賜，讓地球的氣溫保持在平均15℃左右。除了水蒸氣和二氧化碳之外，一氧化二氮或甲烷這些氣體也能讓地球升溫，上述氣體就統稱為「溫室氣體」。

溫室氣體讓地球升溫的機制

地表釋放的能量當中約有90％會被大氣中的溫室氣體吸收。爾後，升溫的溫室氣體就會向周圍放射紅外線。往上再放射的能量會往太空散逸，往下再放射的能量卻會讓地球二度升溫。如此反復下去，地球就會暖化。要是沒有大氣造成的溫室效應，地表的平均溫度就會在零下18℃左右。

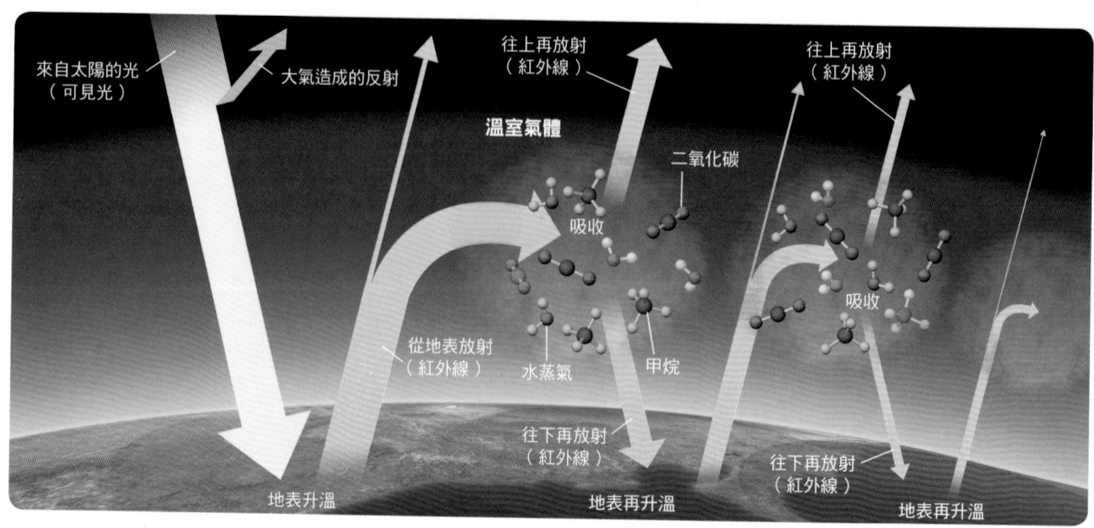

氣溫上升停滯，深海卻在暖化

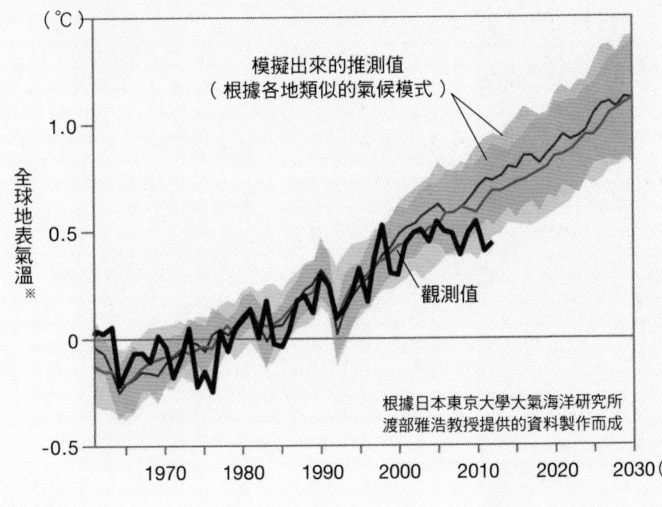

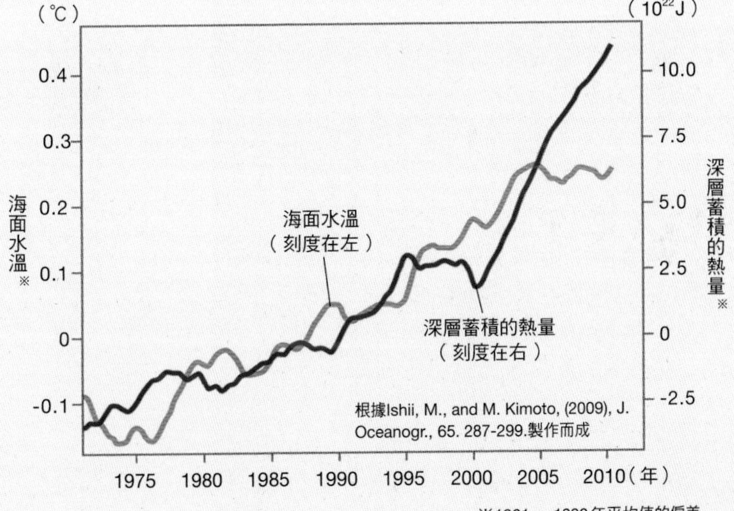

※1961～1990年平均值的偏差

上面的圖表為全球平均氣溫1960年到2030年的變化。紫線表示到2012年為止的觀測值，藍線和紅線則是使用不同氣候模式模擬出來的氣溫變化推測值；下面的圖表為1972年到2012年的海面水溫，以及700～2000公尺深海吸收的熱量。

上面圖表中的紫線表示世界平均氣溫。只要看了圖表就會發現，進入21世紀之後的平均溫度幾乎持平。然而，許多研究人員認為全球暖化本身不會停止。因為調查從太陽送到地球的能量，以及化為紅外線從地球發出的能量之後，發現2000年以後送到地球的能量比較多。

那麼，多餘的能量儲存在哪裡呢？答案是被海洋的深處吸收，用來提升深海的水溫。下面的圖表是深海蓄積的能量，可以看出從2000年左右起，深海就累積了許多熱量。

那為什麼近年發生升溫現象的不是空氣，而是海的深層呢？原因在於太平洋年代際振盪（Interdecadal Pacific Oscillation，IPO）。這個現象以10～20年為週期，北太平洋中央區和北美洲大陸西側的海水溫度會像翹翹板一樣升高或降低。

全球暖化停滯會持續到何時？雖然現在使用各種氣候模式進行研究，仍未得到結論。然而，一般認為最晚在這10年間全球暖化停滯就會終結，回到氣溫快速升高的時期。實際上，2015年世界平均氣溫就再次大幅上升了。

全球暖化會讓降水量產生地區差異，帶來豪雨和乾旱

聯合國「政府間氣候變化專門委員會」（IPCC）的第5次評估報告（2014年）指出，氣候系統的暖化已無庸置疑。此外，1950年代之後觀測到的變化，大多是幾十年甚至幾千年來未曾有過的現象。報告還指出大氣和海洋暖化、冰雪量減少、海面水位上升等現象。

一旦氣溫上升，能夠存在於大氣中的水蒸氣量（飽和蒸氣壓）也會增加。這樣一來，雲就會發達起來，從地球整體來看降水量就增加了。另外，不只是單純雨量增加，發生「暴雨」的次數也會增加。

再者，若是某個地方降下局部性的雨，就代表以往降雨的地方變得不太下雨，還會引發乾旱。換句話說，就是降水量的地區差異會變大。

氣溫上升的預測

此預測圖是與1986年～2005年的平均氣溫相比，2081年～2100年氣溫將會上升多少（年平均氣溫的平均變化值），由聯合國政府間氣候變化專門委員會整理而成。這項預測計算使用的「代表濃度途徑8.5」（RCP8.5），是假設全球持續依賴化石燃料，沒有針對暖化採取有效措施的情境。北極地區暖化的情況也比世界平均值嚴重，上升量還可能超過10℃。

-2 -1.5 -1 -0.5 0 0.5 1 1.5 2 3 4 5 7 9 11 (℃)

專欄 COLUMN 暴雨、局部大雨、游擊式豪雨

根據日本氣象廳的定義，暴雨指的是「猛烈下在同樣的地方幾小時，帶來100～幾百毫米雨量的雨」。相形之下，在短短幾十分鐘內，猛烈在狹小範圍內降下數十毫米左右的雨量，這種雨則稱為「局部大雨」。雖然通常會以「游擊式豪雨」指稱突然降下的大雨，不過這個詞其實是指難以預測的豪雨，因此氣象預報能預測到的豪雨，就不會稱為游擊式豪雨了。

降水量的變化

預測圖是與1986年～2005年的平均降水量相比，2081年～2100年降水量將會增減多少（年平均降水量的平均變化率），由聯合國政府間氣候變化專門委員會整理而成。這項預測計算和左圖一樣使用「代表濃度途徑8.5」。根據聯合國政府間氣候變化專門委員會的推測，高緯度地區和太平洋赤道地區的降水量會增加，而中緯度和副熱帶地區的降水量則會減少，地區差異將會拉大。

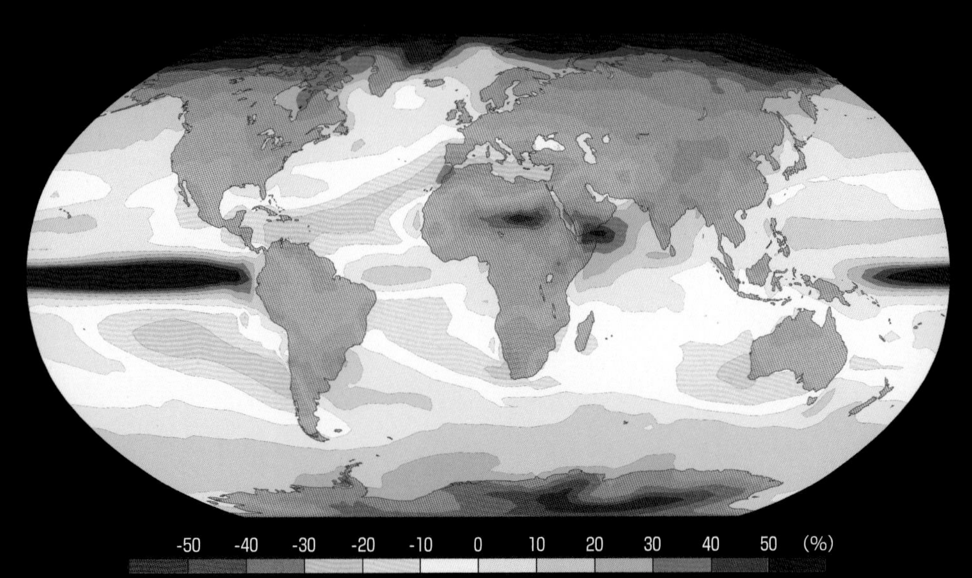

SECTION 60

Blocking

阻塞現象

西風的蜿蜒和阻塞現象

造成異常氣象的機制是「西風的蜿蜒」，以及進而引發的「阻塞現象」。這個現象會導致破紀錄的酷暑或寒潮。

西風通常在中緯度帶上空往南北蜿蜒吹送。然而在少數情況下，西風蜿蜒的振幅會變大（蜿蜒），這個狀態會維持固定（阻塞）。雖然風本身在流動，波（西風的路徑）卻停止了。接著，西風的通路就會發揮類似牆壁的作用，使暖空氣在長時間內從赤道附近流進西風的南側，冷空氣則從極區側流進西風北側。這個作用導致炎熱的地方更炎熱，寒冷的地方更寒冷，且這種現象會持續下去，稱為「阻塞現象」。

2010年夏季的中緯度區，在歐洲東部到俄羅斯西部地區一帶吹拂的西風行進路線大幅蜿蜒而趨向北極。因此，位在西風通路南側的莫斯科，氣溫就上升到前所未見的地步。

2010年俄羅斯的酷暑

2010年8月，由於西風的蜿蜒，使得俄羅斯迎來觀測史上最炎熱的夏季。俄羅斯首都莫斯科連日超過35℃，比氣候平均值高了7℃。上述狀態還持續2個月，導致許多民眾中暑、發生乾旱和森林大火。這股熱浪造成的死者高達1萬5000人，受災總額超過1兆3000億日圓。

阻塞現象引發的氣象

西風蜿蜒之後，就會長期停留在有低氣壓或高氣壓的特定地區，容易發生異常氣象。圖片為2010年發生的阻塞現象。

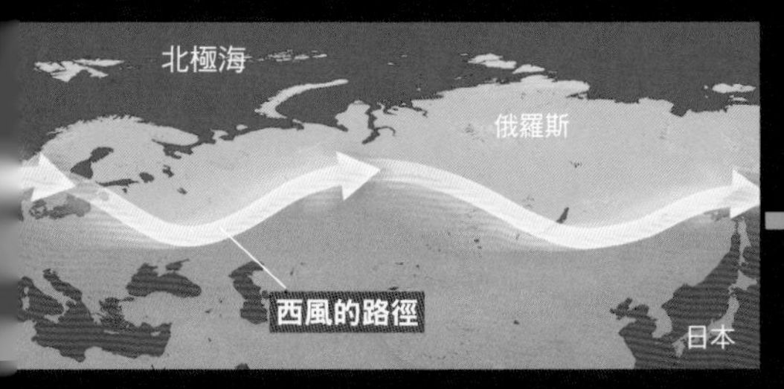

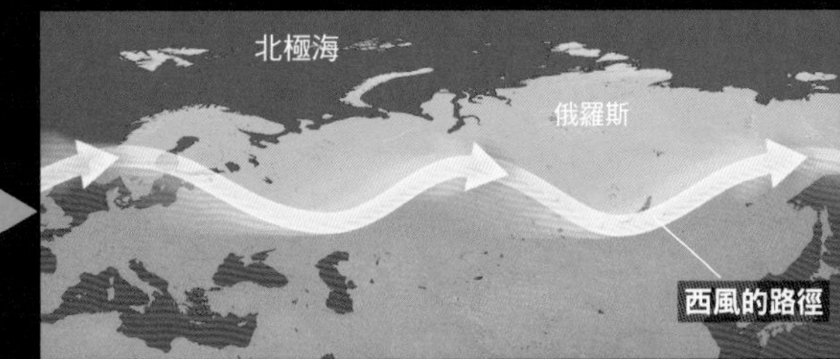

西風流動的方向或風速會反復改變，不會常保一致。藉由這些變化，赤道區流過來的暖空氣和極區流過來的冷空氣就會混合，將中緯度區調和成適當的溫度。圖片中的暖空氣以紅色表示，冷空氣以藍色表示。

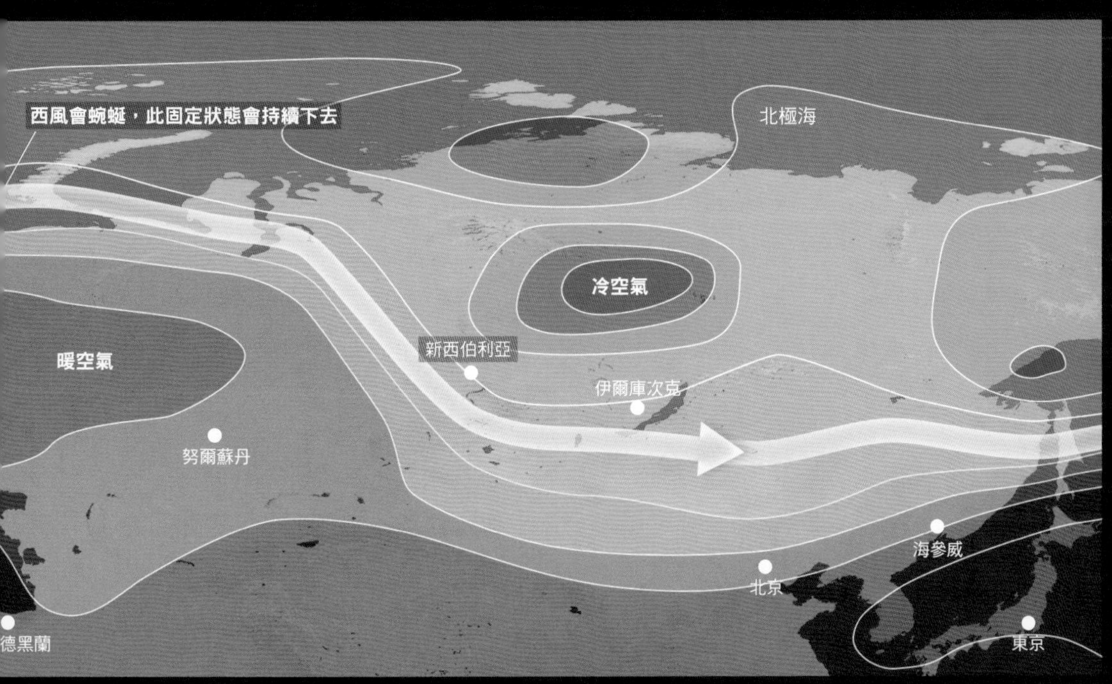

圖片為2010年8月在俄羅斯發生的大範圍阻塞現象。這時西風會從歐洲東部往俄羅斯西部地區蜿蜒，路徑大幅靠向北極，狀態維持固定。由於這種作用，使得暖空氣流入莫斯科和歐洲大範圍地區，造成歷史性的熱浪。圖片中的暖空氣以紅色表示，冷空氣以藍色表示。天氣圖是根據日本氣象廳的資料製作而成。

西風的蜿蜒和全球暖化可能為日本帶來強勁的寒潮

一般認為西風的蜿蜒加上全球暖化，會為日本的氣候帶來巨大的影響。

位在北極圈的西風稱為「極地噴流」，經常繞著北極吹送。

北極海浮冰冰面的年平均氣溫約為零下30℃，反觀海水溫度則只會降至0℃。與冰面相比，海水就像熱水一樣。當北極的海冰減少，相對溫度高於冰面的海平面就會露出來，位在上方的大氣溫度也會上升。最後高空的氣壓就會改變，風的流向大幅變化。接著，受到影響的噴流大幅曲折，便會增加阻塞現象發生的機率。阻塞現象會增強位在西伯利亞的高氣壓，東亞遭受寒潮侵襲的機率就會提升。

但另一方面也有研究指出，要是全球暖化變本加厲，氣溫因為暖化而上升所帶來的影響將會更大，例如東亞會變成暖冬。北極的海冰量與氣候的關係錯綜複雜，現在也正在持續積極研究當中。

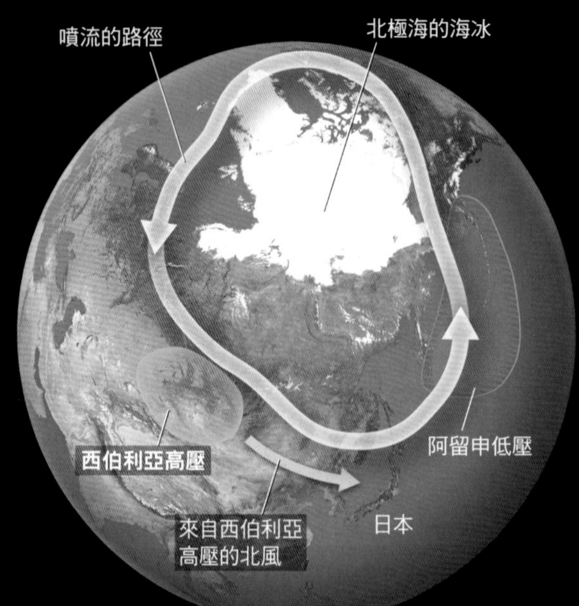

北極海冰和西風的蜿蜒的一般情況

噴流是西風的一種，通常會在輕微蜿蜒的同時流到北極海上空，環繞北極圈。到了冬季，西伯利亞內陸地區的「西伯利亞高壓」和北太平洋的「阿留申低壓」都會增強。從西伯利亞高壓吹向阿留申低壓的冷風，會以偏北風的型態抵達日本，讓日本海側降下大量的雪。

北極海的海冰減少的情況

假如北極海的海冰減少會怎樣？❶全球暖化造成海冰減少，露出海面。❷流到北極海上空的噴流容易朝北側蜿蜒。❸北極地區的冷空氣會順著蜿蜒的噴流流入西伯利亞地區。❹西伯利亞高壓比往年增強。增強的西伯利亞高壓將更強勁的冷空氣送到亞洲。最後就會像❺一樣，日本遭受強勁的寒潮侵襲。

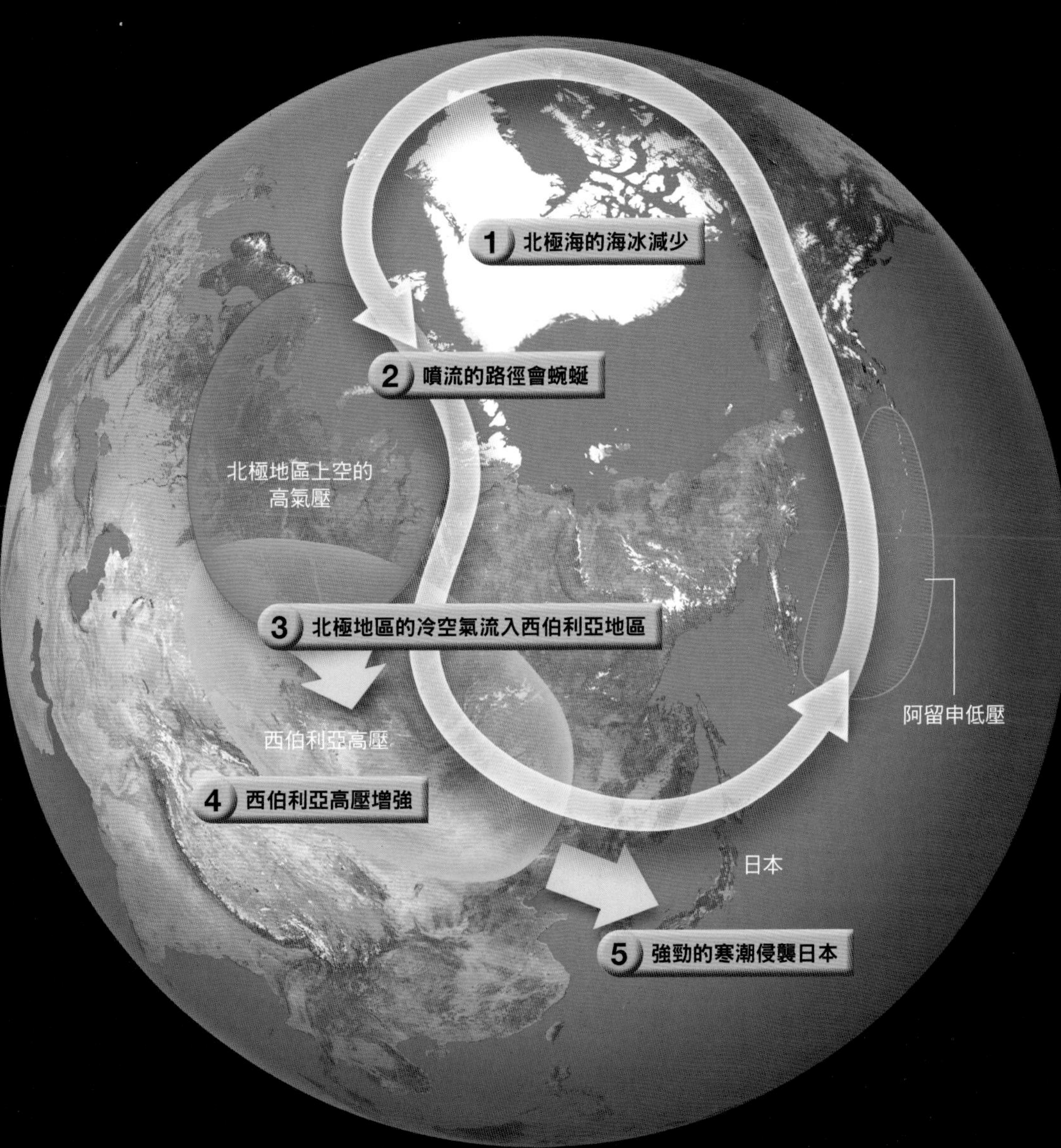

火山灰遮蔽陽光引發異常氣象

日本氣象廳會觀測氣象、地象、地動、地磁、地電和水象。其中的「地象」指的是地震、火山，以及其他與氣象密切相關的地面或地下現象（氣象業務法※）。日本氣象廳便是依氣象業務法發布地震、海嘯、火山的監測情況和警報之類的資訊。

日本是世界屈指可數的火山大國。不只是鹿兒島縣的櫻島或小笠原諸島的西之島，就連東京都附近的箱根山或富士山等地也潛藏著爆發的可能性。

若火山發生爆發，就會產生熔岩、火山碎屑流和火山氣體等物質。而火山灰則會籠罩在空中。

岩漿碎裂成直徑 2 毫米以下的微粒稱為「火山灰」。2～64毫米歸類為「火山礫」，64毫米以上則是「火山塊」。爆發的噴火會讓火山灰到達平流層，擴散到全世界。

再者，火山灰中的二氧化硫有時會形成微小的液滴（氣溶膠）遮蔽住陽光，進而引發世界規模的異常氣象。

※《氣象業務法》中的「氣象」指電離層除外的大氣各種現象，「水象」指與氣象或與地震密切相關的淡水及海洋的各種現象。

火山會噴發出各種物質

圖片為火山噴發出的各種物質。沿著火山道上升的岩漿黏度很高時，噴發時就會產生爆炸。反觀岩漿黏度很低時，大部分的火山氣體就會在噴發前從岩漿散逸，所以岩漿會化為熔岩流出來。

火山爆發和火山灰

上圖為噴發中的櫻島火山，下圖為御嶽山噴發後被火山灰覆蓋的汽車。火山的噴煙除了影響日照之外，對日常生活也會帶來很大的打擊。此外還會造成其他危害，例如讓空中航線的視野惡化。

地震發生的機制和海嘯

日本氣象廳觀測的其中一個地象是「地震觀測」。地球表面是由十幾個板塊組成，配置如右圖所示。

圖上可以見到，巨大地震全都發生在板塊邊緣的「隱沒帶」（右圖中粉紅色的部分）。隱沒帶是大陸板塊和海洋板塊相撞後形成。大陸板塊被海洋板塊硬擠進去，最終超過極限後就會回彈，因而發生巨大地震。

另外，伴隨海嘯的地震稱為「海嘯地震」（下圖）。

巨浪和海嘯有個很大的不同在於「波長」的長度。巨浪的波長通常在600公尺以下，海嘯的波長則會長達數十～數百公里。而在發生海嘯時，海底到海面的水會同時呈水平流動。海水在陸地附近會以時速幾十公里的速度流動，即使海嘯的高度在大人的膝蓋以下，也會很難在這股水流當中站穩。

海嘯的機制

板塊的邊緣會堆積相對柔軟且容易變形的堆積物（增積岩體）。當板塊慢慢錯位時，地震造成的搖晃雖然小，增積岩體卻會大幅變形，因而產生大海嘯。這種類型的地震稱為「海嘯地震」。另外，右圖是巨浪和海嘯的不同。巨浪是颱風在水面附近製造的波，讓水在同一個地方畫圈流動。海嘯則是從海底到海面的水同時呈水平流動。

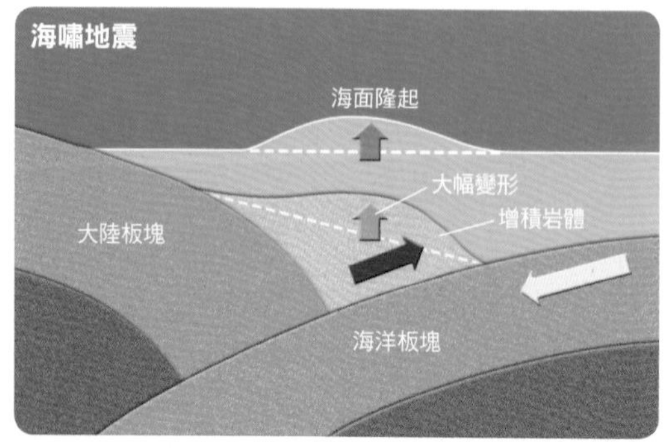

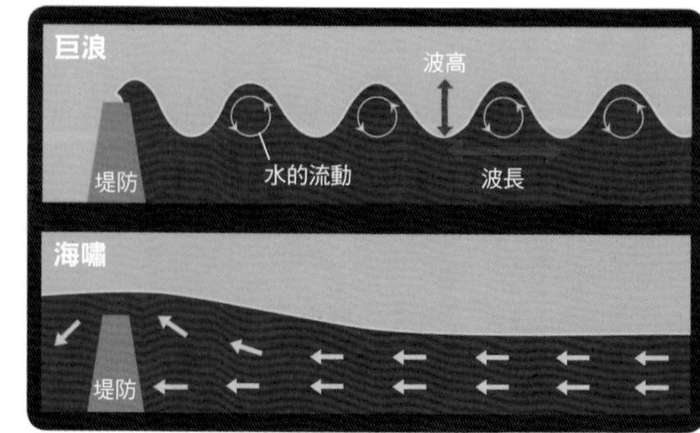

堪察加半島地震
（1952年，M9.0）
阿拉斯加地震
（1964年，M9.2）
歐亞大陸板塊
北美洲板塊
加勒比海板塊
蘇門答臘島近海地震
（2004年，M9.2）
阿留申群島地震
（1957年，M9.1）
阿拉伯板塊
東北地方太平洋沖地震
（2011年，M9.0）
非洲板塊
菲律賓海板塊
科克斯板塊
太平洋板塊
東太平洋脊
南美洲板塊
納茲卡板塊
印澳板塊
南極板塊
智利地震
（1960年，M9.5）

板塊邊緣和超巨大地震

圖片為覆蓋在地球表面的板塊，以及20世紀以後超巨大地震的發生地點。紅線是板塊邊緣，其中附帶粉紅色的部分是「板塊隱沒帶」。箭頭表示板塊的移動方向。可以看出超巨大地震以環太平洋地區為中心，都發生在板塊隱沒帶上。

海洋板塊
海溝
洋脊
地函的對流
地函的對流

海洋板塊

海洋板塊是由厚達5公里的「地殼」及其底下的上部「地函」凝固而成。板塊是地球內部湧上來的岩漿凝固形成。海洋板塊則會由凝固的上部地函再加厚。

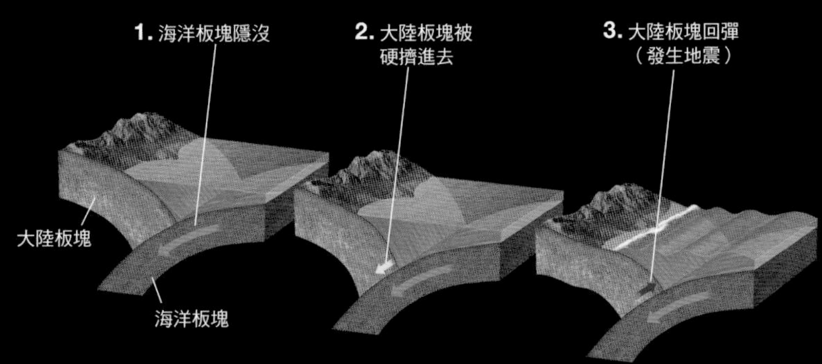

板塊邊緣地震的機制

海洋板塊隱沒在大陸板塊之下（1），大陸板塊被硬擠進去，跟著海洋板塊一起隱沒（2），而當超過極限後，大陸板塊就會回彈，試圖恢復原本的形狀（3）。

COLUMN

黃砂是從哪裡飛過來的

黃砂是空中飛舞的沙塵落到地面的一種現象。當沙塵包圍整個地區，視野會因此而朦朧不清。

日本觀測到的黃砂發生地不在國內，而是中國內陸區或蒙古的沙漠乾燥地區，諸如「塔克拉瑪干沙漠」、「戈壁沙漠」或「黃土地帶」等。黃砂會花費數日越過大約1500～3000公里的距離，飛到遙遠的日本。

假如在沙漠等地發展出低氣壓產生風暴，就會捲起表層的砂。小粒的砂會乘著低氣壓的上升氣流飛到離地面500～8000公尺處。高空的西風往東吹，小粒的砂就往東飄。

往東飄的飛砂當中，顆粒大的會先掉下來。到了日本附近，掉下的是0.004毫米左右的砂

黃砂是從大顆砂粒上剝落下來的

圖片為黃砂發生地的情況，以及黃砂從發生到抵達日本的過程。乾燥地帶發展出來的風暴會大量颳起表面的砂，尤其是粒徑不滿0.01毫米左右的砂粒，更會颳到高空，沿著西風朝東吹送。在這個過程當中，顆粒大的就會先掉下去。掉在日本的砂粒大小通常約為0.004毫米。另外，有時更小的黃砂會通過日本上空，繞地球1周。黃砂除了會弄髒洗好的衣物或汽車之外，還會讓視野惡化，影響交通工具的運行狀況。再者，黃砂飛來時，呼吸系統或循環系統的疾病及過敏會變本加厲，所以也需要留意健康管理，像是戴上專用的口罩或暫時不在屋外晾曬衣物等。

在發生地附近，大顆砂粒隨著風暴移動到地表附近，形成沙塵暴

粒，觀測時就視為黃砂。然而，地質學門所謂的砂，其粒徑介於0.0625毫米到2毫米之間。從這個意義來說，黃砂其實不是「砂」，而是顆粒更小的「泥」。

春季容易颳起黃砂

為什麼黃砂多發生於春季呢？這與發生地的表層變化有關。

冬季時大地表層會結凍或變薄，連雪都會覆蓋上去，即使產生低氣壓也很難捲起砂。另外，初夏一到，表層就會被草覆蓋到某個程度，也很難捲起砂。然而，春季沒有東西保護表層，颳起風暴時，輕而易舉就能夠揚起砂土，因而容易產生黃砂。所以，日本觀測黃砂的時間幾乎落在2月到5月（偶爾也會在秋季觀測到）。

其實黃砂不可或缺？

黃砂除了會弄髒洗好的衣物或汽車之外，還會讓視野惡化，影響交通工具運行。然而令人意外的是，黃砂也有益處。吹來的黃砂會替大地或海洋補充鐵質和其他礦物質（營養成分），植物或浮游植物的數量就會增加。黃砂的數量不容小覷。日本附近平均每平方公里每年估計會降下1～5噸的黃砂。

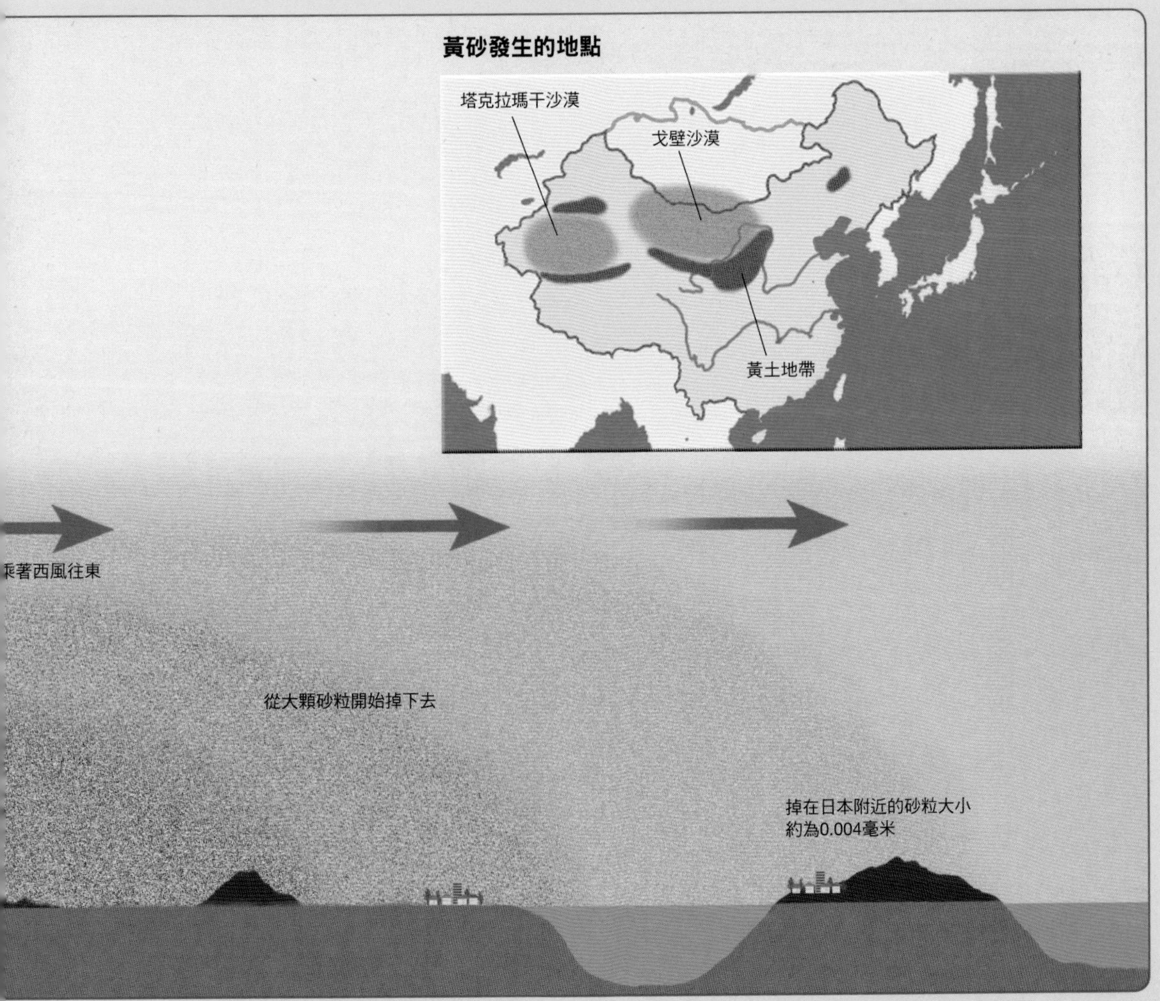

Seattle

September 15
Monday

25°

Feels like 23°

cloud

+25° Sunday

+19° Monday

+14° Tuesday

+7° Wednes

6
天氣預報
Weather forecasting

要如何預測天氣的變化呢？

需要調查蒐集什麼資料，才有辦法預測天氣的變化呢？

造成大氣流動的源頭在於陽光。陽光讓地球升溫，改變大氣的溫度，也就是「氣溫」。而溫差即會產生「氣壓」的差距，氣壓差會推動大氣，讓風吹送。當風轉變成上升氣流之後，蘊含在大氣中的「水蒸氣」就會形成水或冰粒，形成雲並降雨。

換句話說，了解各個地點的氣溫、氣壓或水蒸氣量（溼度），是了解天氣變化時不可或缺的資訊，所以會以各種方法觀測。

這一章將會看到觀測氣象的方式、天氣預報的機制，以及天氣圖的判讀法等。

天氣圖可分為「實況天氣圖」（最新天氣圖）和「預測天氣圖」2種。日本的實況天氣圖可再分成2種，那就是「日本周邊地區實況天氣圖」（SPAS）和「亞太地區實況天氣圖」（ASAS）。前者會以速報方式解析日本周邊地區的氣壓配置，後者則會解析包含日本在內的亞洲地區。另外，日本氣象廳網站不只有每日的天氣預報，還會發布1週、2週及更長期的預報和雨雲動態等各種預報。而且，還可以看到自動氣象數據採集系統（Automated Meteorological Data Acquisition System，AMeDAS）之類的觀測資料。

能在日本氣象廳網站看到的資訊

日本氣象廳的網站不只可以看到天氣，還有大雨或大雪的危險度、地震、火山，以及其他多種防災資訊。另外還會如下圖所示，時時公開最新的氣象資料。降雨的狀況每10分鐘更新一次，風、氣溫或雪的狀況是每個小時的50分左右更新一次。颱風或大雨之際，從開始下雨算起的合計降水量和其他「特定期間氣象資料」，則會在每個小時的35分左右更新一次。

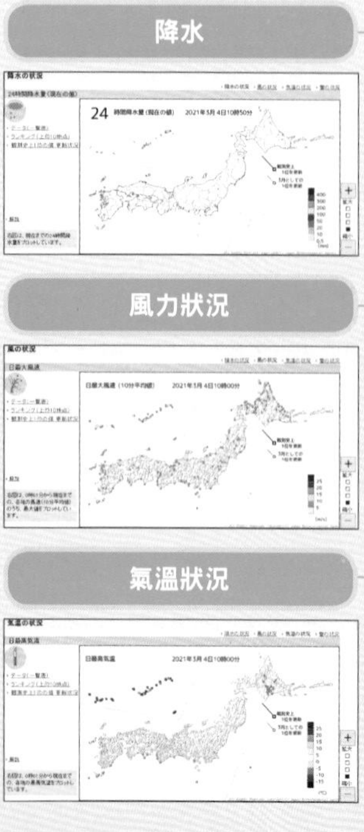

降水

風力狀況

氣溫狀況

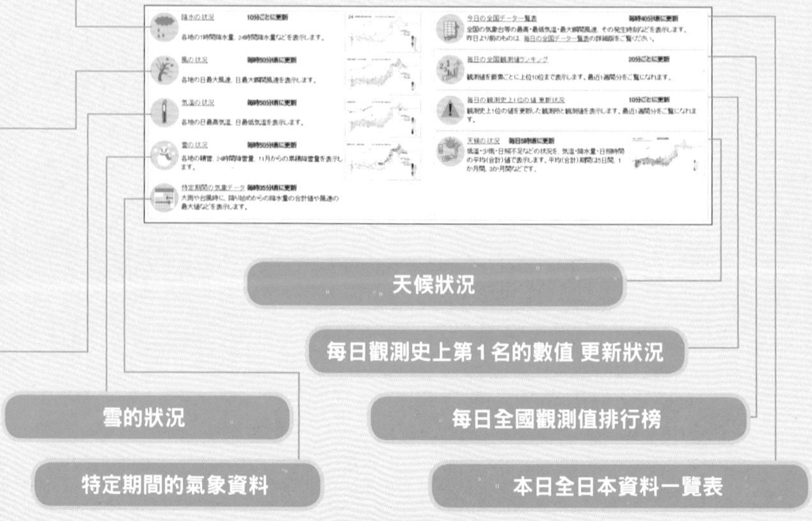

雪的狀況

特定期間的氣象資料

天候狀況

每日觀測史上第1名的數值 更新狀況

每日全國觀測值排行榜

本日全日本資料一覽表

預測不斷變化的天氣

地球上的雲會做複雜的運動。若要預測天氣的變化，就需要以立體的方式掌握從地表到上空的大氣狀況。而且大氣沒有國界的分別，大氣現象是以地球規模發生，必須站在整個地球的角度了解氣象狀況。圖片是由美國的地球觀測衛星「Terra」於2005年７月11日拍攝的影像合成的，赤道的位置以紅線表示。

實況和預測天氣圖

實況天氣圖的「日本周圍地區天氣圖」每隔３小時發布一次，「亞洲太平洋地區實況天氣圖」每隔６小時發布一次。預測天氣圖則有「24小時預測圖」和「48小時預測圖」這２種。日本周圍地區和亞洲太平洋地區都是每隔12小時發布一次。

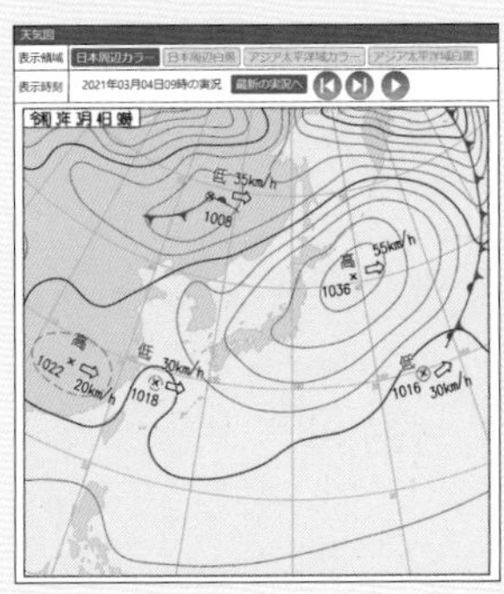

1週預報

綜覽全日本的未來１週天氣、氣溫等概要，1天發布２次。

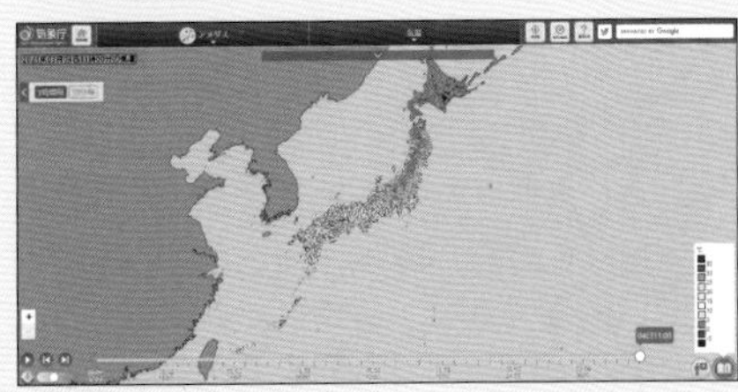

氣溫、雨、雪、風等觀測資料

網站上可以看到「地區氣象觀測系統」（自動氣象數據採集系統）、「剖風儀」（wind profiler，第172頁）及其他相關資訊。

2週氣溫預報

網站會於每天發布未來第８天到第12天這５天的平均每日最高氣溫、每日最低氣溫，以及每日平均氣溫（圖片為府縣別資料）。

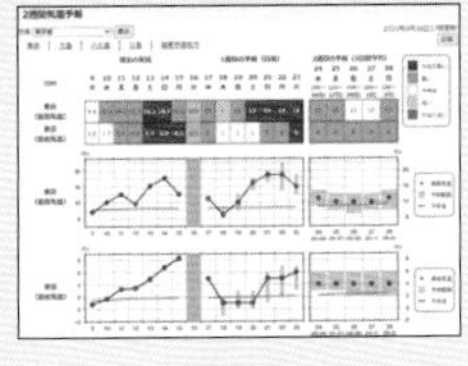

從陸地、海洋、空中及太空觀測氣象

1930年代開始利用「探空儀」觀測高層大氣，將觀測儀器吊掛在氣球上施放到高空。現在幾乎都在高於「對流層」（從地表算起約8～16公里的上空）的地方觀測所有天氣的變化。

地面上不只會由氣象台或自動觀測裝置直接觀測當地的氣象，「氣象雷達」或「剖風儀」也會施放電波到上空，掌握上空雨雲或風的情況。一座氣象雷達就可以觀測周圍約幾百公里大範圍的雨雲或雪雲。

海上也有船舶或浮標在國際合作下觀測氣象，高空則用航空器或氣象衛星觀測氣象。氣象衛星是在美國、歐洲、日本、中國和印度的國際合作下運用。

氣象衛星的觀測能彌補海上觀測的不足，後續的頁面將會看到，這在建立數值預報的「初始值」上扮演格外重要的角色。

觀測廣大範圍用的觀測儀器

氣象觀測可分為兩種，一種是設置觀測儀器直接觀測當地的氣象，另一種則是遠距觀測遠地的氣象。前者使用的裝置有自動氣象數據採集系統之類的地面觀測儀器，或船舶、飛行器和雷送，後者有地面的氣象雷達、剖風儀或高空的氣象衛星。

地區氣象觀測系統

日本通稱為自動氣象數據採集系統，境內約有850處在觀測風向、風速、氣溫和溼度（有320處觀測積雪的深度）。

風速計

溫度計

雨量計

氣象雷達

運用雷達即時觀測降水或風。其中觀測風的裝置，稱為都卜勒氣象雷達。

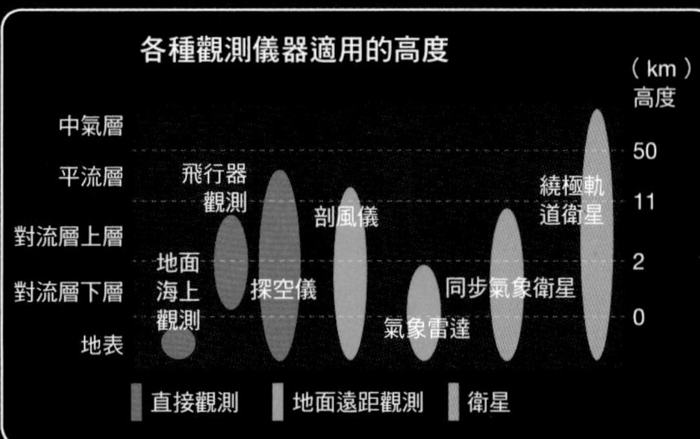

繞極軌道衛星

沿著繞極軌道轉的衛星。藉由「微波輻射計」等裝置，取得氣溫、水蒸氣量或整個地球的其他資訊。

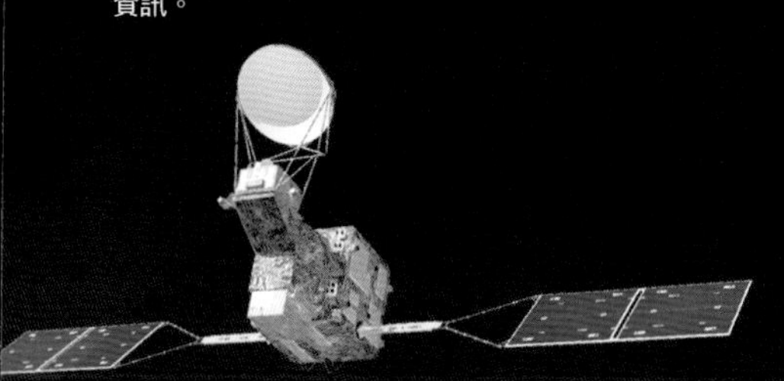

同步氣象衛星

利用可見光和紅外線等工具拍攝地球，能以幾乎即時的速度看到高空雲的位置。連續照片捕捉雲或水蒸氣的動態，還會取得風的資訊（大氣運動向量）。日本的同步氣象衛星「向日葵」8號和9號現正使用中。

飛行器氣象觀測

氣象機構和民間航空公司合作，讓飛行器在載客的同時觀測氣壓、氣溫和風。

風

探空儀

派船舶監測大氣或海洋

海上也會藉由船舶或浮標等工具觀測氣象。氣象觀測船或一般船舶（國際條約會獎勵船舶觀測海上的氣象）會觀測海上的氣象、海面水溫，或是風製造的波或起伏等。

探空儀

探空儀又稱雷送，是探查測量的裝置。藉由吊掛在氣球下的觀測儀器，觀測上空的氣壓、氣溫和溼度。還會從探空儀位置的變化，觀測風向和風速。1天2次（日本時間9點，21點）在世界各國同時進行觀測。

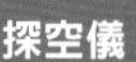

反射回來的電波

觀測儀器

氣象觀測船

發射的電波

剖風儀

這個裝置會將電波打在風上加以觀測。從因為大氣擾動或雨滴而散射回的電波頻率變化（都卜勒效應），了解風的動態。設置在全日本33個地方。

漂流浮標
漂流在海中的同時觀測氣壓、水溫、波（波高和週期）。

SECTION 66

Observation data

觀測資料

全世界即時蒐集無數的觀測資料

世界各地觀測到的各種氣象資料，透過我們稱之為全球通信系統（Global Telecommunication System，GTS）的機制連結世界的主要地區，進行國際間的交換。

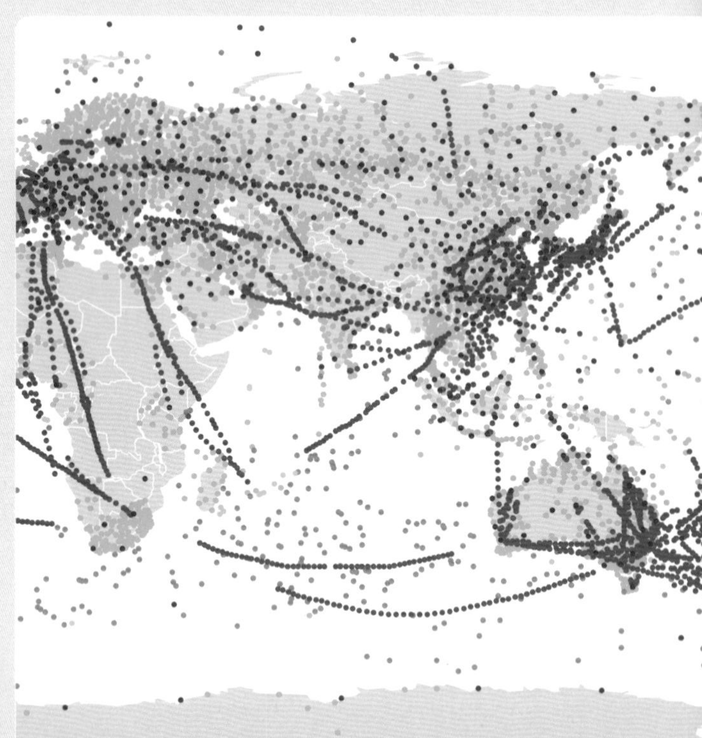

直接觀測

地面觀測…… 5260個地點 

可以看出雖然觀測地點很多，但是非洲或南美洲之類的地區觀測數就少了。

船舶 ……………305個地點

浮標 ……………729個地點

雖然分布範圍廣泛，觀測密度卻比陸地還要低。相較下，北大西洋較為頻繁觀測。

衛星觀測

繞極軌道衛星

NOAA15號 …………3225個地點

NOAA18號 …………2876個地點

NOAA19號 …………4999個地點

Aqua ……………………3001個地點

Metop1號 …………3369個地點

Metop2號 …………4801個地點

美國NOAA衛星的高度約為850公里，歐洲Metop衛星的高度約為820公里，美國地球觀測衛星Aqua的高度約為700公里，皆以低軌道繞行。有多個衛星覆蓋在世界上。圖片所示為繞極軌道衛星搭載的微波輻射計取得氣溫相關資料的地點，此資料會用在數值預報上。

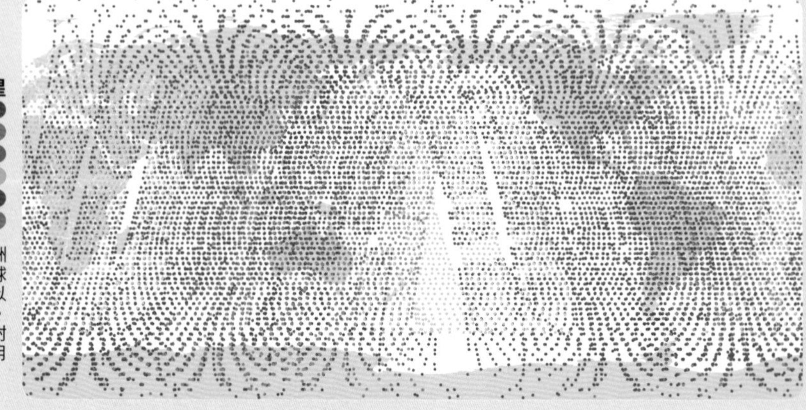

下面的圖像是花6小時蒐集，實際用在明日天氣預報上的主要氣象資料觀測地點。可以看出陸地觀測以中緯度區最充實，海上觀測及藉由探空儀或飛行器直接觀測高層大氣的數量則比陸地少，氣象衛星的觀測在彌補這一點上扮演重要的角色。

世界觀測資料的分布

圖片為2018年1月1日上午6點到中午為止（日本時間）這6個小時蒐集到的主要氣象觀測資料分布。另外，圖片顯示的輸入資料是預估整個世界的大氣狀況時，供數值計算用的。衛星觀測的資料沒有以連續資料表示的原因就在於此。要詳盡預測日本附近的大氣狀況時，就會使用氣象雷達或自動氣象數據採集系統。

觀測資料的分布圖像：日本氣象廳資訊基礎部數值預報課

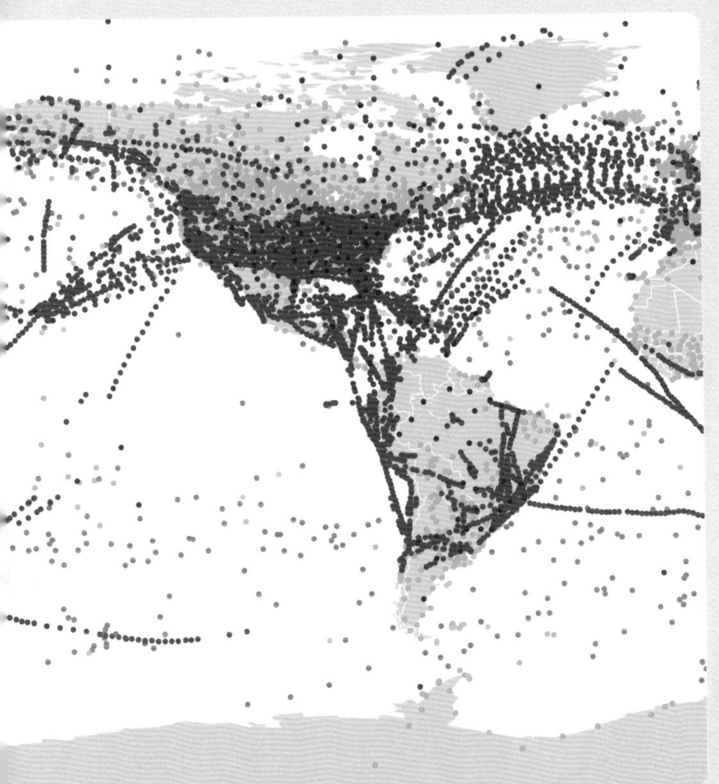

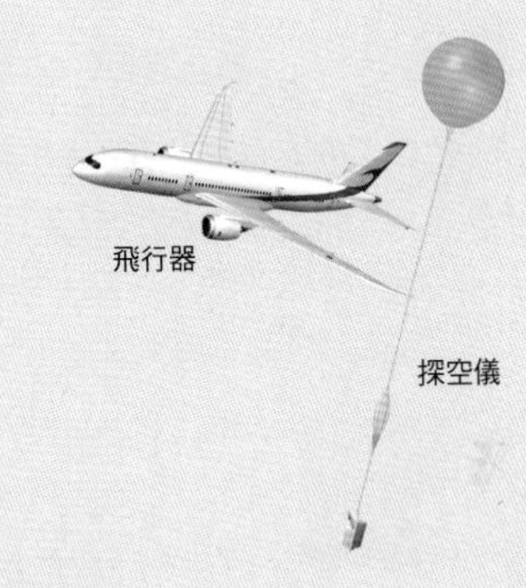

- 探空儀……………644個地點
- 飛行器……………7417個地點

探空儀幾乎在陸地的上空，非洲較少。飛行器會在世界的飛行路徑上頻繁觀測。

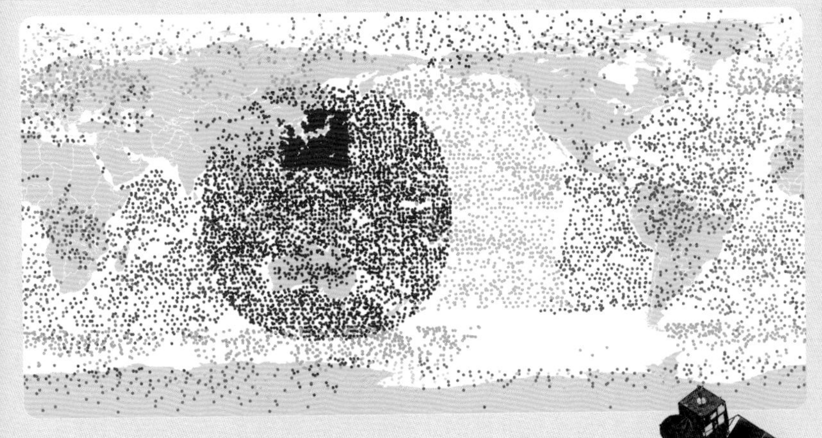

同步氣象衛星

- Meteosat10號…………1030個地點
- Meteosat8號……………939個地點
- 向日葵8號……………7112個地點
- GOES15……………1088個地點
- GOES13……………1112個地點

繞極軌道衛星（括弧內為感測器名稱）

- Aqua・Terra（MODIS）…1087個地點
- NOAA（AVHRR）…………195個地點
- LEOGEO※………………1520個地點

同步氣象衛星會從赤道上空高度約3萬6000公里處大範圍觀測，以多座衛星包羅世界。圖片為大氣運動向量的觀測地點，分布在日本附近的密度尤高。分析衛星拍攝的照片就會獲得這種向量。極區則會使用繞極軌道衛星的資料。

※LEOGEO為大氣運動向量資料的名稱。這項資料能在50度以上的高緯度取得，取得來源是同步氣象衛星和繞極軌道衛星觀測的合成照片資料。

衛星（向日葵8號）

用電腦模擬地球的大氣

現代的天氣預報是由超級電腦進行龐大的計算，再以計算結果作為「數值預報」的基礎。日本氣象廳的預報官或民間的氣象預報士根據數值預報的結果，衡量每個地區的特性等要素提升準確度，每日發表天氣預報。

做數值預報時要先在電腦上設定虛擬的地球和大氣。用細密的網格劃分大氣，每個網格個別分配溫度或溼度這些代表大氣狀態的數值。再使用基於物理定律的預報程式（模式），計算這些數值怎麼變化，也就是整個地球的氣象怎麼變化。

開始計算時，事先給定所有網格的數值稱為「初始值」。初始值需要盡量反映現實的大氣狀態，所以會使用上一頁看到的世界觀測資料。

預估地球整體大氣狀態稱為「全球模式」※。

數值預報模式中，愈是想要重現小規模現象，計算量就愈龐大。所以還有模式會需要縮限要預測的地區，並抑制計算量增加，以更細密的網格間隔計算。部分民間事業體也會獨立開發這種模式，分別預報氣象。

※全球模式是由日本的日本氣象廳、歐洲的歐洲中期預報中心和英國氣象局、美國的國家環境預測中心，以及其他好幾個國家的氣象機構獨立開發和運用的工具。

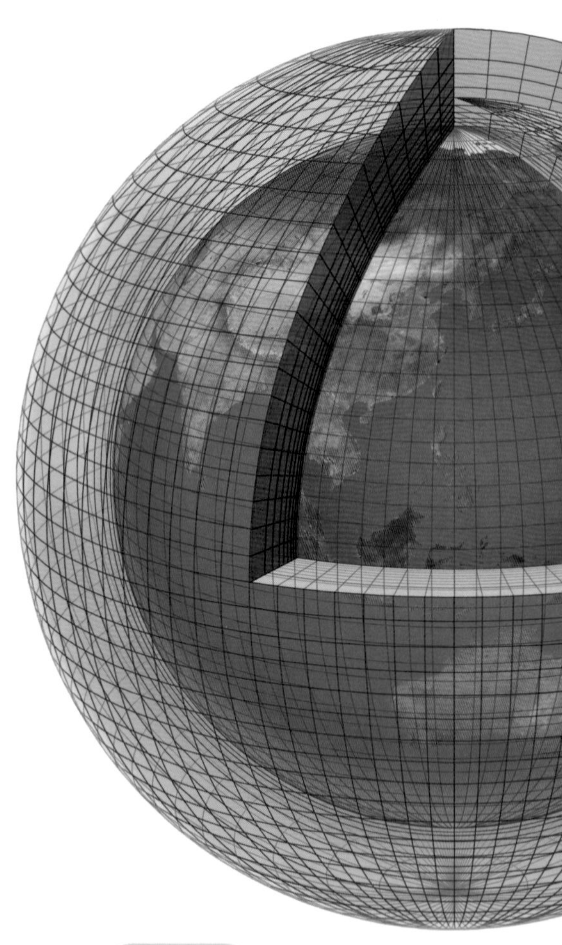

全球模式 **預估整個地球的大氣狀態**

這是參考日本氣象廳全球模式繪製的模式圖，網格的大小經過誇大表現。實際的模式在不損及計算精確度下，愈往極區方向，經度方向的網格間隔就愈長。

電腦做出的預報

數值預報是將重現在電腦內的大氣細分後再加以計算。細項愈多，就可以預報規模愈小的氣象。

限定地區模式　預測規模小的氣象

限定地區模式是把全球模式利用世界觀測資料得到的計算結果，當作網格的邊界條件（進行計算的範圍邊界值）使用，進行預報計算。預測的規模可分為以下三種模式。

網格

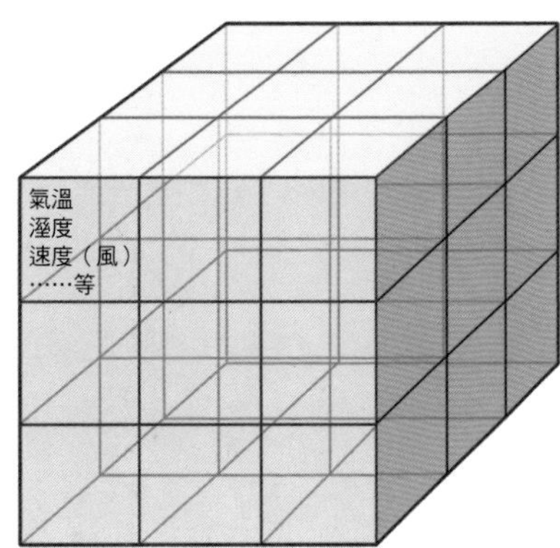

1. 將大氣劃分成網格，再分配「氣溫」、「溼度」、「風」之類的資料

將大氣劃分成網格，再將大氣一開始狀態的預期數值（初始值，例如溫度和溼度）分配給網格。

2. 反復預測「不久之後的天氣」，求出「將來的天氣」

使用適合的方程式計算大氣的狀態隨著時間變化多少，求出不久之後大氣的狀態。如此反復多次，直到最後算出想要預報的未來大氣預報為止。網格的間隔愈細，再次預報的時間（積分時間）間隔就會愈窄，預報準確度會提高，不過計算量就會變得龐大。

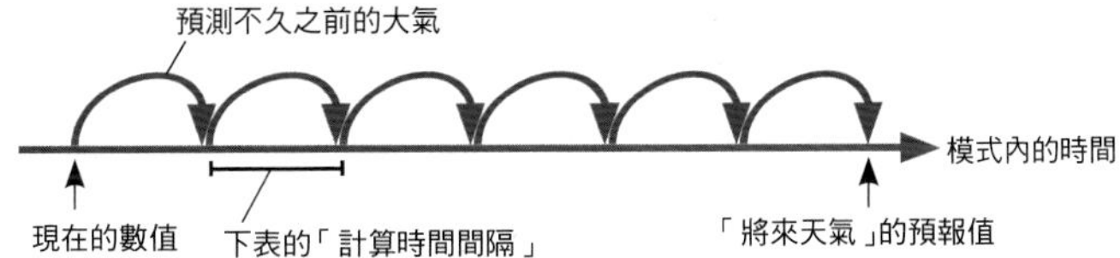

配合用途靈活運用三個模式

氣象的規模五花八門，從積雨雲這種不到十幾公里且只在短時間發生的現象，到高、低氣壓這種幾千公里規模長期持續的現象都有。使用電腦計算之際，需要配合想要預報的氣象規模選擇適當的模式。日本氣象廳會以三個模式計算每個規模。

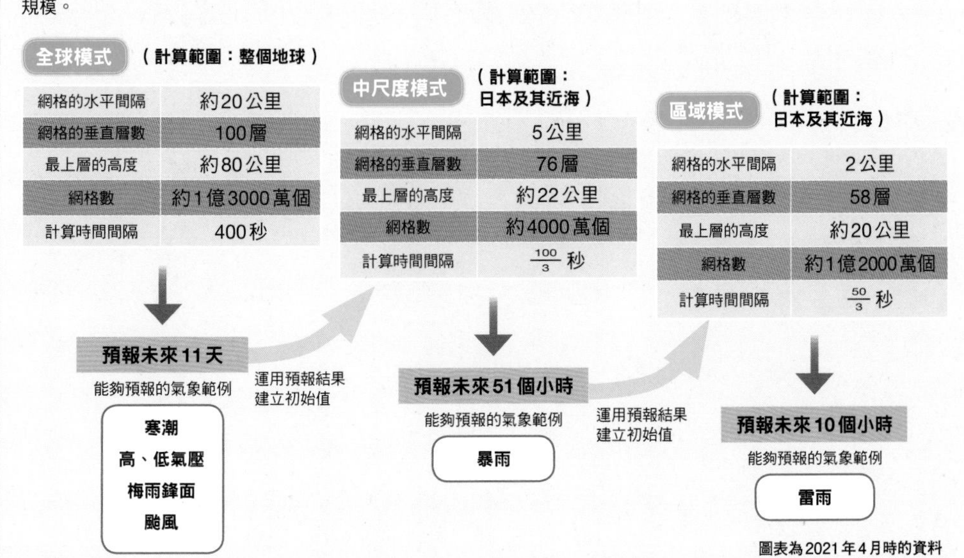

全球模式（計算範圍：整個地球）

項目	全球模式
網格的水平間隔	約20公里
網格的垂直層數	100層
最上層的高度	約80公里
網格數	約1億3000萬個
計算時間間隔	400秒

預報未來11天
能夠預報的氣象範例：寒潮、高、低氣壓、梅雨鋒面、颱風

運用預報結果建立初始值

中尺度模式（計算範圍：日本及其近海）

項目	中尺度模式
網格的水平間隔	5公里
網格的垂直層數	76層
最上層的高度	約22公里
網格數	約4000萬個
計算時間間隔	$\frac{100}{3}$秒

預報未來51個小時
能夠預報的氣象範例：暴雨

運用預報結果建立初始值

區域模式（計算範圍：日本及其近海）

項目	區域模式
網格的水平間隔	2公里
網格的垂直層數	58層
最上層的高度	約20公里
網格數	約1億2000萬個
計算時間間隔	$\frac{50}{3}$秒

預報未來10個小時
能夠預報的氣象範例：雷雨

圖表為2021年4月時的資料

限定地區模式的預測誤差較少

下圖將用電腦預測的全球模式和實際天氣做個比較。

一般而言，隨著預報時間拉長，預報結果的誤差往往就會變大。以下面的例子來看，全球模式的結果在未來4天左右與實際的天氣圖較為一致。然而，接下來的預報落差就會慢慢擴大。

另外，網格間隔愈細密的模式，愈能詳細預報出降雨之類的細微現象。所以會如右圖所示，中尺度模式和區域模式的預測準確度會比全球模式高。

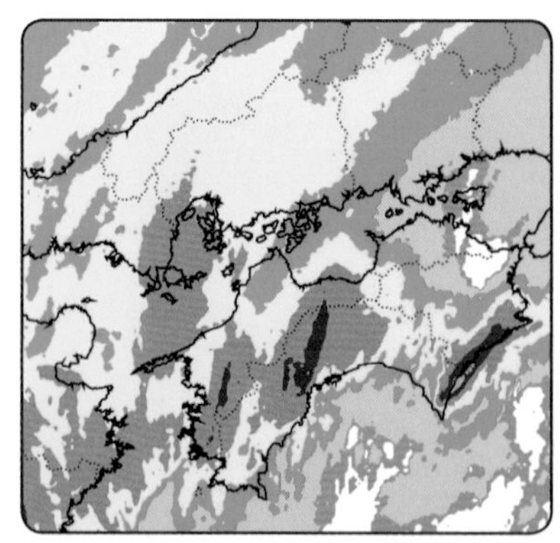

實際降雨的情況

「全球模式」和實際天氣的比較

這裡要比較未來11天日本氣象廳全球模式的預測天氣圖（初始值為日本時間2014年1月23日晚上9點），以及表示實際天氣（用在數值預報的初始值）的天氣圖。

實際天氣※

※根據觀測值製作的數值預報解析值。預報官會根據觀測值繪製天氣圖，製作「實況天氣圖」時也會將解析值拿來參考。

數值預報

1天後

氣壓配置預測得很精準。

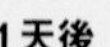

4天後

雖然海洋方面多少有些落差，日本附近卻預測得很精準。

圖片：日本氣象廳資訊基礎部數值預報課

「區域模式」準確預測降水

圖片為2013年10月24日下午３點～晚上６點的合計降水量比較結果。全球模式無法妥善預測降水量多的地區。改用中尺度模式和區域模式，就能更加精準預測降雨地區。

←少　降水量　多→

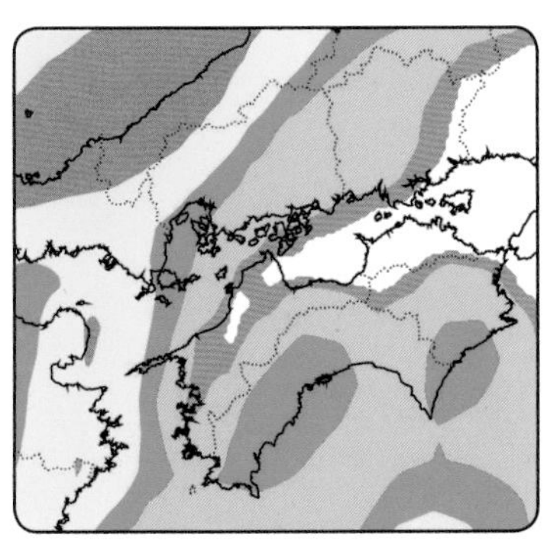

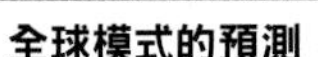

全球模式的預測

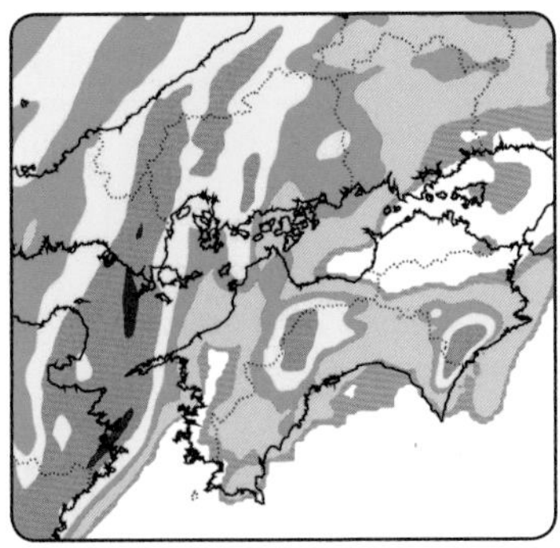

中尺度模式的預測

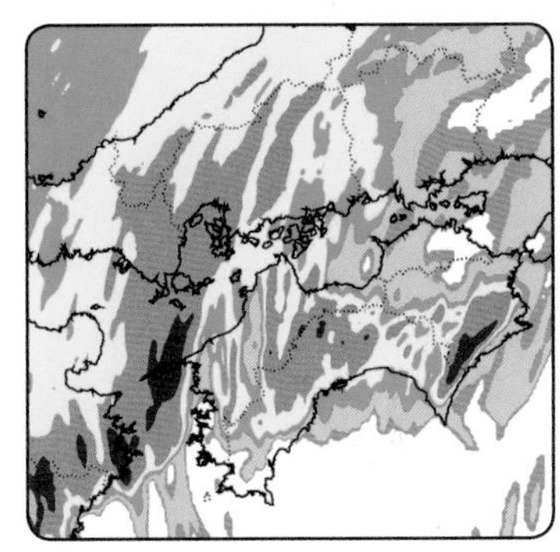

區域模式的預測

7天後

整體的氣壓配置吻合到某種程度，日本附近的落差卻擴大了。

11天後

整體的氣壓出現差距。

SECTION 69

Equation and element

方程式和要素

數值預報模式使用的方程式及包含的氣象要素

藉由計算預測天氣的變化時，要使用什麼算式呢？

數值預報模式使用掌控大氣流動（風）的「運動方程式」（流體力學方程式）、與大氣和水蒸氣量相關的「質量守恆公式」（連續方程式）、與氣溫變化相關的「熱力學第一定律」或「氣體狀態方程式」。這些基本方程式是了解大氣動向的「骨幹」。

再者，陽光、地面或雲受太陽加溫後釋放的熱量、或是地表和海面的影響，也會反映在計算中。大氣與其說是被陽光直接加溫，不如說是被吸收陽光後的地表或海面從下面升溫。估算時會衡量這種效應，像是地表是否被針葉樹覆蓋，是不是草原，有沒有積雪或海冰等等，再反映在計算中。

另外，模式當中也會擷取地形的資訊，地形對於氣流的影響也要衡量進去。

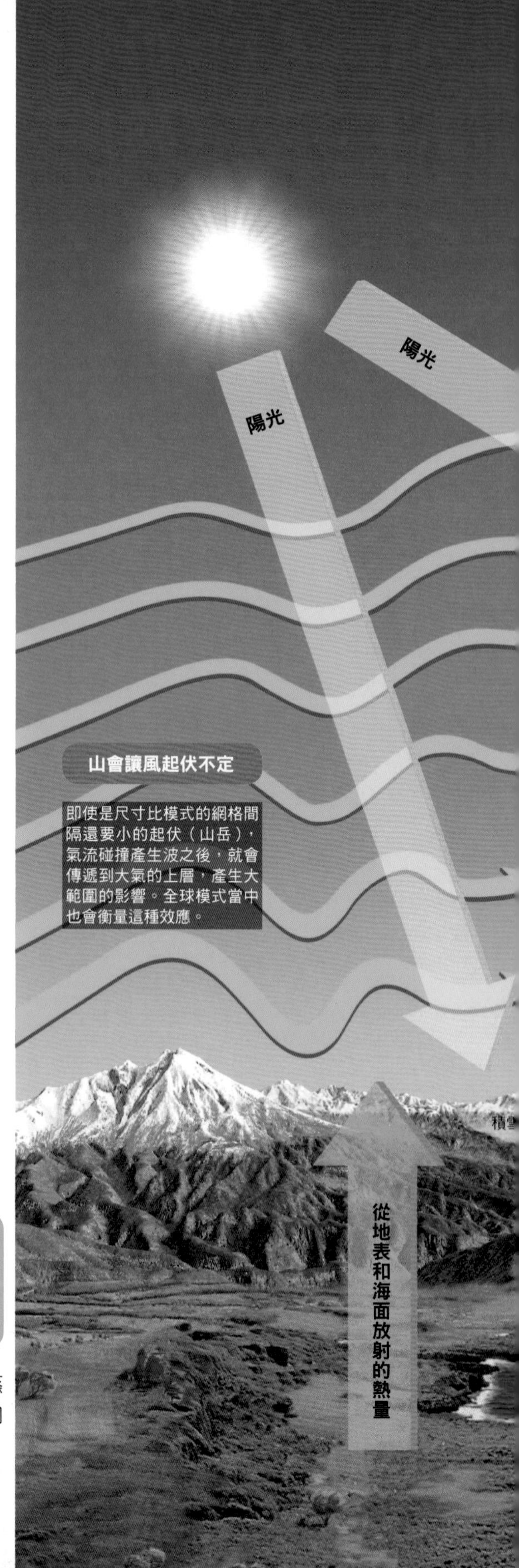

數值預報所考慮的大氣現象

數值預報模式除了根據物理法則計算大氣的流動或水蒸氣量大致的變化之外，還會計算雲、降水或大氣、熱和水的流動這些現象，或是地形和植物的影響。

從雲釋放的熱量

從雲反射的陽光

大氣的流動

從大規模來看，與水平方向的風相比，垂直方向的風微弱到可以忽視。因此，全球模式只會計算水平方向的風。中尺度模式和區域模式則還會計算垂直方向。

形成雲降雨或下雪

全球模式只能看到水的大致狀態變化。然而中尺度模式和區域模式，則也會觸及水的狀態之變化詳細過程（雲物理過程），所以雪、霰或水的其他狀態變化差異也會作為依據。

雲的「陽傘」作用也會造成溫室效應

雲能夠遮蔽陽光，並且釋放已吸收的太陽能，讓大氣升溫。有雲時，便可以預估會有這樣的效應發生。

從雲釋放的熱量

積雨雲

降水

海冰

植被或積雪也會影響氣溫

水的蒸發

地表和海面附近產生的亂流影響

從地表和海面算起高空2公里左右的「大氣邊界層」，會因地表摩擦或陽光加熱的影響，發生小規模的大氣流動（亂流）。亂流會將地表和海水的熱量或水蒸氣送到高空，或是改變風向。

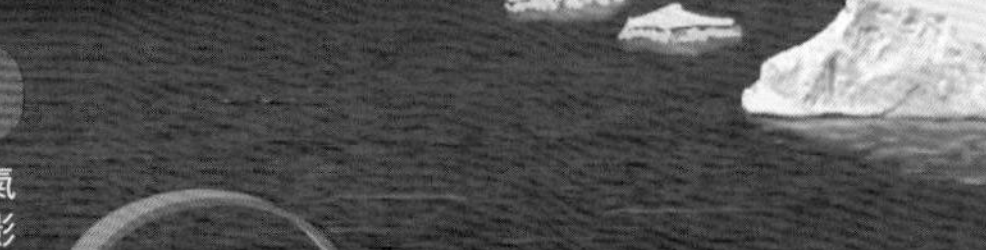

海洋對氣象帶來的影響

海平面的溫度也要考量到季節變化等要素，當作邊界條件。

從觀測資料到製作天氣預報

預報計算會以「整個地球現在的大氣狀態」為出發點（初始值）開始計算。不過，要在所有地點知道廣闊的大氣現在狀況如何，是件很困難的事。即使擁有現代的氣象觀測網，觀測資料也不可能填滿模式所有的網格，所以要將前一個預報結果當成初始值的基礎來用（1-a）。並與最新的觀測值相互對照，修正有落差的地方，再當成初始

擷取觀測資料，製作天氣預報的順序

1. 要在電腦內建立「現在地球大氣的狀態」

模式的所有網格需要有數值作為預測計算的出發點（初始值），所以要將零星的觀測值「適應」到之前的預報結果，進而建立初始值。

2. 預測

根據物理定律計
將來大氣的狀態

1-a. 以電腦預估「現在的大氣」
根據以前的觀測資料預估「現在」的大氣，再將數值輸入到所有的地點稱為「第一估計值」。

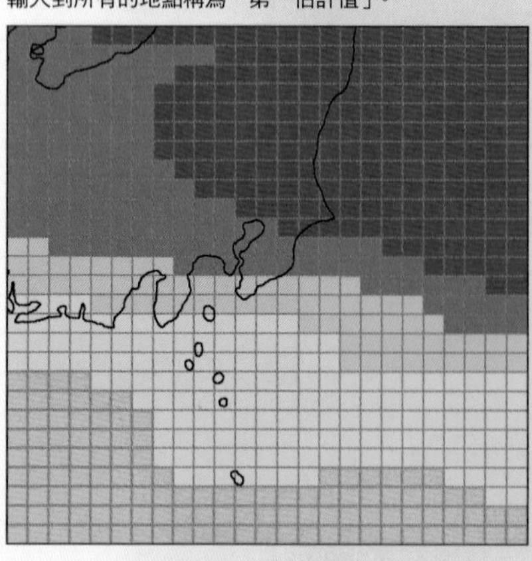

1-b. 藉由觀測資料修正「現在的大氣」
反映最新的觀測資料，更接近現在的大氣情況，稱為「解析值」。這將成為預報計算的初始值。

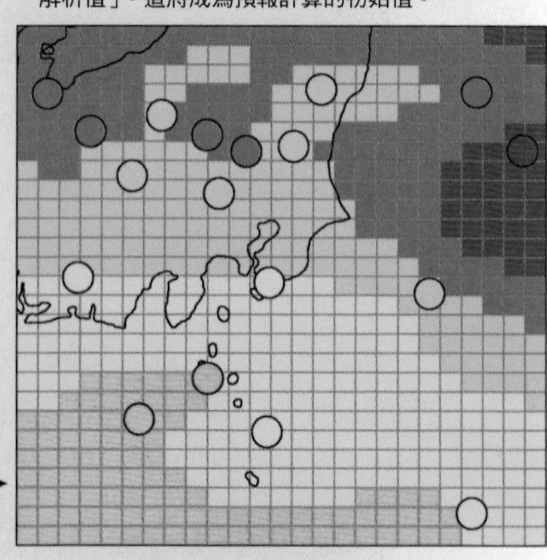

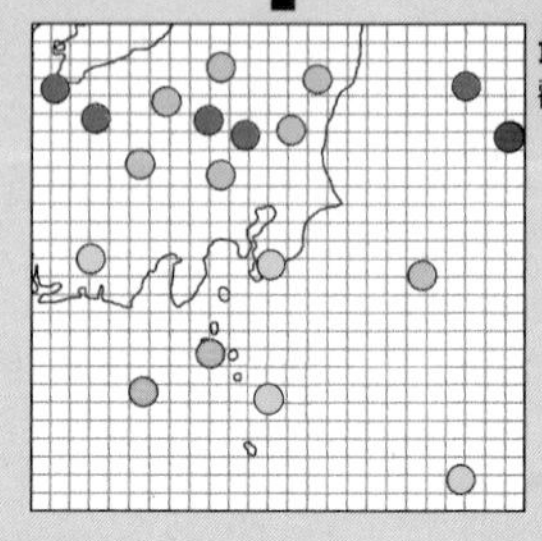

最新的觀測資料
觀測地點零星分布。

值來用（1-b）。

數值預報的特性在於小誤差會隨著時間擴大。無論建立的初始值誤差有多小，都會左右預測值的準確度。

預報計算之後，就會自動修正結果。比如因為模式網格粗略而忽視的小島或盆地，也會大幅影響附近的氣溫或雨量等數值（3-a）。因此要配合每個地區的特性，修正預報計算得出的數值，例如替氣溫容易上升的地形提高氣溫等。這項修正會根據過去累積的統計資料自動處理。

預報計算之後，還要將資料轉換成容易運用在預報業務上的形式。因為數值預報的結果是一長串數字，難以直接應用，所以要用電腦將資料轉換成人類容易瞭解的形式（翻譯），像是晴、雨或其他天氣、降雨機率、最高氣溫和最低氣溫等（3-b）。

以電腦做數值預報時要依下列步驟進行：建立反映觀測資料的初始值（左頁），使用模式預測計算，再修正預報結果或轉換表達方式加以應用。

3. 提高準確度和「翻譯」

預報結果要根據過去的資料，配合每個地區的特性修正，或是轉化成形式容易利用的資料。

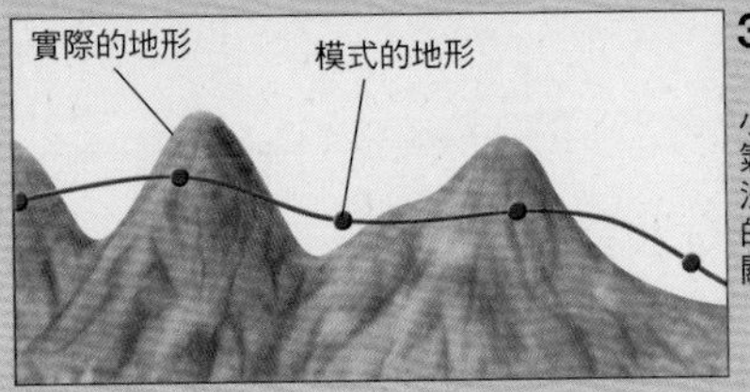

3-a. 將過往資料的準確度提得更高

小盆地或島嶼也會大幅影響天氣，但是模式會簡化地形，無法算出每個地區的特性。這樣的誤差要使用過往觀測值的相關統計資料加以修正。

3-b. 將結果「翻譯」出來

將氣溫或溼度等數值輸出的預測結果，轉換成「雨」、「陰」之類的天氣資訊、降雨機率、最高氣溫、最低氣溫，以及其他人類可以輕鬆應用的表達方式。這個步驟需要運用過去的資料，由電腦進行。

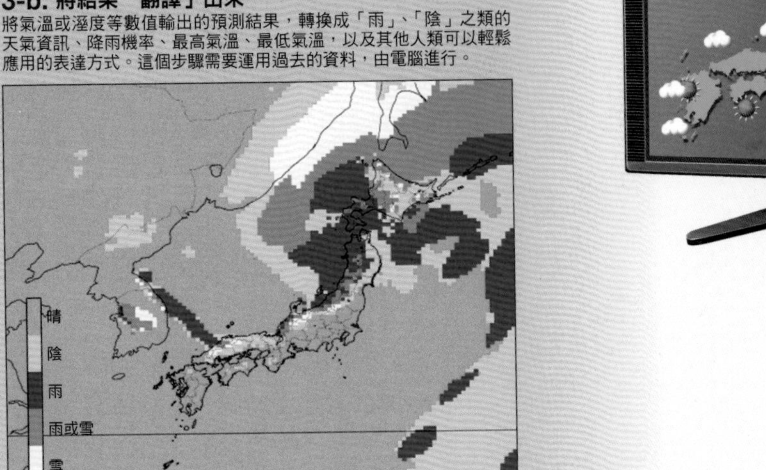

天氣預報

長期預報是多個數值預報的平均值

全球模式下的數值預報準確度逐年上升，兩天內的預報便相當準確。然而，再往後的長期預報並非易事，因為大氣的動態會呈現渾沌（chaos）的性質。

在數值預報中，假如現在的數值（初始值）有微小的誤差，預測的誤差就會在反復計算中擴大。這種渾沌的狀況是1960年代初期美國氣象學家羅倫茲（Edward Lorenz，1917～2008）讓電腦運算模擬氣象模式時發現的。

因此，未來1週以上的長期預報會採用「系集預報」（ensemble forecast），計算時準備多個網格的資料，擷取平均值。換句話說，就是求出大致的機率傾向。

右上方的圖是 1 個月的系集預報範例。計算出來的預報會如右下方的圖所示，發布降水量、日照時間和其他項目。比如「東日本的氣溫『比氣候平均值低的機率為20%』」。

另外，雖然電視或報紙的天氣預報不會介紹到這個，但是日本氣象廳的網站會針對一週天氣預報後面 5 天是否降雨的部分，以 3 個階段評比藉由系集預報獲得的預報可信度。

還有，超過 1 個月的季節預報，則會引進大氣海洋耦合全球氣候模式，配合海洋和大氣的變動預報氣象。

系集預報未來 1 個月的氣溫、降水量和日照時間

這裡的各個柱狀圖是藉由系集預報，預測北日本、東日本、西日本和南西諸島未來 1 個月的天候（氣溫、降水量和日照時間）。藍色表示低（少）於氣候平均值，黃色表示相同，紅色表示高（多）於氣候平均值。數值是根據2007年 5 月 4 日日本氣象廳發表的「單月整體預報」（5 月 5 日到 6 月 4 日的天候預測）。

系集預報的範例

圖表為預測850hPa（海拔約1500公尺的地面）的氣溫氣候平均差。細實線是多個預測結果，總計50條。黑色粗實線是將50條細線平均之後的產物，這就是系集預報的結果。從圖表中可以預測將來1個月剛開始是高溫，爾後則會比氣候平均值還低。隨著預報時間拉長，預測也會變難，所以50個預測的離散程度是後半比前半還大。

850hPa氣溫偏差（東日本）

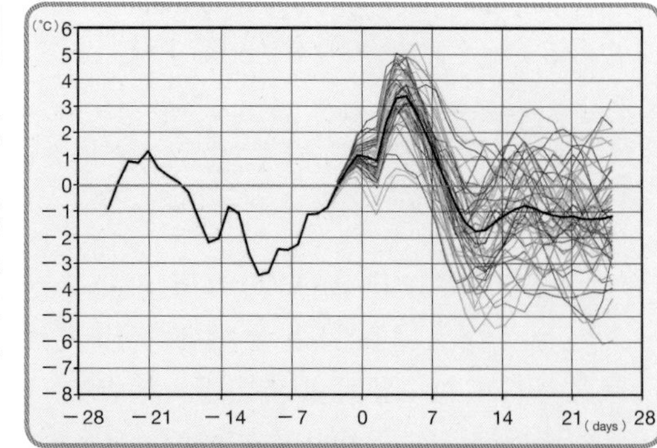

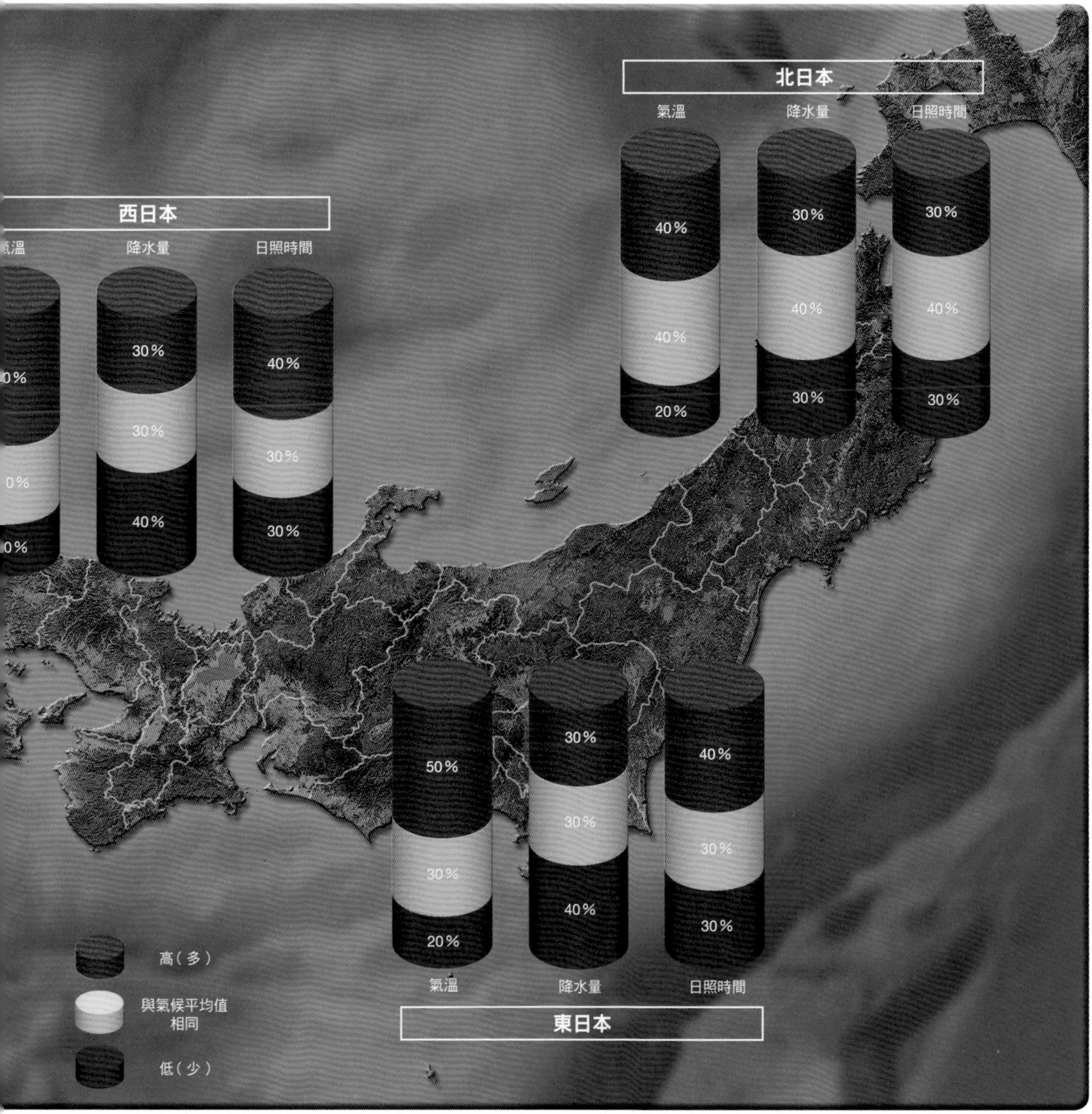

北日本

	氣溫	降水量	日照時間
高（多）	40%	30%	30%
與氣候平均值相同	40%	40%	40%
低（少）	20%	30%	30%

西日本

	氣溫	降水量	日照時間
高（多）	0%	30%	40%
與氣候平均值相同	0%	30%	30%
低（少）	0%	40%	30%

東日本

	氣溫	降水量	日照時間
高（多）	50%	30%	40%
與氣候平均值相同	30%	30%	30%
低（少）	20%	40%	30%

高（多）
與氣候平均值相同
低（少）

從天氣圖判讀天氣①

天氣圖的種類五花八門。首先就來看看新聞或報紙上常見的「地面天氣圖」，當中會畫出地面（海拔0公尺）的大氣狀況。

右圖標上號碼的藍色部分是判讀天氣圖所需的資訊。①的「等壓線」是將氣壓相同的地點連結而成。從等壓線可以掌握大氣的流動（風）。風大致會從氣壓高的地方往氣壓低的地方吹，等壓線間隔愈窄的地方，風就會變得愈強。

等壓線封閉成環狀，氣壓比周圍高的地方稱為②「高氣壓」，低的地方稱為③「低氣壓」。高氣壓會產生下降氣流，低氣壓會產生上升氣流。④的「鋒面」是暖空氣和冷空氣相撞的交界處，⑤和⑥的天氣符號將在接下來的頁數中說明。

一般來說，空氣上升的地方容易產生雲。低氣壓或鋒面是大氣上升之處，具備這些要素的地方，就容易變成壞天氣。

地面天氣圖

從地面天氣圖中高氣壓和低氣壓的配置和鋒面等資訊，即可掌握天氣大致的狀況。

①等壓線

將氣壓相同的地點連成線

以1000hPa為基準，每4hPa就畫一條線，每20hPa就用粗線來畫。等壓線愈是擁擠，氣壓差距就愈大，風會吹得愈強烈。

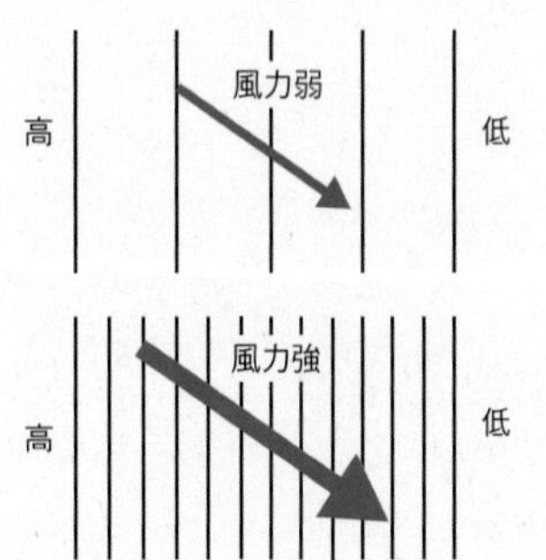

從等壓線就能判讀風的資訊

就像水從高處往低處流一樣，氣壓會從高處往低處流（風吹）。產生這股風的作用力稱為「氣壓梯度力」，與等壓線呈直角。這股力再加上科氏力，北半球的風吹路徑就會偏向行進方向的右側。風在地面上會與地表的摩擦力作用，不會完全往右，而是朝等壓線的斜向吹送。

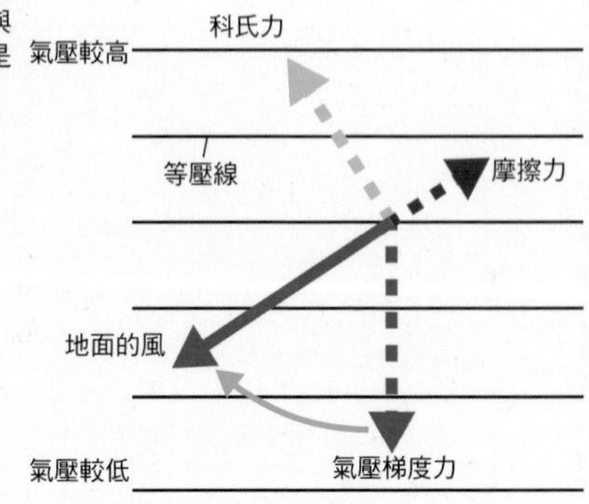

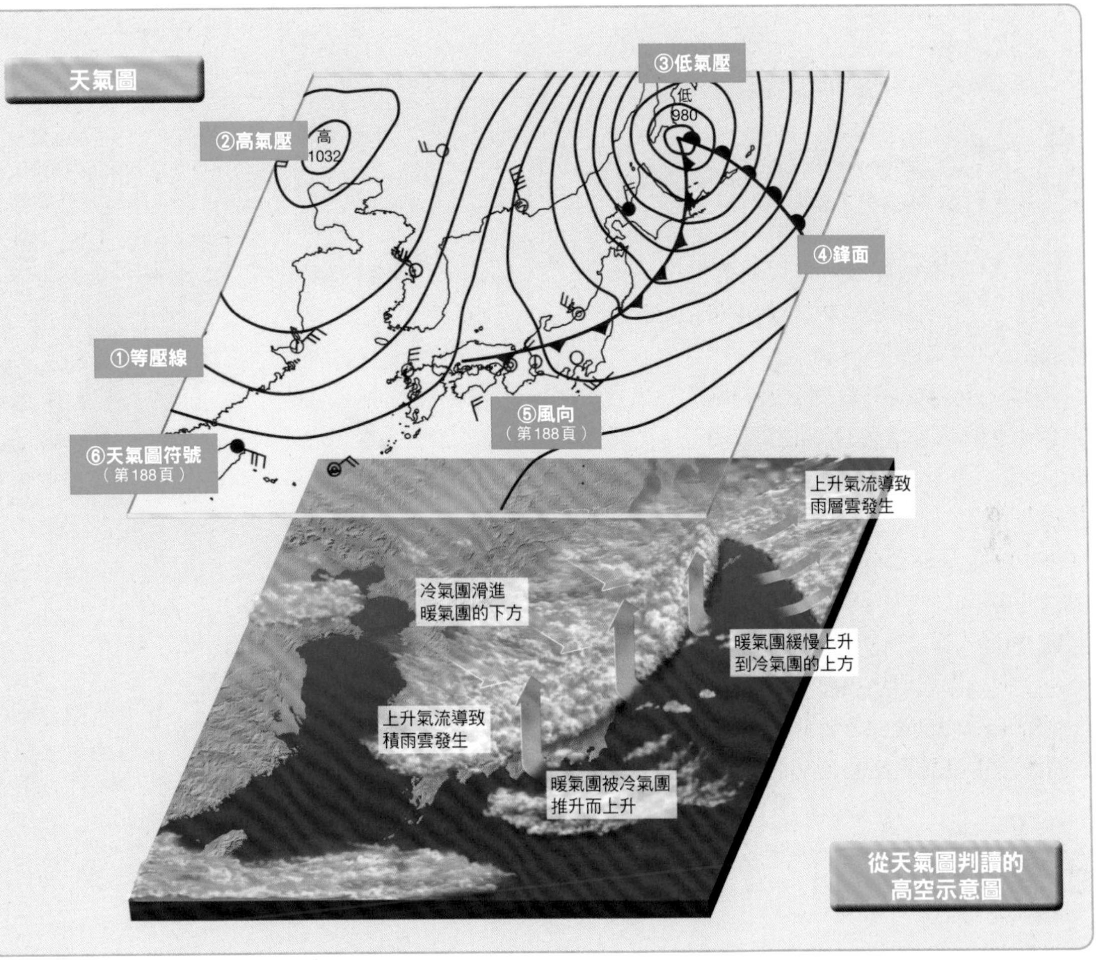

天氣圖
③低氣壓
低
980
②高氣壓
高
1032
④鋒面
①等壓線
⑤風向
（第188頁）
⑥天氣圖符號
（第188頁）
上升氣流導致
雨層雲發生
冷氣團滑進
暖氣團的下方
暖氣團緩慢上升
到冷氣團的上方
上升氣流導致
積雨雲發生
暖氣團被冷氣團
推升而上升
從天氣圖判讀的
高空示意圖

②高氣壓　③低氣壓

氣壓低於周圍稱為「低氣壓」，
氣壓高於周圍稱為「高氣壓」

高氣壓以「高」或「H」（High的簡稱）的符號表示，低氣壓則以「低」或「L」（Low的簡稱）的符號表示。多少氣壓以下是低氣壓，多少氣壓以上是高氣壓，並沒有數值上的標準。高氣壓或低氣壓的中心是以「×」記號標註，氣壓值則是以「hPa」的單位表示。

④鋒面

暖氣團和冷氣團相撞的交界

暖鋒
滯留鋒
冷鋒
囚錮鋒

鋒面是以移動方向分類。往冷氣團移動的是暖鋒；往暖氣團移動的是冷鋒；冷氣團和暖氣團勢均力敵，幾乎停留在同樣位置的是滯留鋒；冷鋒加速移動，追上暖鋒之後則會變成囚錮鋒。鋒面是上升氣流，所以容易變成壞天氣。

鋒面
高氣壓
低氣壓
冷氣團
暖氣團

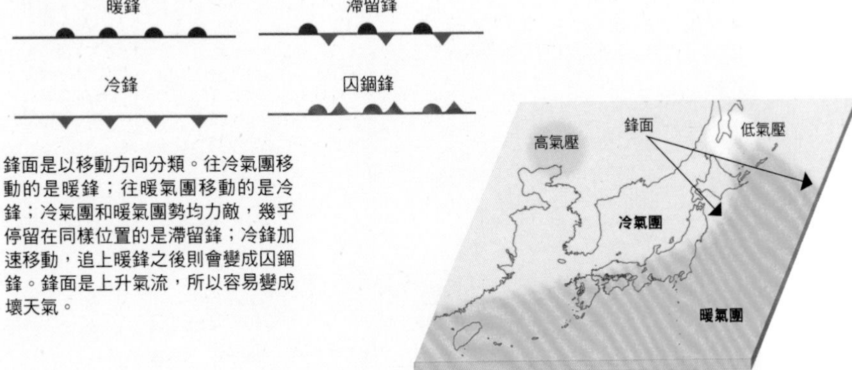

以上面的天氣圖為例，藉由鋒面的位置，即可大致知道溫暖的地區（紅）和寒冷的地區（藍）就如圖所示。

從天氣圖判讀天氣②

天氣符號可分為日式天氣符號（下圖左方）和國際天氣符號（下圖右方）這2種。

國際天氣符號能夠詳細知道天氣的狀態，不過符號的數量有非常多種，而日式天氣圖僅有21種圖示符號，只要學會即可判讀日本天氣。

第171頁的「亞太地區實況天氣圖」使用的就是國際天氣符號。一般台灣的氣象播報會用太陽、雲、雨等插圖表現天氣，不過中央氣象局的觀測資料還是以國際天氣符號來呈現。

表示風力強度的風力級數是以節（Kt）來決定，源自英國海軍使用的單位。這裡則轉換成m/s（公尺每秒），數字會變得較瑣碎。另外，風向則是使用16個方位表示，將東西南北分割成16等分。要以符號表示風向時，天氣符號就要朝著風吹來的方向畫。

⑤風力狀況

風力分為13級

風力	符號	相當風速（m/s）	相當風速（節）
0		0.0～0.3	0～1
1		0.3～1.6	1～4
2		1.6～3.4	4～7
3		3.4～5.5	7～11
4		5.5～8.0	11～17
5		8.0～10.8	17～22
6		10.8～13.9	22～28
7		13.9～17.2	28～34
8		17.2～20.8	34～41
9		20.8～24.5	41～48
10		24.5～28.5	48～56
11		28.5～32.7	56～64
12		32.7以上	64以上

〈標示範例〉

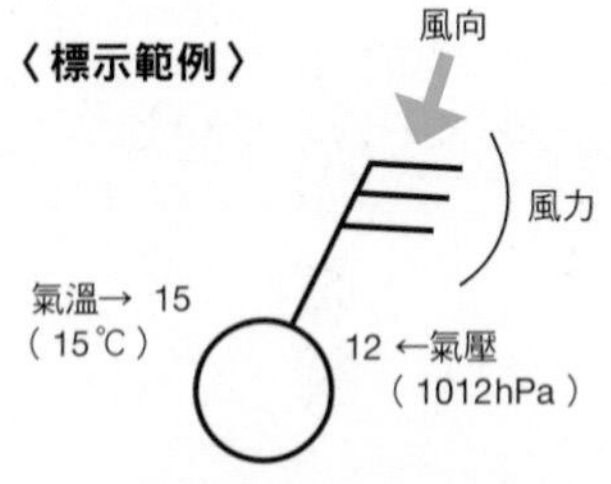

圓圈代表天氣。箭尾羽毛的方向表示風向（16個方位），羽毛的數量表示風力。

藉由16個方位知道風向

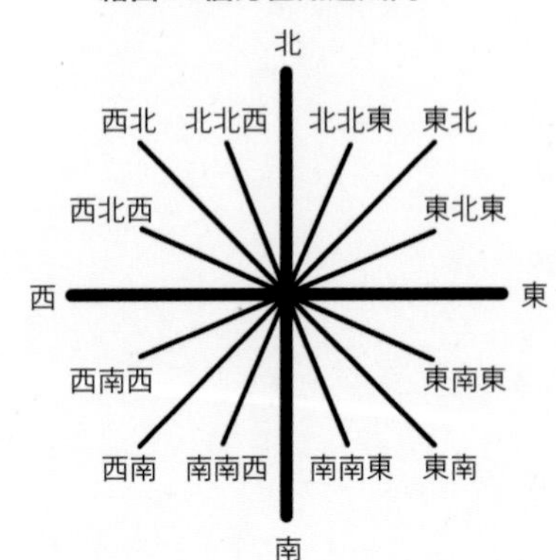

天氣圖上標示的各種符號

這張天氣圖的低氣壓位在日本關東地區東邊海上和三陸近海，正在朝東北方行進。低氣壓是以「L」表示，另外還標註了風向或天氣符號，各位讀者不妨判讀一下。右圖為天氣圖相同時間帶的氣象衛星照片。北日本～東日本受到低氣壓的影響，因而被雲層壟罩。

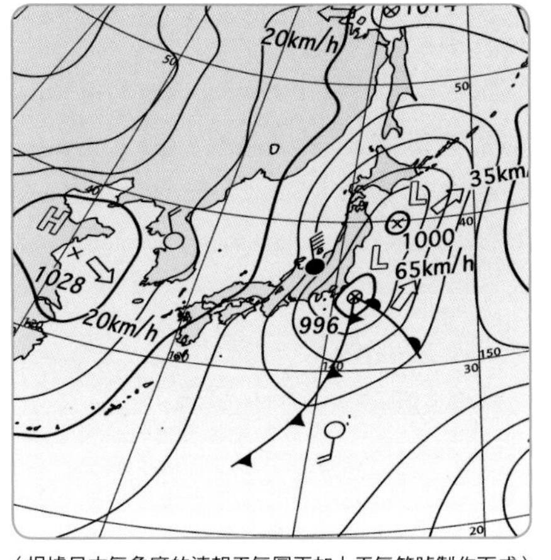

（根據日本氣象廳的速報天氣圖再加上天氣符號製作而成）

⑥天氣圖符號

簡便的「日式天氣符號」

- 快晴
- 晴
- 陰
- 霾
- 塵霾
- 沙塵暴
- 暴風雪
- 霧
- 毛毛雨
- 雨
- 大雨
- 驟雨
- 霙
- 雹
- 雷
- 大雷
- 雪
- 大雪
- 驟雪
- 霰
- 天氣不明

詳細的「國際天氣符號」連剛過去的天氣都看得出來

圓圈表示雲量，上下標註高、中、低的雲型，而圓的左右則表示現在的天氣和過去的天氣（僅在觀測惡劣天候時表示）。還可以看出氣溫、露點（蘊含水蒸氣的空氣冷卻成露的溫度）或氣壓變化。

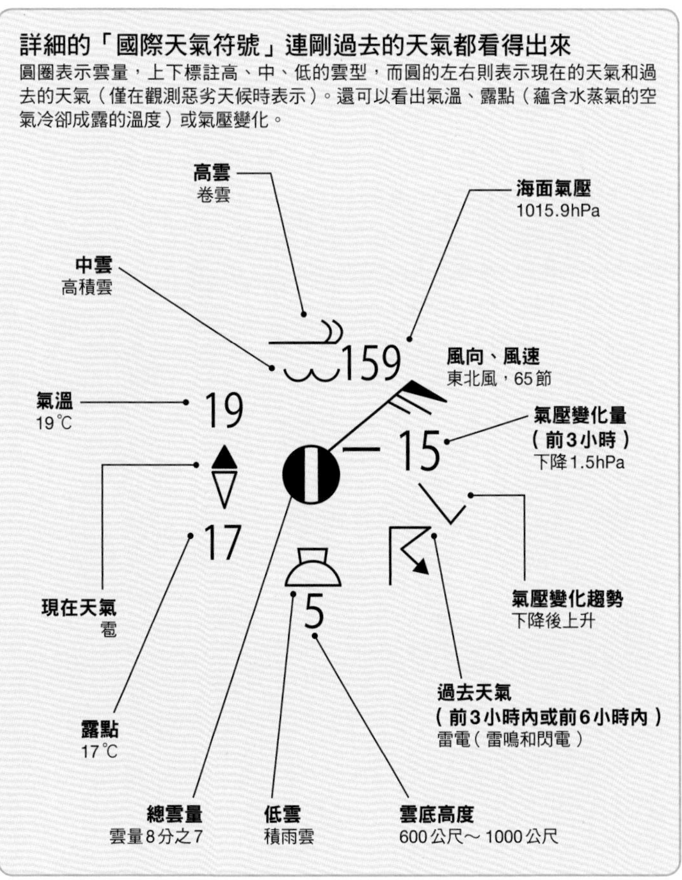

從天氣圖判讀天氣③

現在我們要一邊查看天氣圖，一邊查看實際天氣的變化。圖片為2005年的颱風14號。這個颱風靠近日本之後，帶來長時間的暴風雨和巨浪，造成死者和失蹤者29人，住家1178棟全倒，7626棟地面浸水的損失。

這是什麼樣的颱風呢？從右邊的天氣圖（2005年9月5日9點）就可以判斷。首先要注意颱風的中心氣壓很低。中心氣壓愈低，威力就愈強。另外，等壓線間隔愈窄，風就愈強。

其次還要注意位在颱風東側的高氣壓。吹進颱風的風和從高氣壓吹出的風合流，形成了強勁的南風。接著，來自高氣壓的北風和南風之間遂形成鋒面，引發上升氣流。導致雲大範圍形成，降下大雨。這個颱風在7日上午9點開始減弱。

從天氣圖看颱風的移動

此以2005年的颱風14號為例。上欄為天氣圖，下欄為當時大氣的示意圖。下欄的圖片底下標出了日本各縣廳所在地的單日降水量。單日降水量的柱狀圖愈高，降水量就愈多，未滿50毫米以黃色表示，50毫米以上則以紅色表示。另外，這裡是將縣廳所在地的資料彙整後的結果，即使在同一個縣內，也會有某些地方受地形等要素的影響，降下更多的雨。天氣圖是根據日本氣象廳提供的資料製作而成。

9月3日 上午9點	9月4日 上午9點
颱風位置還很遠	**東北方的高氣壓微弱**
只要看天氣圖就會知道颱風的位置還很遠。然而，雖然颱風的中心遠在1000公里以外，潮溼的南風卻以日本的中國地區為中心，讓雨勢開始增強。	從這張天氣圖看不出來，不過颱風路徑會轉向北。因此，南風流進位在兩者中間的關東地區。東京和埼玉縣於是發生局部性豪雨。

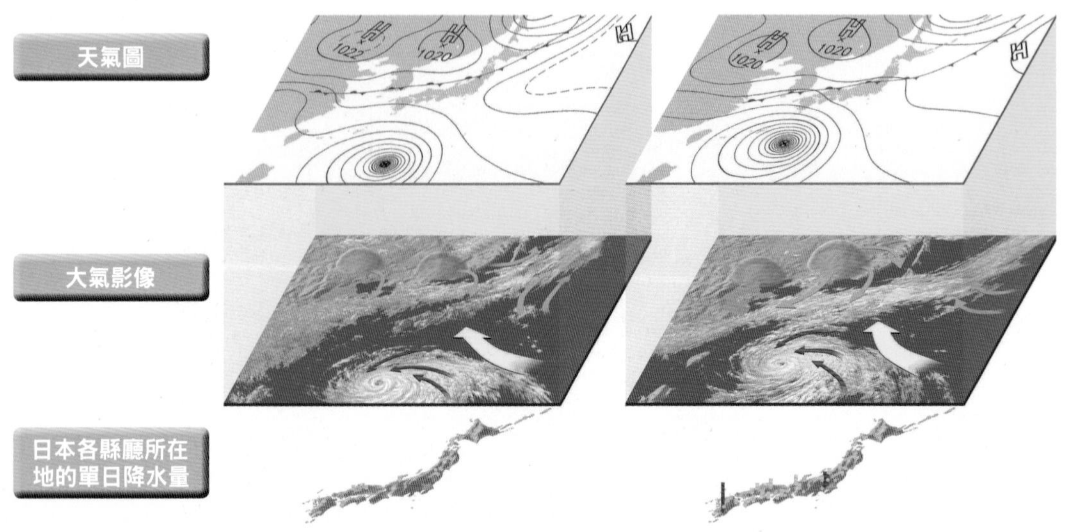

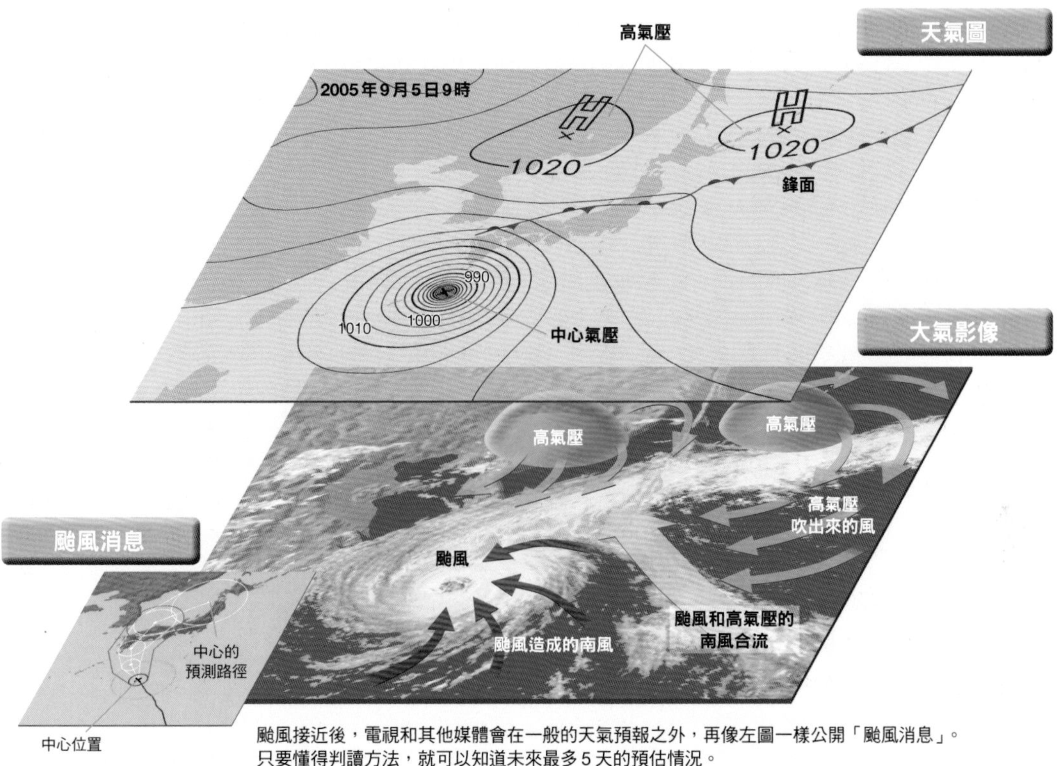

颱風接近後，電視和其他媒體會在一般的天氣預報之外，再像左圖一樣公開「颱風消息」。只要懂得判讀方法，就可以知道未來最多5天的預估情況。

9月5日 上午9點

颱風即將登陸

從天氣圖可以看出颱風即將登陸。另外，颱風和高氣壓的間隔也在變窄。九州地區的雨勢增強，南風也接著流進靜岡縣和愛知縣等地。

9月6日 上午9點

颱風登陸熊本縣附近

從天氣圖可以看出颱風在熊本縣附近登陸。因為颱風造成直接降雨，九州南部和四國等地某些觀測所的單日降水量超過500毫米。另一方面，關東等地則趨於穩定。

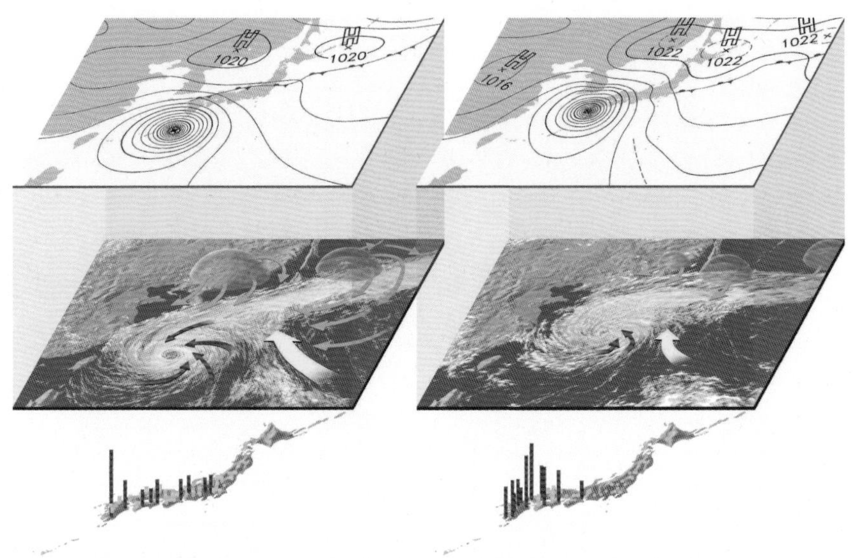

顯示高空大氣狀況的「高空圖」

地面天氣圖可以看出天氣大致的趨勢。然而，雨雲的狀況會左右天氣，其中又以高空大氣的流動帶來的影響最大，單憑查看地表的氣壓配置很難預測。

因此，實際預報時要活用表示高空大氣狀況的「高空圖」。

就如高度1500公尺附近為850hPa，3000公尺附近為700hPa一樣，氣壓會隨著高度變高而降低。高空圖是以等高線表示同樣的氣壓位在高空幾公尺處。比如700hPa的高空圖當中要是寫著「2880」，就表示高度2880公尺處的氣壓為700hPa。

高空圖當中，等高線數值愈高的地點，氣壓就比周圍同樣高度的地方高。另外，等高線從低壓側突出的地方稱為「低壓槽」（pressure trough），從高壓側突出的地方稱為「高壓脊」（ridge of high pressure），分別代表比周圍氣壓低和氣壓高的地方。

「高空圖」也是數值愈大的地點代表氣壓愈高

地面天氣圖上會畫出等壓線，高空圖則會畫出「等高線」，表示圖中氣壓相同地點（等壓面）的「高度」。等高線數值大的地方，氣壓就比周圍高，所以能夠當成地面天氣圖來看。

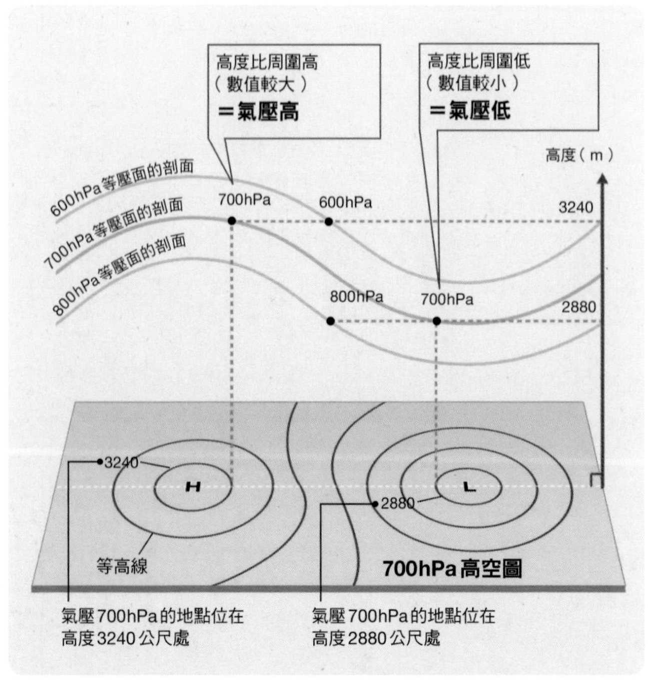

20km/h
35km/h
1000
65km/h
996
1028
20km/h

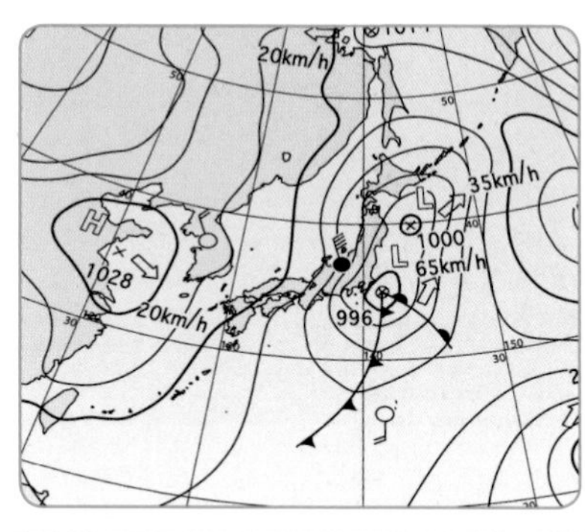

高空圖

為了說明高度8～16公里對流層大氣的狀態，中高緯度的天氣預報現場就會如下圖所示，主要使用四個氣壓的高空圖。左圖為時間相同的地面天氣圖（根據日本氣象廳的速報天氣圖，再加上天氣符號製作而成）。低氣壓位在關東地區東邊海上和三陸近海，正在朝東北方行進。

300hPa 高度約9000公尺

解讀噴流
這個高度的天氣圖可以看到噴流。容易擾亂地面天氣的低氣壓，多半會穿過噴流之下，所以能夠知道天氣變化的大致方向。

500hPa 高度約5700公尺

解讀低壓槽和高壓脊
剛好位在對流層的中層，代表高層大氣的天氣圖。使用這張天氣圖時會先查看「低壓槽」和「高壓脊」。另外，可以從500hPa的等壓面溫度判讀出「上空有冷空氣」。

700hPa 高度約3000公尺

查看水蒸氣的分布
代表下層大氣的天氣圖，逐漸減少來自山岳等地形的影響。主要用來查看對應雲分布的水蒸氣分布（溼區）。

850hPa 高度約1500公尺

解讀冷、暖氣團的流入等現象
850hPa是自由大氣的下限，幾乎不受地面熱量或摩擦的影響，氣溫不會因為晝夜而變動。這張天氣圖會用來查看暖氣團和冷氣團的流入、鋒面、溼度高的地方（溼區）等資訊。另外，假如氣溫在－3℃～－6℃以下，就可以判斷地面在降雪。

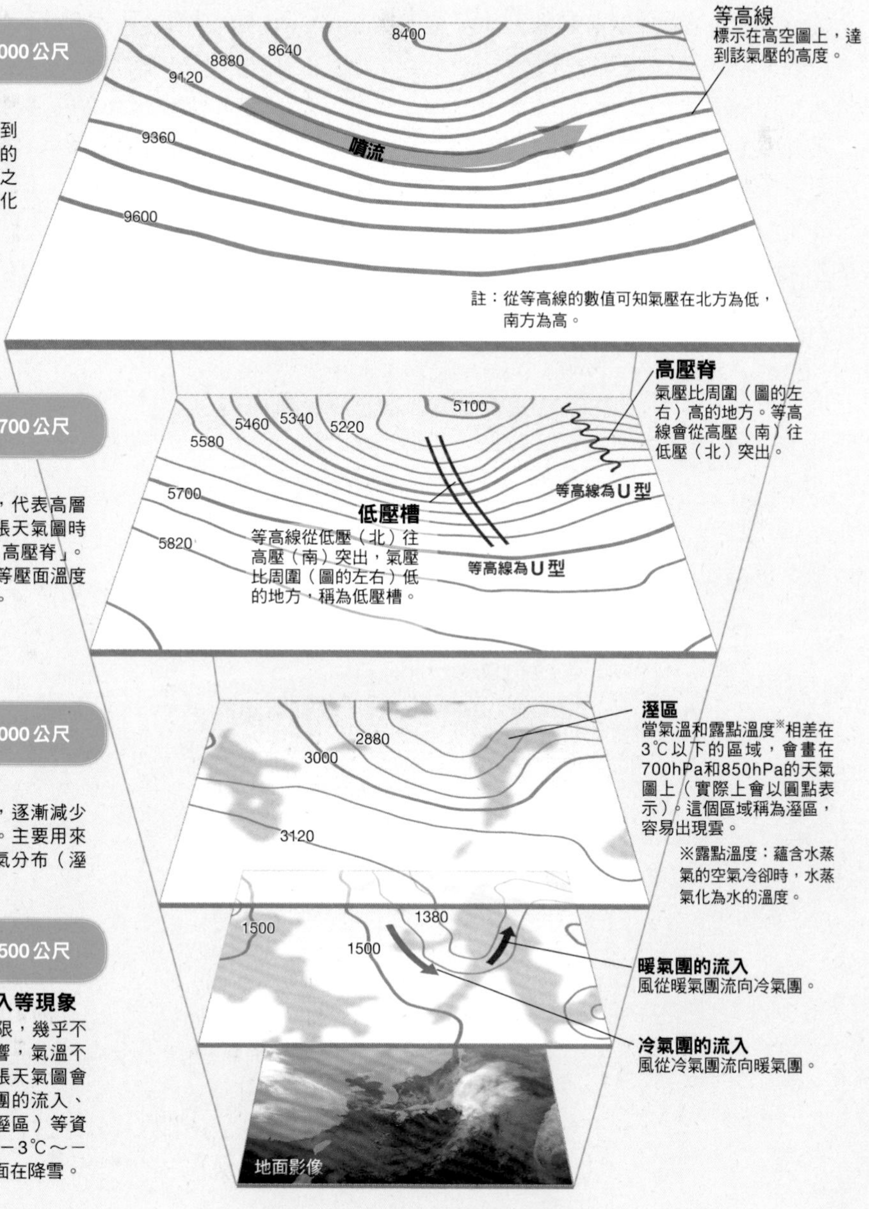

等高線
標示在高空圖上，達到該氣壓的高度。
8400
8640
8880
9120
9360
9600
噴流
註：從等高線的數值可知氣壓在北方為低，南方為高。
高壓脊
氣壓比周圍（圖的左右）高的地方。等高線會從高壓（南）往低壓（北）突出。
5100
5220
5340
5460
5580
5700
5820
等高線為U型
低壓槽
等高線從低壓（北）往高壓（南）突出，氣壓比周圍（圖的左右）低的地方，稱為低壓槽。
等高線為U型
溼區
當氣溫和露點溫度※相差在3℃以下的區域，會畫在700hPa和850hPa的天氣圖上（實際上會以圓點表示）。這個區域稱為溼區，容易出現雲。
※露點溫度：蘊含水蒸氣的空氣冷卻時，水蒸氣化為水的溫度。
2880
3000
3120
1380
1500
1500
暖氣團的流入
風從暖氣團流向冷氣團。
冷氣團的流入
風從冷氣團流向暖氣團。
地面影像

查看實際的高空圖

我們來看一下高空圖的實例，會發現上面還記錄著表示氣溫分布的「等溫線」、風向和風速等資訊。

高空圖除了這些之外，還會標示「渦度」（vorticity）和「相當位溫」（equivalent potential temperature）這些專業資訊。渦度是表示流體旋轉狀態的數值，渦度預測圖則可以從旋轉方向或角度，看出大氣的流動捲成什麼樣的渦旋。相當位溫預測圖則可以知道空氣多麼溼暖或乾冷。

預報業務上會配合目的，結合高空圖或地面天氣圖，掌握大氣立體的結構，預報高氣壓或低氣壓的發達、衰弱、移動等資訊。

日本氣象廳在地面天氣圖和高空圖方面，會依序發布基於觀測值的「實況天氣圖」，以及從「數值預報」計算結果自動生成的「數值預報天氣圖」。台灣的中央氣象局也都會公布這些資訊。

渦度預測圖（24小時）

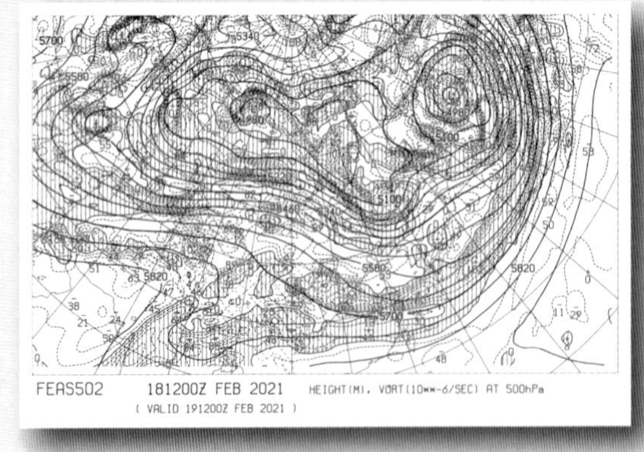

相當位溫、風12小時、24小時預測圖

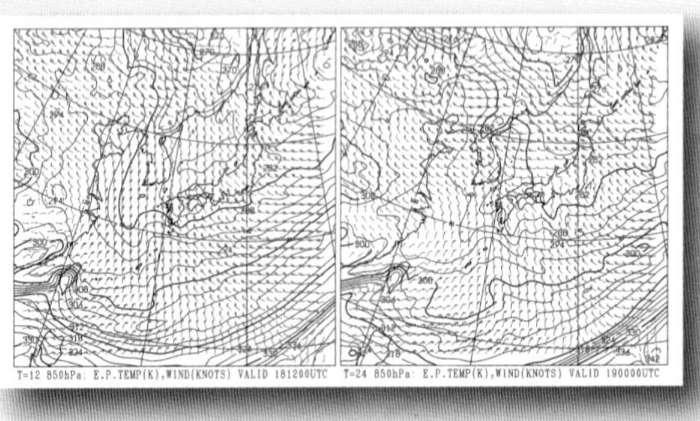

（節錄於日本氣象廳的網站）

等溫線
以虛線表示。
每6℃畫一條。

高海拔區域
畫上縱虛線的地方是海拔1500公尺以上的區域。畫上網格狀虛線的地方則是海拔3000公尺以上的區域。

等高線
以實線表示。每60公尺畫一條。

等溫線
以虛線表示。每3℃畫一條（12月～3月的冬半年則是每6℃畫一條）。

溼區
以圓點表示。露點差（氣溫－露點溫度）為3℃以下的區域。

暖氣團的中心
以「W」表示。

冷氣團的中心
以「C」表示。

低氣壓的中心
以「L」表示。

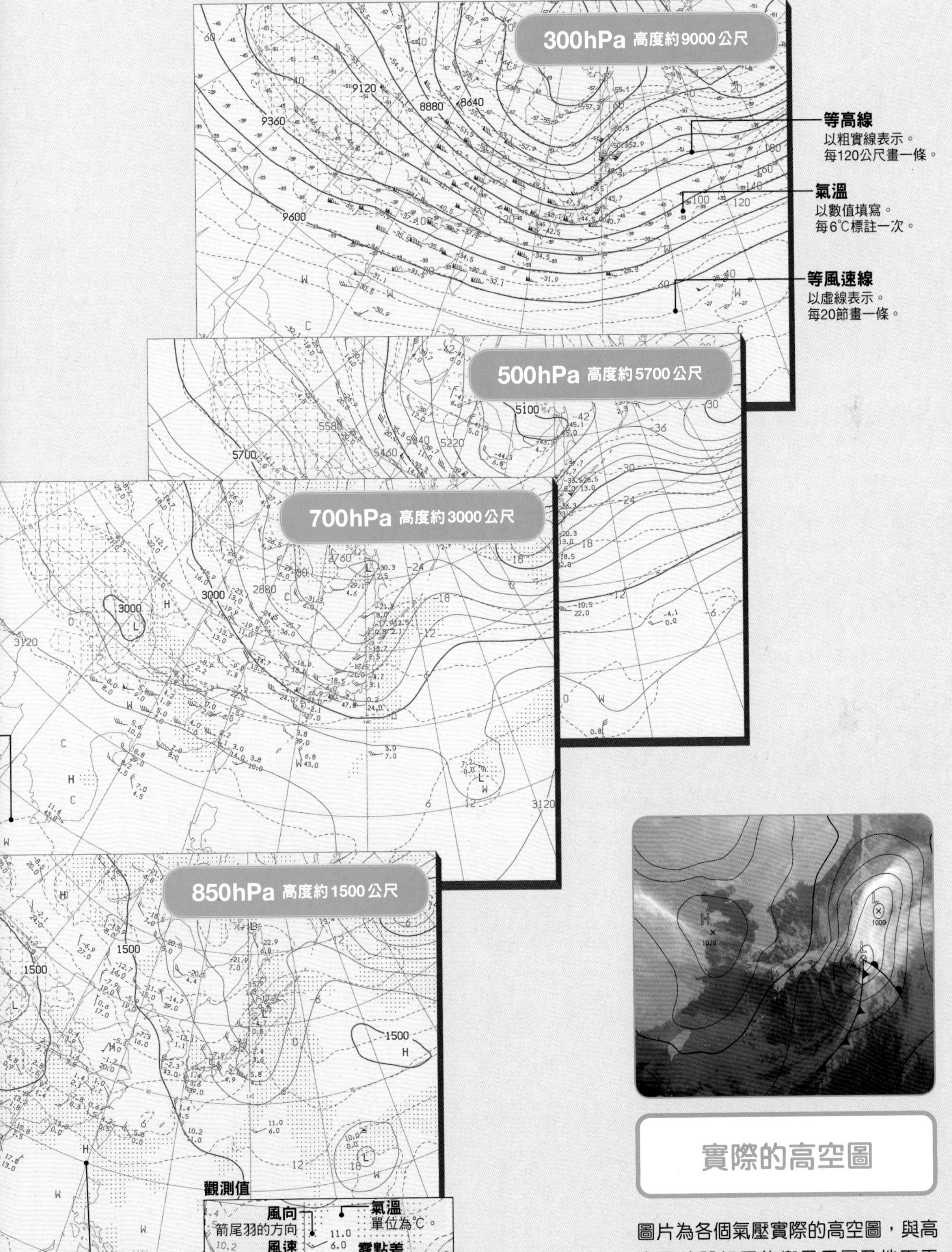

實際的高空圖

圖片為各個氣壓實際的高空圖，與高空圖時間相同的衛星雲圖及地面天氣圖。

17世紀起飛躍進步的天氣預報史

自古以來，預測天氣就是件重要的事情。然而這種預測多半是根據經驗，比如「出現晚霞的翌日會是晴天」。

自從17世紀左右發明溫度計、溼度計、氣壓計和其他相關儀器後，方能根據資料預測天氣。由於技術的進步，使得溫度或氣壓能以數值記錄。而到了19世紀後，則懂得藉由分布圖呈現天氣。

日本的明治政府於1872年（明治5年）設立氣候測量所。

日本全國的天氣預報是從1883年（明治16年）起，每天印刷和發送1次天氣圖。另外，翌年1884年起則是1天發布3次預報。當時的第一則預報是「全國風向不定天氣多變易雨」。當時習慣僅用一句話表示日本全國的天氣。

～17世紀

從記錄或現象推測

運用經驗法則預測，或是根據觀察日月星辰的結果制定曆法，藉由天候記錄預測天氣的變遷。

17～18世紀

開始透過測量儀器觀測

1590年代，義大利物理學家伽利略（Galileo Galilei，1564～1642）運用空氣的熱膨脹發明「空氣溫度計」（不過，空氣溫度計只能看出溫差）。時序來到1643年，義大利物理學家托里切利（Evangelista Torricelli，1608～1647）用後來的氣壓計原型做實驗。接著人們就發明了溫度計、氣壓計和溼度計等儀器。

水銀的壓力
大氣壓
托里切利的水銀柱實驗

19世紀

發明天氣圖

德國物理學家布蘭德斯（Heinrich Wilhelm Brandes，1777～1834）設計出天氣圖。1820年首度在天氣圖上標示風暴的大小。從此以後天氣就可以藉由地圖上的分布圖呈現，而不是表格。

西元	年號	月日	大事記
1872	明治5	8.26	於北海道函館開設氣候測量所（函館地方氣象台的前身）
1875	明治8	6.1	東京氣象台展開氣象業務 內務省地理宿舍內設置的氣象台 出處：氣象廳網站（https://www.jma.go.jp/jma/kishou/intro/gyomu/index2.html）
1883	明治16	2.16	東京氣象台首度製作天氣圖 日本第一張印刷天氣圖（明治16年3月1日6點） 出處：氣象廳網站（https://www.jma.go.jp/jma/kishou/intro/gyomu/index2.html）
1883	明治16	3.1	開始印刷和發送天氣圖
1884	明治17	6.1	開始每天發布3次全日本的天氣預報
1887	明治20	1.1	東京氣象台更名為中央氣象台
1953	昭和28	9.10	參加世界氣象組織
1956	昭和31	7.1	升格為「氣象廳」
1957	昭和32	2.9	開始在南極（昭和基地）觀測氣象
1978	昭和53	4.6	同步氣象衛星向日葵開始觀測
2005	平成17	7.1	設置地球環境海洋部
2015	平成27	7.7	同步氣象衛星向日葵8號開始觀測 衛星（向日葵8號）

日本於明治時代設置氣象台

日本氣象台的設置始於英國人喬伊納（Henry Batson Joyner，1839~1884）以副主任技師的職銜來到日本，提倡氣象觀測的必要性。當時的工部省測量司於1875年6月1日在現在的東京港區虎之門開設東京氣象台。這天就是日本的「氣象紀念日」。

COLUMN

要如何當上日本的氣象預報士

氣象預報士是為了進行預報業務，而在日本《氣象業務法》制定的國家資格，制度跟台灣非常不同，來了解一下吧！看到他們笑容滿面地在電視和其他媒體上解說天氣的模樣，想必也有不少人心生嚮往。然而，這項資格考的及格率不到一成（2021年3月的及格率為5.5%），錄取率很低。此外，所謂的「氣象主播」並不一定要有證照（參照右下方）。

測驗內容雖然難，卻人人皆可報考，年齡也沒有限制，甚至還有小學6年級生考上的例子。

能夠活用氣象預報士資格的工作

這裡列舉的例子是活用氣象預報士資格的職業。日本民間的氣象預報公司會依據氣象廳提供的資料，因應個人、企業、地區等方面的需求，提供量身訂做的預報。

app開發

地方政府

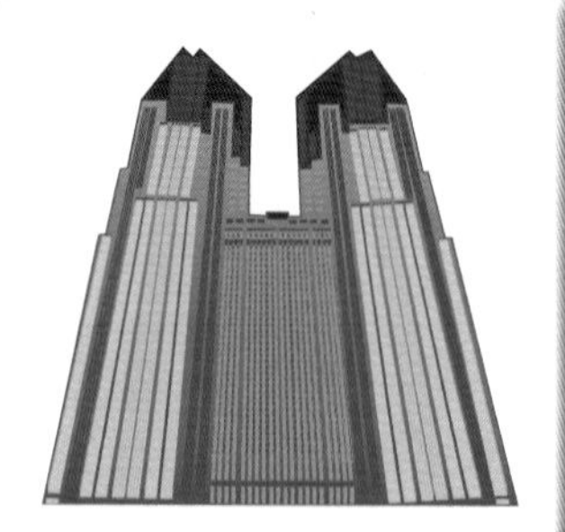

媒體

教育機構

氣象預報公司

航空公司

測驗內容為「學科測驗」和「實作測驗」，前者會詢問預報業務的相關知識，後者是從觀測資料或天氣圖，判讀預估的現象或防災事項，兩科都必須及格才行。每次報考測驗的挑戰者超過3000名。

氣象預報士的工作多采多姿

氣象預報士除了能在媒體上預報天氣之外，還可在各種地方發揮長才。像是航空相關的公司，天候就對飛行影響甚鉅。還有民間的氣象預報公司、開發天氣相關app的公司等，總之能夠活用證照的地方很多。另外，擔任學校理科、地球科學的老師，或在編輯專業書籍上大展身手的人也不少。

民間企業當中也有當日天氣會左右業務的公關活動公司，或是1℃的溫差就會改變進貨狀況的產業，由此可見，掌握氣象非常重要。民間企業也有部門需要氣象預報士的知識。

再者，需要因應颱風、地震等氣象災害的地方政府，也可以看到擁有氣象預報士資格的人大展長才。「想要更深入學習氣象」的日本年輕人，亦會選擇以「氣象大學校」為目標。

「氣象預報士」和「氣象主播」

氣象預報士和氣象主播不同。雖然有些主播也具備氣象預報士的資格，一般來說，播報員或電視藝人這類傳遞氣象資訊的人稱為「氣象主播」。

反過來說，媒體現場當中，也有氣象預報士不會親自在螢幕上亮相，而是編纂播報員要唸的預報稿。另外，除了寫稿之外，還要製作災害和其他氣象新聞用的解說圖。氣象預報士以各種方式在天氣預報的節目中大展身手。

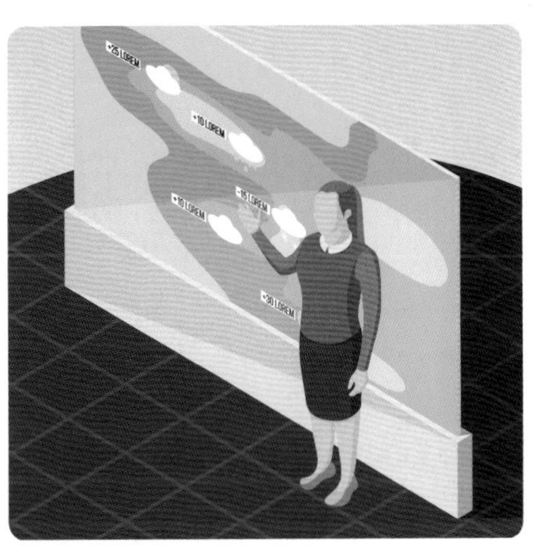

日本氣象預報士測驗

測驗於每年1月和8月舉行。

應試資格：應試資格沒有限制
測驗內容：由學科測驗（答案卡式）和實作測驗組成
測驗地點：北海道、宮城縣、東京都、大阪府、福岡縣、沖繩縣

學科測驗
・預報業務相關的一般知識
・預報業務相關的專業知識

實作測驗
・掌握氣象概況及其變動
・區域氣象預報
・颱風和其他緊急狀況的應變

Check!

基本用語解說

下坡風
英文是katabatic wind，又稱斜面下降風或下降風。例如在南極大陸冰層上寒冷沉重的空氣，會因為重力而在斜坡上流動，遂形成強風。

中高層大氣放電
又稱高空放電發光現象。形成於平流層、中氣層和增溫層，是伴隨發光的放電現象總稱。包含藍色噴流、紅色妖精、淘氣精靈等。

布拉風
從山上吹下來的風。布拉風是亞得里亞海與地中海一帶的下坡風，名稱源於克羅埃西亞和蒙特內格羅的愛琴海岸。廣義的下坡風可分為「焚風型」和「布拉風型」，前者乾燥且氣溫會上升，後者則是由寒冷的氣流以低溫直接下吹。然而焚風型通常直接稱為「焚風」，因此下坡風大多是指布拉風型的寒風。

光譜
光譜是將光線或訊號之類的波分解為成分再加以排序，以便能輕鬆查看每個成分的大小（強度）。陽光光譜則是以光譜儀分解可見光，依照紫外線、紅外線和其他波長的順序排列而成。

全球通信系統
由各國的氣象機構經營的世界級氣象通信網路，會在國際之間交流氣象觀測資料、氣象解析和預報資料。日本氣象廳會以地區中心的立場，提供亞洲各國或環太平洋區域內的氣象資料。

全球監視系統
地球規模的觀測網路，由各國的地面氣象觀測、高空氣象觀測、船舶、浮標、飛行器和氣象衛星等要素所組成。

同步氣象衛星向日葵
「向日葵」是日本同步氣象衛星的統稱。1號於1977年7月14日發射升空。現在在運轉的是2014年10月7日發射的8號（2015年7月7日上午11點開始觀測），以及2016年11月2日發射的9號（2017年3月開始待機使用）。向日葵8號和9號搭載可見紅外輻射計（先進成像儀），領先世界投入使用。

百帕
氣壓的單位。1Pa＝1N/m^2。另外，1960年以前的單位是用毫巴（mb）。由於1mb＝100Pa，1hPa＝100Pa，所以就算改變單位，就只是把mb替換成hPa，數值不會變化。

米氏散射
光的波長和同等程度大小的微粒造成的光線散射。由德國物理學家米所發現。粒子的粒徑比波長小時，則稱為瑞利散射。雲或熱氣看起來泛白，是因為水滴的大小和可見光的波長同等程度，所以整個可見光會均勻散射。

艾克曼輸送
由於科氏力的影響，使得海水往右移動（位在北半球時），與風的流向呈直角的現象。由瑞典海洋物理學家艾克曼提倡。

位溫、相當位溫
位溫是指不含水蒸氣的氣塊，經由乾燥絕熱變化成1000百帕（標準氣壓）時的溫度。相當位溫則是位溫加上空氣蘊含的水蒸氣全部凝結時釋放的熱量（潛熱）。位溫在比較兩個高度不同處的空氣溫度很方便，相當位溫則可以知道空氣的溫度和潮溼狀況。

赤道湧升流
赤道下層冰冷的海水湧上來的現象。赤道區吹送的信風和伴隨地球自轉而來的科氏力，將表層的海水送往風的方向（北半球是直角右向，南半球是直角左向）。為了補充往南北分支移動的海水，下層冰冷的海水就會湧上來。

哈德里
哈德里是英國物理學家和氣象學家，1735年發表描述大氣環流的相關論文。他的哥哥約翰將牛頓反射望遠鏡投入實用，發明八分儀（六分儀的前身）。

政府間氣候變化專門委員會（IPCC）
於1988年由世界氣象組織和聯合國環境規劃署（United Nations Environment Programme，UNEP）創辦的組織。設立宗旨在於從科學、技術及社會經濟學的觀點，綜合評估人為因素導致的氣候變化及其影響，適應與緩和方案。

柯本
柯本是德國的氣象學家和植物學家。1923年注意到植被分布，構思出劃分氣候的「柯本氣候分類」。

科里奧利
科里奧利是法國物理學家、數學家，還是技術人員。1828年發現科氏定律，推導出科氏力。他在根據力學理論，確立「功」（work）的概念上也很出名。

美軍聯合颱風警報中心
聯合颱風警報中心（JTWC）是美國海軍和空軍在夏威夷共同設置的機構，負責偵察西北太平洋、南太平洋及印度洋產生的熱帶氣旋，發出預報或警報。由於1944年12月的科博拉颱風造成莫大的災害，因而設立該單位。

氣溶膠
氣溶膠是固體或液體的微粒子，在氣體中呈膠狀（膠質）懸浮的狀態，又稱為煙霧劑。固體指的是灰塵或火山噴煙，液體指的是霧、靄、薄霧或煙。

氣壓
大氣的壓力，單位為百帕（hPa）。地表上的１大氣壓相當於高度76公分水銀柱的壓力（約1013百帕）。1643年，義大利物理學家托里切利以水銀柱實驗證明氣壓的存在。爾後毫米汞柱（mmHg）就用來當作測量氣壓的單位。現在則以國際單位制（international system of unit，SI）的「百帕」表示。

海岸湧升流
海岸從深層湧起海水的現象。表層的海水藉由科氏力，在北（南）半球往右（左）輸送，與風的方向呈直角。為了補充表層消失的海水，就會從深層湧起海水。這種現象發生在加州或秘魯的海岸，距離甚至可達幾百～幾千公里。

渾沌
英文的chaos源自於希臘文。在力學等領域上存在無法預測的非週期性變動現象，探討這方面的理論稱為「渾沌理論」或「渾沌力學」。

超大胞
伴隨旋轉的上升氣流而來的巨大積雨雲，亦稱為「超巨大積雨雲」。這種雲由單胞所組成，往水平方向旋轉，帶來非常激烈的狂風暴雨。

黑潮
是從菲律賓東方海域生成，沿著台灣、琉球群島、日本本州南岸流動的暖流。黑潮是日本近海最大的洋流，在日本又稱為「日本海流」，一部分會變成對馬暖流。

極光
從地球外入射的電子或質子，撞擊高空的大氣粒子而發光的現象。會出現在北極或南極地區的上空。

溼度
表示空氣乾溼的程度。溼度可分為絕對溼度和相對溼度。絕對溼度是以１立方公尺當中的水蒸氣量表示，相對溼度則是某個氣溫下蘊含的水蒸氣，占了該溫度下所能蘊含的水蒸氣極限（飽和蒸氣壓）多少比例，以百分比表示。測量溼度的儀器歷史悠久，記載指出早在西元前150年左右的中國西漢時代，就將不吸溼的羽毛和吸溼的木炭放在天秤上測量溼度。1700年代則有運用人類毛髮的收縮，製造指針擺動的溼度計。

溫室氣體
大氣中會引發溫室效應的氣體統稱，會吸收來自地表的熱量（紅外線）。《京都議定書》（針對全球暖化採取跨國對策的國際條約）將二氧化碳（CO_2）、甲烷（CH_4）、一氧化二氮（N_2O）、氫氟碳化物（HFCs）、全氟碳化物（PFCs）、六氟化硫（SF_6）這６種溫室氣體列為管制的對象。其中尤以二氧化碳的影響最大。

溫度
表示物體冷暖的尺度。一般以「攝氏」（℃）為單位，國際單位制的溫度（熱力學上的溫度）單位卻是「克耳文」（K），稱為絕對溫度。攝氏的正式名稱為「攝氏溫標」（Celsius scale），符號「°」的後面會加上攝氏的開頭字母「C」，以「℃」表示。攝氏溫標將水化為冰的溫度設為0℃，沸騰的溫度設為100℃，中間分為100等分。歐美等地常用的單位稱為華氏溫標（Fahrenheit scale），以「華氏」（℉）表示。

瑞利散射
光的散射現象。由遠比光的波長還要小的微粒所引發，光的波長不會變化。該名稱是以英國物理學家瑞利的名字命名。

經度
表示地球上位置的座標之一。經度以英國舊格林威治天文臺為零度（本初子午線），分別往東西劃分到東經180度和西經180度。子午線是包含地軸的平面和地表的交界線，屬於經線。地球24小時旋轉約360度，經度15度相當於１小時。

塵捲風
一種旋風。產生的空氣漩渦幾近垂直，規模小，壽命也短至幾分鐘左右。塵捲風與科氏力無關，右旋或左旋都有。

噴流
又稱為噴射氣流。中緯度對流層上層的西風當中風速較強的部分。

緯度
表示地球上位置的座標之一。緯度以赤道為零度，將地球平行劃分成南北，往北極或往南極則以90度以下的角度表示。往北邊測量稱為北緯，往南邊測量則稱為南緯。

親潮
在日本又稱為「千島海流」。是從千島列島的東方海域，南下到本州三陸近海的寒流。不只會搬運千島近海的海水，也會搬運鄂霍次克海或白令海等地海冰融化的海水。

羅倫茲
美國的氣象學家。他在透過電腦模擬觀察氣象模式時，發現一項渾沌的性質，那就是「初始值的微小變化會隨著時間經過產生決定性的差異」。後來就以羅倫茲演講的主題「巴西蝴蝶振翅引發德州龍捲風」，稱之為「蝴蝶效應」（butterfly effect）。

藤田級數
藤田哲也是美國的氣象學家，構想出藤田級數（F級數），從陣風造成的受災狀況推算風速的大小。級數從F0到F5，受災愈大F值愈大，表示風速愈大。

索引

A～Z

二畫

三畫

四畫

五畫

六畫

七畫

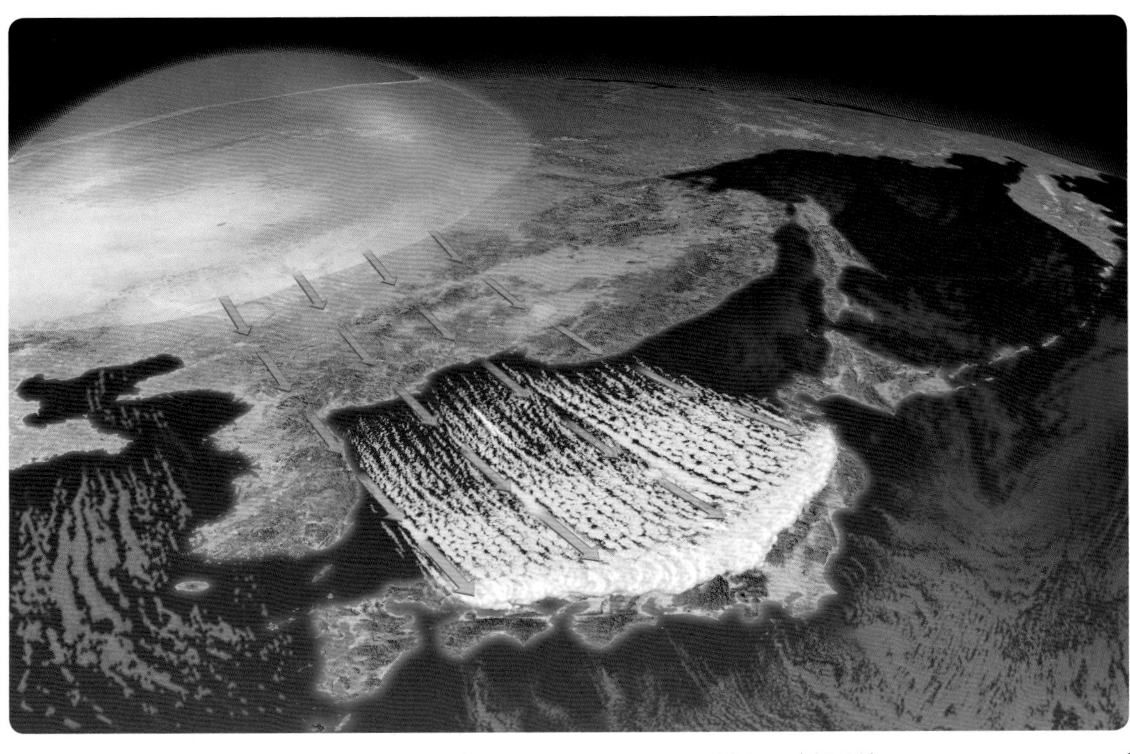

八畫

九畫

十畫

十一畫

十二畫

十三畫

十四畫

十五畫

十六畫以上

Staff

Editorial Management	木村直之	Design Format	小笠原真一（株式会社ロッケン）
Editorial Staff	中村真哉，矢野亜希	DTP Operation	阿万 愛
Writer	ヒナギク企画室，中川雄大		

Photograph

6-7	lamax/stock.adobe.com
8-9	（すじ雲）Nagawa/stock.adobe.com，（ひつじ雲）yoshida hirofumi/stock.adobe.com，（乳房雲）Art of Success/stock.adobe.com，（つるし雲）荒木健太郎，（霧）Bikeworldtravel/stock.adobe.com，（瑞雲）荒木健太郎，（雲海）k_yu/stock.adobe.com
10-11	（五月雨）taikibansei/stock.adobe.com，（菜種梅雨）ZEM/stock.adobe.com，（白雨）nd700/stock.adobe.com，（梅雨）kharazono/stock.adobe.com
12-13	（薫風）Ni_photo/stock.adobe.com，（春疾風）tomonet000/stock.adobe.com，（旋風）Matthew/stock.adobe.com，（野分）elroce/stock.adobe.com，（雁渡）Tomoko/stock.adobe.com
14-15	Chancey/stock.adobe.com
16-17	（虹霓）荒木健太郎，（日暈）荒木健太郎，（水平虹）Ihatove_inc/stock.adobe.com，（逆さ虹）綾花 木下/stock.adobe.com，（月虹）Lukassek/stock.adobe.com
18-19	（赤気）benjaminnolte/stock.adobe.com，（拡散オーロラ）EvrenKalinbacak/stock.adobe.com，（脈動オーロラ）NASA，（青いオーロラ）vitaprague/stock.adobe.com，（赤いオーロラ）NASA
20-21	提供：情報通信研究機構（NICT）
22-23	Motoki UEMURA（JPN）/stock.adobe.com
26	Rawf8/stock.adobe.com
43	takadahirohito/stock.adobe.com
45	（夕日）荒木健太郎，（チンダル現象）promolink/stock.adobe.com
46	oka/stock.adobe.com
50	NASA
52-53	NASA, ESA, and J. Nichols（Universityof Leicester），NASA and the HubbleHeritage Team STScI/AURAAcknowledgment：NASA/ESA, JohnClarke University of Michigan, NASA/JPL-Caltech/SwRI
54-55	Valerie Potapova/stock.adobe.com
69	lavizzara/stock.adobe.com
71	vadim_fl/stock.adobe.com
75	Takahito Obara/stock.adobe.com
76-77	（蜃気楼）Mario/stock.adobe.com，（逃げ水）makieni/stock.adobe.com
78-79	peangdao/stock.adobe.com
90-91	beau/stock.adobe.com, birdphotography/stock.adobe.com
96-97	Belozorova Elena/stock.adobe.com
98-99	（地中海性気候）Belozorova Elena/stock.adobe.com，（モンスーン）salparadis/stock.adobe.com，（乾季）bennymarty/stock.adobe.com，（霧）Daniel/stock.adobe.com，（トルネード）JSirlin/stock.adobe.com，（砂漠）Erlantz/stock.adobe.com，（南極）Robert/stock.adobe.com
112-113	SvetlanaSF/stock.adobe.com，Mark/stock.adobe.com
115	Minerva Studio/stock.adobe.com
125	気象庁
127	気象庁
130-131	気象庁
136-137	EvgeniyQW/stock.adobe.com
138-139	（氷山）Maridav/stock.adobe.com，（サンゴ）shota/stock.adobe.com，（水害）michelmond/stock.adobe.com，（干ばつ）Scott/stock.adobe.com，（川の氾濫）tomonet000/stock.adobe.com，（倒木）Noel/stock.adobe.com
142-143	Limitless Production/stock.adobe.com
147	zenobillis/stock.adobe.com
157	P.Lack/stock.adobe.com
163	（火山）Paylessimages/stock.adobe.com，（火山灰）jubipulse/stock.adobe.com
168-169	kotoffei/stock.adobe.com
170-171	（天気予報画像）気象庁ホームページ，（上空画像）NASA
174-175	気象庁情報基盤部数値予報課
178-179	気象庁情報基盤部数値予報課
187	気象庁
189	気象庁
190～195	気象庁
197	気象庁

Illustration

Cover Design	小笠原真一（株式会社ロッケン）
24～29	Newton Press
30-31	（大循環）富崎 NORI，（貿易風・偏西風・極偏東風）Newton Press
32～35	富崎 NORI
36-37	Newton Press（気候区分のデータ：Beck, H.E., N.E. Zimmermann, T.R. McVicar, N. Vergopolan, A. Berg, E.F.Wood:Presentand future Köppen-Geiger climateclassification maps at 1-km resolution, Nature Scientific Data, 2018.）
38-39	（低気圧・高気圧）カサネ・治/Newton Press,（ヘクトパスカル・空気）羽田野乃花,（天秤）perori/stock.adobe.com
40～48	NewtonPress
49	木下真一郎
50-51	NewtonPress
56-57	NewtonPress
58-59	高島達明/Newton Press
60～65	NewtonPress
66-67	高島達明・富崎NORI/Newton Press
68-69	NewtonPress
70-71	（雲と雪）NewtonPress,（過冷却）木下真一郎
72～75	NewtonPress
77	羽田野乃花
80～83	NewtonPress
84-85	Newton Press（地図データ：Reto Stöckli, NASAEarth Observatory）
86-87	Newton Press（地図データ：Reto Stöckli, Nasa Earth Observatory）
88-89	NewtonPress
90-91	NewtonPress
92-93	NewtonPress,（地図）J BOY/stock.adobe.com
94-95	NewtonPress
98-99	aki/stock.adobe.com
100～119	NewtonPress
120-121	（中央の画像）Newton Press（地図データ：Reto Stöckli, Nasa Earth Observatory),（左右）木下真一郎
122-123	Newton Press（地図データ：Reto Stöckli, Nasa Earth
124～127	NewtonPress
128-129	（右上）Newton Press（地図データ：Reto Stöckli, Nasa Earth Observatory),（右下）NewtonPress,（左下）(地図データ：NASAGoddard Space Flight Center Image by RetoStöckli (land surface, shallow water, clouds). Enhancements by Robert Simmon (oceancolor, compositing, 3D globes, animation) .Data and technical support: MODIS LandGroup; MODIS Science Data Support Team;MODIS Atmosphere Group; MODIS OceanGroup Additional data: USGS EROS DataCenter (topography); USGS TerrestrialRemote Sensing Flagstaff Field Center (Antarctica); Defense MeteorologicalSatellite Program (city lights).
130-131	Newton Press（地図データ：Reto Stöckli, Nasa Earth Observatory）
132-133	Newton Press（地図データ：Reto Stöckli, Nasa Earth Observatory）
134-135	NewtonPress
138～145	NewtonPress
146-147	カサネ・治
148-149	Newton Press（地図データ：Reto Stöckli, Nasa Earth Observatory）
150-151	Newton Press（地図データ：Reto Stöckli, Nasa Earth Observatory）
152～157	NewtonPress
158～161	Newton Press（地図データ：Reto Stöckli, Nasa Earth Observatory）
162	立花 一
164	黒田清桐
165	NewtonPress
166-167	NewtonPress
172～175	NewtonPress
176-177	吉原成行
178～187	NewtonPress
188-189	（風の向き）羽田野乃花, NewtonPress
190～195	NewtonPress
196-197	（人物）Good Studio/stock.adobe.com,（水銀柱）NewtonPress
198-199	macrovector/stock.adobe.com, 川崎市民団体Coaクラブ/stock.adobe.com, WinWin/stock.adobe.com, Bro Vector/stock.adobe.com, macrovector/stock.adobe.com, Vectorvstocker/stock.adobe.com, macrovector/stock.adobe.com

Galileo科學大圖鑑系列 10

VISUAL BOOK OF THE ELEMENTS

天氣與氣象大圖鑑

作者／日本Newton Press
特約主編／王原賢
翻譯／李友君
編輯／林庭安
發行人／周元白
出版者／人人出版股份有限公司
地址／231028新北市新店區寶橋路235巷6弄6號7樓
電話／(02)2918-3366（代表號）
傳真／(02)2914-0000
網址／www.jjp.com.tw
郵政劃撥帳號／16402311人人出版股份有限公司
製版印刷／長城製版印刷股份有限公司
電話／(02)2918-3366（代表號）
經銷商／聯合發行股份有限公司
電話／(02)2917-8022
香港經銷商／一代匯集
電話／(852)2783-8102
第一版第一刷／2022年8月
定價／新台幣630元
港幣210元

國家圖書館出版品預行編目資料

天氣與氣象大圖鑑 /Visual book of the weather/
日本 Newton Press 作；
李友君翻譯. -- 第一版. -- 新北市：
人人出版股份有限公司, 2022.08
面； 公分. -- (Galileo 科學大圖鑑系 10)
ISBN 978-986-461-299-4（平裝）
1.CST：細胞學 2.CST：天氣

328 111009504

監修

荒木健太郎

雲研究者，日本氣象廳氣象研究所研究官，博士（學術）。生於1984年，畢業於氣象廳氣象大學校。專攻雲科學、氣象學。為了預防、降低災害，致力於研究會帶來氣象災害的雲組成、雲之物理學的研究。為動畫電影《天氣之子》氣象顧問（新海誠導演）。著作有《超厲害的天氣圖鑑：解開天空的一切奧祕！》、《愛上雲的技術》、《全世界最棒的雲教室》、《雲裡發生了什麼事？》等等。

Twitter：@arakencloud, Facebook：@kentaro.araki.meteor